Berechnung von Verbundkonstruktionen aus Stahl und Beton

Spannbetonverbund, Stahlträgerverbund, Montagebau

Von

Dr.-Ing. Herbert Wippel
Karlsruhe

Mit 89 Abbildungen

Springer-Verlag
Berlin / Göttingen / Heidelberg

1963

ISBN-13:978-3-642-92873-4   e-ISBN-13:978-3-642-92872-7
DOI: 10.1007/978-3-642-92872-7

Vorwort

Über die bei der Berechnung von beliebigen Verbundtragwerken aus Stahl und Beton aufgeworfenen Fragen wurden in den letzten Jahren zahlreiche Arbeiten veröffentlicht. Die Behandlung dieser Probleme führt im allgemeinen bei exakter Berechnung der durch das Kriechen und Schwinden ausgelösten Kräfteumlagerungen zu einem System von gekoppelten Differentialgleichungen. Die numerische Auswertung der strengen Lösungen erfordert einen erheblichen Rechenaufwand sowie eine außerordentliche Rechengenauigkeit.

Es wurden daher zahlreiche Näherungsverfahren entwickelt, die naturgemäß auf charakteristische Querschnittsverhältnisse und Tragwerksformen abgestimmt sind. Die damit verbundene Unübersichtlichkeit wirkt sich nachteilig aus. So ist aus der großen Anzahl dieser uneinheitlichen Berechnungsmethoden das jeweils geeignete Verfahren auszuwählen. Dadurch wird vom praktisch tätigen Ingenieur eine umfassende und gründliche Kenntnis der Verbundbaustatik gefordert. Daneben muß bei diesen Verfahren die Berechnung von Formänderungen und die statische Verarbeitung beliebig veränderlicher Querschnittsverhältnisse, die Ermittlung zeitabhängiger Zwängungen bei statisch unbestimmten Tragwerken und die Untersuchung des Einflusses von Montagemaßnahmen auf das Kräftespiel als besonders unbefriedigend behandelt gelten.

In Anbetracht dieser Umstände und der mit fortschreitender Entwicklung der Stahl-Beton-Verbundbauweisen erforderlichen Ausbaufähigkeit der Berechnungsmethoden erschien es wünschenswert, ein allgemeinverständliches, einfaches und für alle Verbundquerschnittstypen unempfindliches Verfahren zu entwickeln. Besondere Beachtung sollte der Einheitlichkeit in den Berechnungsansätzen bei der Behandlung aller aufgeworfenen Probleme geschenkt werden. Diese Forderungen konnten wegen der in außerordentlich weiten Grenzen schwankenden Querschnittsverhältnisse vom reinen Betonquerschnitt bis zum Stahlträgerverbund nur mit einer *exakten* Methode erfüllt werden.

Die Berechnung von Verbundquerschnitten führt zu besonders anschaulichen Beziehungen, wenn die elastisch-plastischen Verformungseigenschaften des Betons durch einen ideellen Betonmodul erfaßt werden. Diese Darstellung wurde erstmals von DISCHINGER [3] in seiner grundlegenden Arbeit über das Kriechen und Schwinden für die einfachsten Belastungsfälle des symmetrisch bewehrten Stahlbetonquerschnitts gewählt.

Bei der Kriechberechnung von Stahlträgerverbundquerschnitten wurde dieser Gedanke abermals aufgegriffen. Nach verschiedenen unbrauchbaren Vorschlägen erlaubten die von FRITZ [4, 5] mitgeteilten Ansätze eine Berechnung der Spannungszustände nach Kriechen und Schwinden. Die Anwendung der von FRITZ angegebenen Formänderungsmoduln bleibt allerdings auf solche Verbundträger beschränkt, bei denen die zeitabhängigen Formänderungen des Verbundquerschnitts exakt bzw. angenähert durch *eine* Differentialgleichung beschrieben werden können. In diese Gruppe fallen alle Typen des Stahlträgerverbundes mit verhältnismäßig dünner Betonplatte.

Bei *beliebigen* Verbundquerschnitten wird die wechselseitige Beeinflussung von Kriechverkürzung und Kriechverdrehung durch *zwei* Verformungsbedingungen ausgedrückt. Der zeitabhängige Verformungszustand des Verbundkörpers läßt sich nun durch *zwei* ideelle Beton-Formänderungsmoduln beschrieben; der eine ist der Betonfläche, der andere dem Betonträgheitsmoment zugeordnet. Da die kriechabhängigen Funktionen nur in die tabellierten und wenig veränderlichen Kennzahlen der Formänderungsmoduln, die sogenannten Kriechbeiwerte, eingehen, sind die stark von der Rechengenauigkeit abhängigen Anteile für die Durchführung der Berechnung eliminiert. Durch geeignete Darstellung ist es gelungen, für die praktische Durchführung der Kriechberechnung mit einer geringen Rechengenauigkeit auszukommen.

Das Verfahren eignet sich neben der Untersuchung von statisch bestimmten Konstruktionen ebenso zur Berechnung der durch die plastischen Verformungen des Betons verursachten zeitabhängigen Zwängungen statisch unbestimmter Tragwerke nach üblichen baustatischen Ansätzen. Diese Berechnungsmethode erlaubt auch die Lösung schwieriger Aufgaben, wie die Untersuchung gekoppelter Vorspannung, die Berücksichtigung beliebig veränderlicher Querschnittsverhältnisse sowie die Beurteilung von Montagemaßnahmen. Sie erfaßt einheitlich alle Verbundtragwerke vom Beton- und Spannbetonquerschnitt bis zum Stahlverbundträger mit beliebigem Betonquerschnitt.

An dieser Stelle möchte ich Herrn Prof. Dr.-Ing. B. Fritz und Herrn Prof. Dr.-Ing. O. Steinhardt für Ratschläge, Unterstützung und Hinweise bei der Abfassung dieser Arbeit vielmals danken. Durch die finanzielle Hilfe der Deutschen Forschungsgemeinschaft war es möglich, die elektronische Auswertung der Ansätze und die Aufstellung der Tabellen beschleunigt durchzuführen. Dem Springer-Verlag gilt mein besonderer Dank für die Übernahme des Druckes und das freundliche Eingehen auf meine Wünsche.

Karlsruhe, im März 1963   **Herbert Wippel**

Inhaltsverzeichnis

II. Praktische Anwendung

III. Tabellen: Kriechbeiwerte ψ_{FL}, ψ_{JL}

Bezeichnungen

Beton

F_b $\quad = $ Betonfläche

J_b $\quad = $ Betonträgheitsmoment

E_{bo} $\quad = $ Elastizitätsmodul des Betons zum Belastungszeitpunkt $(t = 0)$

E_{bFL} $\quad = \dfrac{E_{bo}}{1 + \psi_{FL}\,\varphi}$ $\left.\rule{0pt}{38pt}\right\}$ fiktive Formänderungsmoduln $(t = \infty)$ für die Einwirkungs-

E_{bJL} $\quad = \dfrac{E_{bo}}{1 + \psi_{JL}\,\varphi}$ $\qquad$ größe L

n_o $\quad = \dfrac{E_{st}}{E_{bo}}$ Verhältniswert der Elastizitätsmoduln

$\dfrac{n_{FL}}{n_o}$ $\quad = 1 + \psi_{FL}\,\varphi$ Verformungszahl der Dehnung, Einwirkungsgröße L

$\dfrac{n_{JL}}{n_o}$ $\quad = 1 + \psi_{JL}\,\varphi$ Verformungszahl der Drehung, Einwirkungsgröße L

ψ_{FL} $\quad = $ Kriechbeiwert der Betonfläche, Einwirkungsgröße L

ψ_{JL} $\quad = $ Kriechbeiwert des Betonträgheitsmoments, Einwirkungsgröße L

K_{bo} $\quad = E_{bo}\,F_b$ Dehnsteifigkeit des Betons $(t = 0)$

$K_{b\varphi L}$ $\quad = E_{bFL}\,F_b = \dfrac{K_{bo}}{n_{FL}/n_o}$ fiktive Dehnsteifigkeit des Betons $(t = \infty)$

S_{bo} $\quad = E_{bo}\,J_b$ Biegesteifigkeit des Betons $(t = 0)$

$S_{b\varphi L}$ $\quad = E_{bJL}\,J_b = \dfrac{S_{bo}}{n_{JL}/n_o}$ fiktive Biegesteifigkeit des Betons $(t = \infty)$

a_{bo} $\quad = + \alpha\,a$ Abstand des Betonschwerpunkts von dem Verbundschwerpunkt $(t = 0)$

$a_{b\varphi L}$ $\quad = + \alpha_{\varphi L}\,a$ Abstand des Betonschwerpunkts von dem durch die Einwirkungs- größe L bestimmten Verbundschwerpunkt $(t = \infty)$

ε_s $\quad = $ Endschwindmaß

φ_t $\quad = $ Kriechmaß zum Zeitpunkt t nach Belastungsbeginn

φ $\quad = $ Endkriechmaß

Stahl

F_{st} $\quad = $ Querschnittsfläche der schlaffen und steifen Stahlanteile

F_z $\quad = $ Querschnittsfläche des Spannstahls

F_{ST} $\quad = F_{st} + n_z\,F_z$ Gesamtstahlquerschnittsfläche bei $n_z = \dfrac{E_z}{E_{st}}$

J_{st} $\quad = $ Trägheitsmoment des Querschnitts der steifen und schlaffen Stahlanteile, bezogen auf ihren gemeinsamen Schwerpunkt

J_z $\quad = $ Trägheitsmoment des Spannstahlquerschnitts, bezogen auf seinen Schwerpunkt

J_{ST} $\quad = $ Trägheitsmoment der Gesamtstahlquerschnittsfläche, bezogen auf ihren Schwerpunkt

E_{st} $\quad = $ Elastizitätsmodul der steifen und schlaffen Stahlanteile

E_z $\quad = $ Elastizitätsmodul des Spannstahls

K_{st} $\quad = E_{st}\,F_{st}$ Dehnsteifigkeit der steifen und schlaffen Stahlanteile

K_z $= E_z F_z$ Dehnsteifigkeit des Spannstahls

K_{ST} $= K_{st} + . K_z$ Dehnsteifigkeit des Gesamtstahls

S_{st} $= E_{st} J_{st}$ Biegesteifigkeit der steifen und schlaffen Stahlanteile

S_z $= E_z J_z$ Biegesteifigkeit des Spannstahls

S_{ST} $=$ Biegesteifigkeit des Gesamtstahls

$a_{sto}; a_{zo}$ $=$ Abstand von dem Verbundschwerpunkt $(t = 0)$

a_{STo} $= -(1 - \alpha) a$ Abstand des Gesamtstahlschwerpunkts von dem Verbundschwerpunkt $(t = 0)$

$a_{st\varphi L}; a_{z\varphi L}$ $=$ Abstand von dem durch die Einwirkungsgröße L bestimmten Verbundschwerpunkt $(t = \infty)$

$a_{ST\varphi L}$ $= -(1 - \alpha_{\varphi L}) a$ Abstand des Gesamtstahlschwerpunkts von dem durch die Einwirkungsgröße L bestimmten Verbundschwerpunkt $(t = \infty)$

$e_0; \bar{e}; e^*$ $=$ Abstand von dem Spannstahlschwerpunkt (s. Abb. 22a u. b, S. 30)

Verbund

K_{vo} $= K_{bo} + K_{ST}$ Dehnsteifigkeit des Verbundquerschnitts $(t = 0)$

$K_{v\varphi L}$ $= K_{b\varphi L} + K_{ST}$ Dehnsteifigkeit des Verbundquerschnitts $(t = \infty)$

$$K_o = \frac{K_{bo} K_{ST}}{K_{vo}}$$

$$K_{\varphi L} = \frac{K_{b\varphi L} K_{ST}}{K_{v\varphi L}}$$

S_{vo} $= S_{bo} + S_{ST} + a^2 K_o$ Biegesteifigkeit des Verbundquerschnitts $(t = 0)$

$S_{v\varphi L}$ $= S_{b\varphi L} + S_{ST} + a^2 K_{\varphi L}$ Biegesteifigkeit des Verbundquerschnitts $(t = \infty)$

$a = |a_{bo}| + |a_{STo}| = |a_{b\varphi L}| + |a_{ST\varphi L}|$ Abstand Betonschwerpunkt — Gesamtstahlschwerpunkt

$e_{\varphi L}$ $=$ Abstand der Verbundschwerachse $(t = 0)$ von der Verbundschwerachse $(t = \infty)$

e $=$ Abstand von der Verbundschwerachse $(t = 0)$ (s. Abb. 27, S. 36)

Schwerpunktslagen von einer Bezugslinie

η_b $=$ Schwerpunktslage des Betonquerschnitts

$$\eta_{ST} = \frac{\eta_{st} K_{st} + \eta_z K_z}{K_{ST}}$$ Schwerpunktslage des Gesamtstahlquerschnitts

$$\eta_{vo} = \frac{\eta_b K_{bo} + \eta_{ST} K_{ST}}{K_{vo}}$$ Schwerpunktslage des Verbundquerschnitts $(t = 0)$

$$\eta_{v\varphi L} = \frac{\eta_b K_{b\varphi L} + \eta_{ST} K_{ST}}{K_{v\varphi L}}$$ Schwerpunktslage des Verbundquerschnitts $(t = \infty)$

Indizes

o $=$ Zeitpunkt $t = 0$

φ $=$ Zeitpunkt $t = \infty$

Index der Einwirkungsgröße L (Schnittgrößen, Eigenspannungsgrößen):

M $=$ konstantes Moment

N $=$ konstante, zum Zeitpunkt $t = 0$ im Verbundschwerpunkt $\mathfrak{S}_{vo}$ angreifende Normalkraft

S $=$ Schwinden mit Kriechen

X_M $=$ zeitabhängig statisch Unbestimmte, Verformungsgleichheit zu konstantem Moment M

X_N $=$ zeitabhängig statisch Unbestimmte, Verformungsgleichheit zu mittiger Normalkraft und zu Schwinden

$'$ $=$ Querschnittswerte vor Herstellen des Spannstahlverbunds

Querschnittskennwerte

$$\alpha = \frac{K_{ST}}{K_{vo}} \qquad\qquad 1 - \alpha = \frac{K_{bo}}{K_{vo}}$$

$$\beta = \frac{S_{ST}}{S_{vo}}$$

$$\gamma = \frac{a^2 K_o}{S_{vo}} \qquad\qquad 1 - \beta - \gamma = \frac{S_{bo}}{S_{vo}}$$

Hilfswerte (ideelle Querschnittswerte, Einwirkungsgröße L)

$$\alpha_{\varphi L} = \frac{K_{ST}}{K_{v\varphi L}}$$

$$\beta_{\varphi L} = \frac{S_{ST}}{S_{v\varphi L}} \qquad\qquad 1 - \alpha_{\varphi L} = \frac{K_{b\varphi L}}{K_{v\varphi L}}$$

$$\gamma_{\varphi L} = \frac{a^2 K_{\varphi L}}{S_{v\varphi L}} \qquad\qquad 1 - \beta_{\varphi L} - \gamma_{\varphi L} = \frac{S_{b\varphi L}}{S_{v\varphi L}}$$

Vorzeichendefinition

Querschnittswerte (Schwerpunktsabstände)

a_{ST} Der Schwerpunktsabstand a_{ST} ist *immer* negativ. Alle gleichgerichteten Schwerpunktsabstände sind ebenfalls negativ, alle entgegengesetzt gerichteten positiv.

a_b Der Schwerpunktsabstand a_b ist *immer* positiv.

Alle *gerichteten* Größen sind vorzeichenbehaftet. Ihr Vorzeichen wird durch die bereits festgelegte positive Richtung bestimmt.

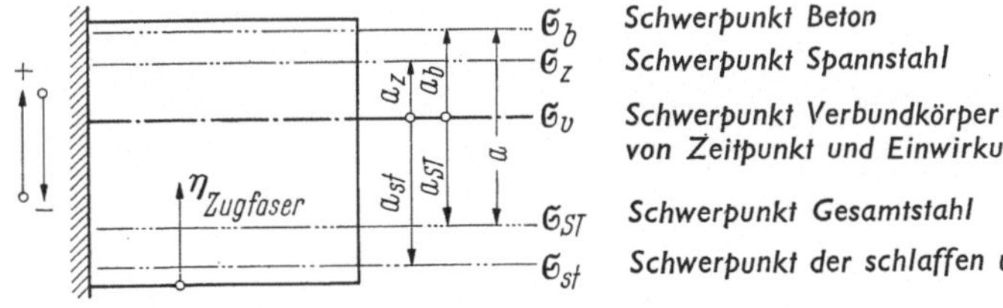

Abb. 1. Allgemeiner Verbundquerschnitt, Bezeichnungen

Schnittkräfte

Zur Bestimmung der Schnittkräfte des Systems gelten die jeweils festgelegten Faserdefinitionen.

Zur Bestimmung der Teilschnittkräfte des zu untersuchenden Verbundquerschnitts gilt:

Normalkräfte: Druckkräfte sind positiv. Zugkräfte sind negativ.

Schnittmomente: Werden in Höhe des Gesamtstahlschwerpunkts durch ein auf den Verbundquerschnitt einwirkendes Schnittmoment Zugspannungen hervorgerufen, so ist dieses Schnittmoment positiv.

Momente der Teilquerschnitte: Diese Momente sind positiv, wenn sie in ihrem Drehsinn mit dem eines positiven Schnittmoments übereinstimmen.

Damit ist für die Untersuchung eines Verbundquerschnitts die Schwerlinie der Gesamtstahlfläche als Zugfaser definiert.

In allen Abbildungen ist die positive Wirkungsrichtung der Schnittkräfte eingetragen.

I. Theorie

A. Die Spannungsverteilung in einem Verbundquerschnitt aus Stahl und Beton nach Abschluß des Betonkriechens. Die Einführung fiktiver Formänderungsmoduln

In einem Verbundquerschnitt aus Stahl und Beton verhalten sich zum Zeitpunkt der Lastaufbringung die Spannungen in den Einzelkörpern proportional zu den Dehnungen. Die Spannungsnullpunkte der einzelnen Spannungsverteilungen des Stahl- und Betonquerschnitts fallen zusammen und stimmen mit dem Dehnungsnullpunkt überein.

Mit Beginn des durch den Stahlanteil behinderten Betonkriechens und den damit zusammenhängenden inneren Kräfteumlagerungen ändern sich die Spannungsbilder grundlegend. Bedingt durch die verschiedenartige Kopplung der Umlagerungskräfte sind die Verhältnisse der elastisch-plastischen Dehnung in der Betonschwerachse und der elastisch-plastischen Drehung, beide bezogen auf die entsprechenden Verformungsgrößen des Stahlquerschnitts, nicht gleich. So fallen trotz der BERNOULLIschen Annahme vom Ebenbleiben der Querschnitte nach dem Kriechen des Betonkörpers die Nullpunkte der Spannungslinien Stahl und Beton nicht mehr zusammen. Damit stimmen aber auch der Dehnungs- und Betonspannungs-Nullpunkt nicht überein — das HOOKEsche Gesetz hat für die einzelnen Fasern des Betonquerschnitts seine Gültigkeit verloren.

Der Beweis läßt sich am einfachsten mit dem Kriechfaserverfahren von BUSEMANN [2] führen.

Die Spannungsverteilungen in den Einzelquerschnitten infolge einer dauernd auf den Verbundquerschnitt einwirkenden Schnittkraft sind durch die Spannungen in den Kriechfasern festgelegt.

$$F_{st\,1} = \frac{c_2}{b} F_{ST}$$

$$F_{st\,2} = F_{ST} - F_{st\,1}$$

$$F_{b\,2} = \frac{c_1}{b} F_b$$

$$F_{b\,1} = F_b - F_{b\,2}$$

$$\mu_{1(2)} = \frac{F_{st\,1(2)}}{F_{b\,1(2)}}$$

$$\alpha_{1(2)} = \frac{n\,\mu_{1(2)}}{1 + n\,\mu_{1(2)}}$$

Spannungen vor dem Kriechen $(t = 0)$

Kriechpunkt K_1 Beton $\sigma_{bo,1}$
              Stahl $\sigma_{sto,1}$

Kriechpunkt K_2 Beton $\sigma_{bo,2}$
              Stahl $\sigma_{sto,2}$

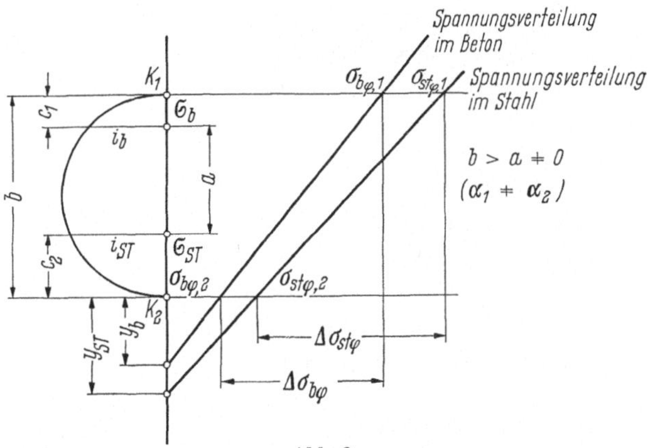

Abb. 2
Spannungszustand in einem Verbundkörper (nach BUSEMANN [2])

Spannungen nach dem Kriechen $(t = \infty\,;\ \varphi)$

Kriechpunkt K_1

Beton $\quad \sigma_{b\varphi,1} = \sigma_{bo,1}\, e^{-\alpha_1\varphi}$

Stahl $\quad \sigma_{st\varphi,1} = n\,\sigma_{bo,1}\left(\dfrac{1}{\alpha_1} - \dfrac{1-\alpha_1}{\alpha_1}\, e^{-\alpha_1\varphi}\right)$

Kriechpunkt K_2

Beton $\quad \sigma_{b\varphi,2} = \sigma_{bo,2}\, e^{-\alpha_1\varphi}$

Stahl $\quad \sigma_{st\varphi,2} = n\,\sigma_{bo,2}\left(\dfrac{1}{\alpha_2} - \dfrac{1-\alpha_2}{\alpha_2}\, e^{-\alpha_2\varphi}\right)$

Spannungsdifferenzen

$$\varDelta\sigma_{b\varphi} = \sigma_{b\varphi,1} - \sigma_{b\varphi,2} \qquad \varDelta\sigma_{st\varphi} = \sigma_{st\varphi,1} - \sigma_{st\varphi,2}$$

Spannungsnullpunkte

$$y_b = \frac{\sigma_{b\varphi,2}}{\varDelta\sigma_{b\varphi}}\,b \qquad y_{ST} = \frac{\sigma_{st\varphi,2}}{\varDelta\sigma_{st\varphi}}\,b$$

Ein gemeinsamer Spannungsnullpunkt $(y_b = y_{ST})$ führt nach diesen Beziehungen zu der Forderung

$$\frac{1}{\alpha_1}\left(e^{\alpha_1\varphi} - 1\right) = \frac{1}{\alpha_2}\left(e^{\alpha_2\varphi} - 1\right)$$

Nur durch das *eine* Wertepaar $\alpha_1 = \alpha_2$ könnte diese Bedingung erfüllt werden; dieser einfache Sonderfall ist jedoch von den Betrachtungen ausgeschlossen, da eine derartige Verteilung der Stahl- und Betonflächen nur ein symmetrischer Verbundquerschnitt $(a = 0)$ zuließe.

Bezeichnungen:

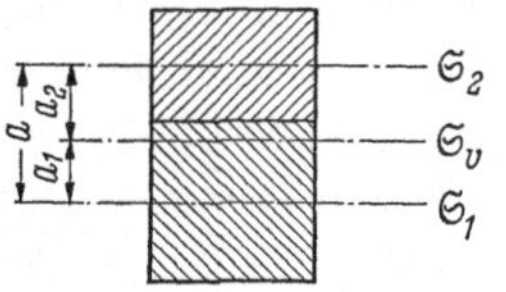

$\mathfrak{S}_2$ Schwerachse Körper 2 (Beton)

$\mathfrak{S}_v$ Schwerachse Verbundkörper

$\mathfrak{S}_1$ Schwerachse Körper 1

Abb. 3

	Körper 1	Körper 2	Verbundkörper v
Querschnittsgrößen			
Fläche	F_1	F_2	
Trägheitsmoment	J_1	J_2	
Fiktiver Formänderungsmodul			
bei reiner Normalkraft	E_1	E_{2F}	$E_1{}^{*}$
bei reinem Biegemoment	E_1	E_{2J}	
Steifigkeiten			
Dehnsteifigkeit	K_1	K_2	K_v
Biegesteifigkeit	S_1	S_2	S_v
Schnittgrößen			
Normalkraft	N_1	N_2	N
Biegemoment	M_1	M_2	M
Verhältnis der Elastizitätsmoduln			
bei reiner Normalkraft		$n_F = \dfrac{E_1}{E_{2F}}$	
bei reinem Biegemoment		$n_J = \dfrac{E_1}{E_{2J}}$	

$$(\text{A 1})$$

* Bezugselastizitätsmodul ist E_1.

Eine Entkopplung der wechselseitigen Beeinflussung der Kriechdehnung und der Kriechverdrehung kann über eine Analogiebetrachtung erreicht werden.

Die Kräfteverteilung in einem Verbundkörper wird durch das Verformungsverhalten der Einzelstoffe bestimmt. Der kritische Baustoff (Beton) des Modellkörpers soll gegenüber den auf ihn einwirkenden Schnittkräften Normalkraft und Biegemoment unterschiedliche elastische Eigenschaften aufweisen. Diese sind durch die fiktiven Formänderungsmoduln gekennzeichnet.

Vorausgesetzt wird das Ebenbleiben der Querschnitte und die beschränkte Gültigkeit des HOOKEschen Gesetzes für die Einzelschnittkräfte Normalkraft und Biegemoment.

Die Gesetzmäßigkeiten, denen ein derartiger Verbundquerschnitt unterliegt, sollen im einzelnen näher untersucht werden (Bezeichnungen s. S. 2).

1. *Einwirkungsgröße: Normalkraft N im Schwerpunkt des Verbundkörpers*

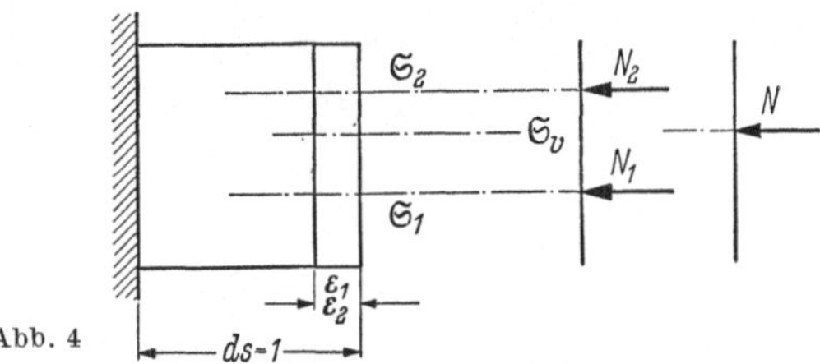

Abb. 4

I. $\sum N = 0$ $N_1 + N_2 = N$

II. $\varepsilon_1 = \varepsilon_2$ $\varepsilon_1 = \dfrac{N_1}{E_1 F_1} = \dfrac{N_1}{K_1}$ $\varepsilon_2 = \dfrac{N_2}{E_{2F} F_2} = \dfrac{N_2}{K_2}$

Daraus folgt

$$N_1 = \frac{F_1}{F_1 + \dfrac{1}{n_F} F_2} N = \frac{K_1}{K_v} N$$

$$N_2 = \frac{\dfrac{1}{n_F} F_2}{F_1 + \dfrac{1}{n_F} F_2} N = \frac{K_2}{K_v} N$$

$$(A\,2)$$

2. *Einwirkungsgröße: Biegemoment M*

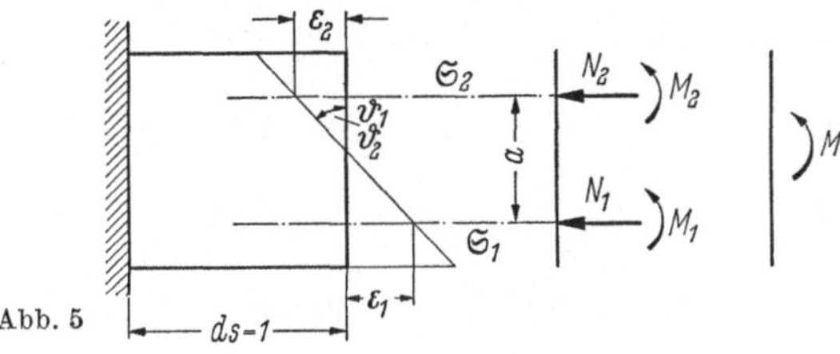

Abb. 5

I. $\sum N = 0$ $N_2 = -N_1$

II. $\sum M = 0$ $N_2 a + M_1 + M_2 = M$

III. $\vartheta_1 = \vartheta_2$ $\dfrac{M_1}{E_1 J_1} = \dfrac{M_2}{E_{2J} J_2}$ bzw. $\dfrac{M_1}{S_1} = \dfrac{M_2}{S_2}$

IV. $\varepsilon_2 = \varepsilon_1 + \vartheta_1 a$ $\dfrac{N_2}{E_{2F} F_2} = \dfrac{N_1}{E_1 F_1} + \dfrac{M_1}{E_1 J_1} a$ bzw. $\dfrac{N_2}{K_2} = \dfrac{N_1}{K_1} + \dfrac{M_1}{S_1} a$

Mit (A 1) ergeben sich die Teilkräfte zu

$$N_2 = -N_1$$

$$
\left.
\begin{aligned}
N_2 &= \frac{a\,\dfrac{F_1\,\dfrac{1}{n_F}\,F_2}{F_1 + \dfrac{1}{n_F}\,F_2}}{J_1 + \dfrac{1}{n_J}\,J_2 + a^2\,\dfrac{F_1\,\dfrac{1}{n_F}\,F_2}{F_1 + \dfrac{1}{n_F}\,F_2}}\,M \\[2ex]
&= \frac{a^2\,\dfrac{K_1 K_2}{K_v}}{S_1 + S_2 + a^2\,\dfrac{K_1 K_2}{K_v}}\,\frac{M}{a} = \underline{\frac{a^2 K}{S_v}\,\frac{M}{a}} \\[2ex]
M_1 &= \frac{J_1}{J_1 + \dfrac{1}{n_J}\,J_2 + a^2\,\dfrac{F_1\,\dfrac{1}{n_F}\,F_2}{F_1 + \dfrac{1}{n_F}\,F_2}}\,M = \underline{\frac{S_1}{S_v}\,M} \\[2ex]
M_2 &= \frac{J_2}{J_1 + \dfrac{1}{n_J}\,J_2 + a^2\,\dfrac{F_1\,\dfrac{1}{n_F}\,F_2}{F_1 + \dfrac{1}{n_F}\,F_2}}\,M = \underline{\frac{S_2}{S_v}\,M}
\end{aligned}
\right\} \quad (\text{A 3})
$$

Die Spannungsverteilungen in den Einzelquerschnitten ergeben sich aus den Teilschnittkräften (A 3) mit Hilfe der zweigliedrigen Spannungsgleichungen

$$
\left.
\begin{aligned}
\text{Körper 1} \quad && \sigma_1 &= \frac{N_1}{F_1} - \frac{M_1}{J_1}\,y_1 \\[1ex]
\text{Körper 2} \quad && \sigma_2 &= \frac{N_2}{F_2} - \frac{M_2}{J_2}\,y_2
\end{aligned}
\right\} \quad (\text{A 4})
$$

Die Nullpunkte der Spannungsverteilungen berechnen sich für die Einzelkörper über die Gleichungsgruppen (A 3) und (A 4).

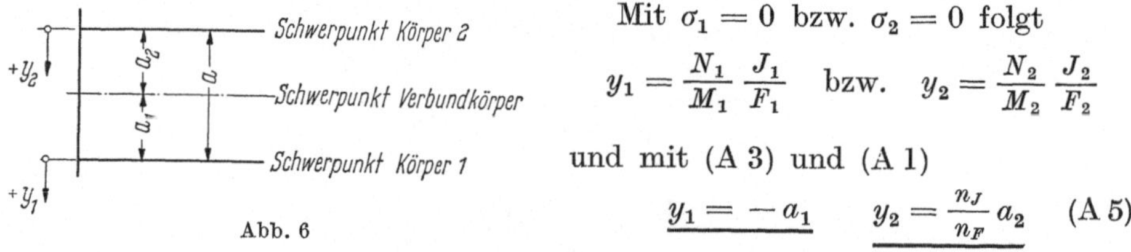

Abb. 6

Mit $\sigma_1 = 0$ bzw. $\sigma_2 = 0$ folgt

$$y_1 = \frac{N_1}{M_1}\,\frac{J_1}{F_1} \quad \text{bzw.} \quad y_2 = \frac{N_2}{M_2}\,\frac{J_2}{F_2}$$

und mit (A 3) und (A 1)

$$\underline{y_1 = -a_1} \qquad \underline{y_2 = \frac{n_J}{n_F}\,a_2} \qquad (\text{A 5})$$

Verhältniswerte der Formänderungsmoduln. Im Schwerpunkt des Körpers 2 gilt

$$\varepsilon_1 = \frac{\sigma_1}{E_1} \qquad \varepsilon_2 = \frac{\sigma_2}{E_{2F}}$$

Die geometrische Verträglichkeit fordert

$$\varepsilon_1 = \varepsilon_2$$

$$\boxed{n_F = \frac{E_1}{E_{2F}} = \frac{\sigma_1}{\sigma_2}} \qquad (\text{A 6})$$

Aus der Gleichheit der Drehungen folgt mit

$$M_1 = \frac{\Delta \sigma_1}{c} J_1 \qquad\qquad M_2 = \frac{\Delta \sigma_2}{c} J_2$$

$$\vartheta_1 = \frac{M_1}{E_1 J_1} = \frac{\Delta \sigma_1}{c E_1} \qquad \vartheta_2 = \frac{M_2}{E_{2J} J_2} = \frac{\Delta \sigma_2}{c E_{2J}}$$

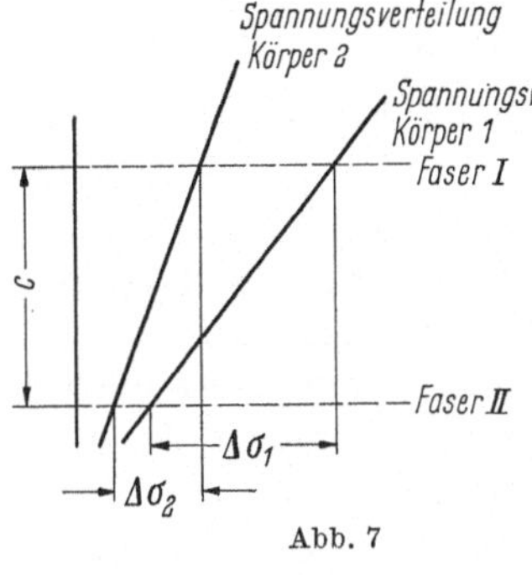

Abb. 7

$$\vartheta_1 = \vartheta_2$$

$$\boxed{n_J = \frac{E_1}{E_{2J}} = \frac{\Delta \sigma_1}{\Delta \sigma_2}} \qquad (A\,7)$$

Im folgenden werden die Ergebnisse der Untersuchungen zusammengefaßt:

1. Die Moduln des Körpers 2 sind den Querschnittswerten zugewiesen, die ihren elastischen Charakteristiken entsprechen. So ist der Fläche der Normalkraftmodul E_{bF}, dem Trägheitsmoment der Biegemomentenmodul E_{bJ} zugeordnet (A 2), (A 3).

Damit ergeben sich die Steifigkeiten:

Körper 1

$$\boxed{\begin{aligned} K_1 &= E_1 F_1 \\ S_1 &= E_1 J_1 \end{aligned}}$$

Körper 2

$$\boxed{\begin{aligned} K_2 &= E_{2F} F_2 = E_1 \frac{1}{n_F} F_2 \\ S_2 &= E_{2J} J_2 = E_1 \frac{1}{n_J} J_2 \end{aligned}}$$

$$(A\,8)$$

Verbundkörper

$$\boxed{\begin{aligned} K_v &= \sum_i K_i = K_1 + K_2 \\ S_v &= \sum_i S_i + \sum_i a_i^2 K_i = S_1 + S_2 + a_1^2 K_1 + a_2^2 K_2 \\ &= S_1 + S_2 + a^2 K \\ K &= \frac{K_1 K_2}{K_v} \end{aligned}}$$

$$(A\,9)$$

$$a_1 K_1 = a_2 K_2 = a K$$

$$a_1 F_1 = a_2 \frac{1}{n_F} F_2$$

Zweckmäßiger verwendet man die mit den Steifigkeiten angegebenen Beziehungen.

Die Schwerpunktabschnitte a_1 und a_2 und damit der Schwerpunkt des Verbundkörpers berechnen sich aus

$$\boxed{\begin{aligned} a_1 &= \frac{K_2}{K_v} a \\ a_2 &= \frac{K_1}{K_v} a \end{aligned}}$$

$$(A\,10)$$

2. Die Größe einer Teilschnittkraft wird durch den Anteil der entsprechenden Querschnittssteifigkeit an der Gesamtsteifigkeit bestimmt (A 2), (A 3).

3. Wird ein unsymmetrischer Verbundkörper ($a \neq 0$) durch ein Biegemoment beansprucht, so fallen die Nullpunkte der Spannungsverteilungen der Einzelkörper nicht zusammen (A 5) (Kriterium der Spannungsnullpunkte). Im Bereich von Zugdehnungen können Druckspannungen auftreten. Damit gilt. auch das HOOKEsche Gesetz nicht mehr in seiner allgemeinen Form.

4. Die Verhältniswerte der Moduln ergeben sich aus der Gleichheit der Dehnungen (A 6) bzw. der Drehungen (A 7).

5. Sind die elastischen Eigenschaften des Körpers 2 bezüglich den Einwirkungsgrößen Normalkraft und Biegemoment gleich ($E_{2F} = E_{2J}$), so folgt mit $n = n_F = n_J$, daß bei der Einwirkung eines Biegemoments auf den unsymmetrischen Verbundquerschnitt die Spannungsnullpunkte der Spannungsverteilungen der Einzelkörper zusammenfallen (A 5). Die abgeleiteten Gleichungen gehen in die für einen Normalverbundkörper bekannten Beziehungen über.

6. Bei symmetrischen Verbundkörpern ergibt sich die Zerlegung der Einwirkungsgröße in Teilkräfte aus den Gleichungsgruppen (A 2) und (A 3) mit $a = 0$. In den Einzelkörpern treten keine gemischten Beanspruchungen auf. Die Spannungen werden je nach der einwirkenden Schnittkraft nur durch Normalkräfte bzw. Momente verursacht. Dadurch entfällt auch die Kopplung der verschiedenen elastischen Eigenschaften des Körpers 2, so daß für symmetrische Verbundquerschnitte das Kriterium der Spannungsnullpunkte seine Anwendungsmöglichkeit verliert.

Die Spannungsverteilung und die Formänderungseigenarten dieses Modellkörpers stimmen somit formal mit dem Verhalten eines Verbundquerschnitts unter dem Einfluß des Betonkriechens überein. Der elastisch-plastische Deformationszustand eines Betonkörpers wird mit Hilfe der fiktiven Formänderungsmoduln imitiert. Übertragen auf den Stahlbetonverbund ist der Betonfläche der Modul E_{bF}, dem Betonträgheitsmoment der Modul E_{bJ} zugeordnet. Es wird die von FRITZ [4] eingeführte Bezeichnungsweise beibehalten.

$$
\begin{aligned}
E_{bF} &= \frac{E_{bo}}{1 + \psi_F\, \varphi} \\[2mm]
E_{bJ} &= \frac{E_{bo}}{1 + \psi_J\, \varphi}
\end{aligned}
\qquad\text{(A 11)}
$$

$$
n_o = \frac{E_{st}}{E_{bo}}\;; \qquad n_F = \frac{E_{st}}{E_{bF}}\;; \qquad n_J = \frac{E_{st}}{E_{bJ}}
\qquad\text{(A 12)}
$$

Verformungszahlen

$$
\begin{aligned}
\frac{n_F}{n_o} &= 1 + \psi_F\, \varphi \\[2mm]
\frac{n_J}{n_o} &= 1 + \psi_J\, \varphi
\end{aligned}
\qquad\text{(A 13)}
$$

Die Verhältniswerte der Moduln, die sog. Verformungszahlen, drücken die elastisch-plastische Verformungsbereitschaft des Betons im Zusammenwirken mit dem Stahlkörper gegenüber dem rein elastischen Verhalten des Betons aus.

Für die praktische Rechnung ist es zweckmäßig, wegen ihrer geringen Veränderlichkeit von den Kriechbeiwerten ψ_F und ψ_J auszugehen.

$$\boxed{\begin{aligned} \psi_F &= \frac{1}{\varphi}\left(\frac{n_F}{n_o} - 1\right) \\ \psi_J &= \frac{1}{\varphi}\left(\frac{n_J}{n_o} - 1\right) \end{aligned}} \tag{A 14}$$

Die Berechnung der ideellen Querschnittsgrößen, der Teilschnittkräfte und der Verformungen erfolgt nach den Gleichungsgruppen (A 8), (A 9), (A 10) und (A 3). Die Spannungsverteilungen können nur über die zweigliedrigen Spannungsgleichungen (A 4) berechnet werden, da das HOOKEsche Gesetz keine allgemeine Gültigkeit besitzt.

B. Die allgemeine Ableitung der Verformungszahlen

Nach Abschnitt A sind zur Festlegung der für einen Querschnitt und die Einwirkungsgröße charakteristischen Formänderungsmoduln die Kriechbeiwerte erforderlich. Diese berechnen sich über die geometrischen Verträglichkeitsbedingungen aus den Verformungszahlen.

1. Betonkriechen unter einer äußeren Einwirkungsgröße

In den Schwerpunkten der Einzelquerschnitte Stahl und Beton wirken nach Abschluß des Betonkriechens die Teilkräfte $N_{ST\varphi}$, $M_{ST\varphi}$ und $N_{b\varphi}$, $M_{b\varphi}$. Dabei ist es gleichgültig, durch welche Schnittgrößen diese Teilkräfte hervorgerufen wurden und welchem zeitlichen Gesetz die Belastung folgte.

Die Dehnungen der Beton- bzw. Stahlfaser in der Betonschwerachse ergeben sich zu

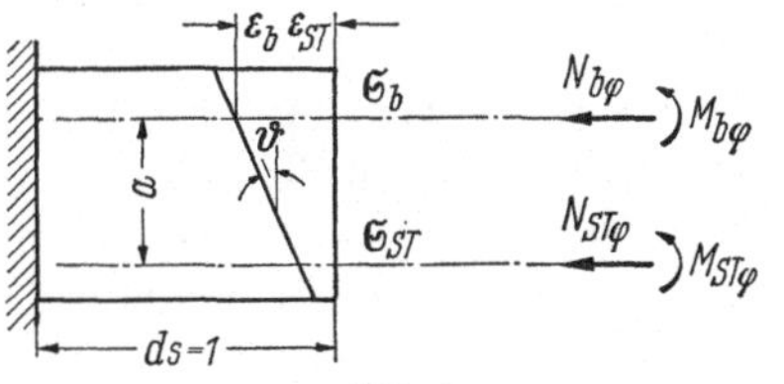

$$\begin{aligned} \varepsilon_b &= \frac{N_{b\varphi}}{E_{bF}F_b} \\ \varepsilon_{ST} &= \frac{N_{ST\varphi}}{E_{st}F_{ST}} + \frac{M_{ST\varphi}}{E_{st}J_{ST}}\,a \end{aligned} \right\} \tag{B 1}$$

Abb. 8
Teilschnittkräfte für die Einwirkungsgröße L

Aus der Verformungsgleichheit

$$\varepsilon_{ST} = \varepsilon_b \tag{B 2}$$

folgt

$$\frac{N_{ST\varphi}}{E_{st}F_{ST}} + \frac{M_{ST\varphi}}{E_{st}J_{ST}}\,a = \frac{N_{b\varphi}}{E_{bF}F_b}\,\frac{E_{st}\,E_{bo}}{E_{bo}\,E_{st}}$$

Mit (A 12), (A 13) und $K_{ST} = E_{st}F_{ST}$; $S_{ST} = E_{st}J_{ST}$; $K_{bo} = E_{bo}F_b$

$$\frac{N_{ST\varphi}}{K_{ST}} + \frac{M_{ST\varphi}}{S_{ST}}\,a = \frac{N_{b\varphi}}{K_{bo}}\,\frac{n_F}{n_o}$$

$$\boxed{\frac{n_F}{n_o} = \frac{K_{bo}}{K_{ST}}\,\frac{N_{ST\varphi}}{N_{b\varphi}} + \frac{a^2 K_{bo}}{S_{ST}}\,\frac{M_{ST\varphi}}{a\,N_{b\varphi}}} \tag{B 3}$$

Die Querschnittsverdrehungen berechnen sich mit

$$\left.\begin{aligned} \vartheta_b &= \frac{M_{b\varphi}}{E_{bJ}\,J_b} \\[2mm] \vartheta_{ST} &= \frac{M_{ST\varphi}}{E_{st}\,J_{ST}} \end{aligned}\right\} \tag{B 4}$$

Mit der Bedingung

$$\vartheta = \vartheta_{ST} = \vartheta_b \tag{B 5}$$

folgt

$$\frac{M_{ST\varphi}}{E_{st}\,J_{ST}} = \frac{M_{b\varphi}}{E_{bJ}\,J_b}\,\frac{E_{st}\,E_{bo}}{E_{bo}\,E_{st}}$$

und mit (A 12), (A 13)

$$\frac{M_{ST\varphi}}{S_{ST}} = \frac{M_{b\varphi}}{S_{bo}}\,\frac{n_J}{n_o}$$

$$\boxed{\;\frac{n_J}{n_o} = \frac{S_{bo}}{S_{ST}}\,\frac{M_{ST\varphi}}{M_{b\varphi}}\;} \tag{B 6}$$

Sonderfälle

a) Verbundquerschnitt ohne Eigenträgheitsmoment des Stahlquerschnitts ($J_{ST} = 0$). Die Spannungsverteilung im Verbundquerschnitt ist nach dem Kriechen durch die Schnittkräfte $N_{b\varphi}$, $M_{b\varphi}$ und $N_{ST\varphi}$ gegeben.

Der Verformungszustand des Verbundkörpers läßt sich über den Stahlanteil allein nicht beschreiben. Zur Ermittlung der Verformungen muß das Kriechfaserverfahren von BUSEMANN [2, 6] verallgemeinert mit herangezogen werden.

Wegen $J_{ST} = 0$ wird $i_{ST} = 0$ und damit fällt K_2 mit dem Stahlschwerpunkt zusammen. Der Abstand des Kriechpunkts K_1 vom Betonschwerpunkt berechnet sich zu

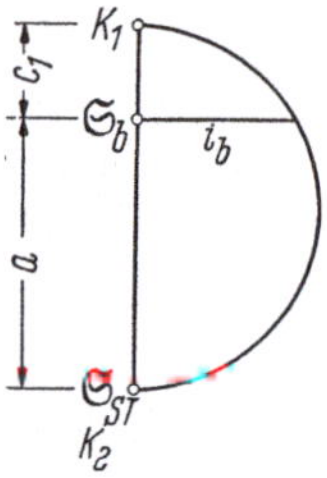

$$c_1 = \frac{i_b^2}{a} = \frac{J_b}{F_b\,a} = \frac{S_{bo}}{K_{bo}\,a} \tag{B 7}$$

Da der Kriechpunkt K_2 mit dem Stahlschwerpunkt zusammenfällt, wird die Betonspannung im Kriechpunkt K_1 durch das Kriechen nicht beeinflußt und läßt sich direkt aus der im Augenblick der Untersuchung einwirkenden Schnittkraft ermitteln. Die elastisch-plastische Kriechverkürzung $\varDelta_\varphi$ in K_1 ist mit der eines unbewehrten Betonquerschnitts (vgl. Abschn. D 1) unter Zugrundelegung der gleichen Einwirkungsgröße identisch.

Abb. 9
Kriechnullinien
für $J_{ST} = 0$

Eine in K_1 liegende Stahlfaser mit derart geringen Querschnittsabmessungen, daß sie die Verformungen des auf K_1 entfallenden Betonprismas nicht behindern könnte, würde dieselben Dehnungen erfahren.

Wird für dieses Betonprisma mit $\overline{\varDelta}$ das Verhältnis der elastisch-plastischen Gesamtverformung $\varDelta_\varphi$ zur elastischen Verformung $\varDelta_o$ für den Endzustand φ $\left(\text{nach Abschn. D 1, Gl. (D 2): } \overline{\varDelta} = \frac{\varDelta_\varphi}{\varDelta_o}\right)$ bezeichnet, dann folgt:

$$\left.\begin{aligned} \varepsilon_{bK_1} = \varepsilon_{STK_1} &= \left(\frac{N_{b\varphi}}{E_{bo}\,F_b} + \frac{M_{b\varphi}}{E_{bo}\,J_b}\,c_1\right)\overline{\varDelta} \\[2mm] \vartheta_b &= \frac{M_{b\varphi}}{S_{bo}}\,\frac{n_J}{n_o} \\[3mm] \vartheta_{ST} &= \frac{\left(\dfrac{N_{b\varphi}}{E_{bo}\,F_b} + \dfrac{M_{b\varphi}}{E_{bo}\,J_b}\,c_1\right)\overline{\varDelta} - \dfrac{N_{ST\varphi}}{E_{st}\,F_{ST}}}{a + c_1} \end{aligned}\right\} \tag{B 8}$$

Im Betonschwerpunkt

$$\varepsilon_b = \frac{N_{b\varphi}}{E_{bF}\,F_b} = \frac{N_{b\varphi}}{K_{bo}}\,\frac{n_F}{n_o} \ \left.\begin{array}{c}\\[2.5em]\end{array}\right\} \quad\text{(B 9)}$$

$$\varepsilon_{ST} = \frac{N_{ST\varphi}}{E_{st}\,F_{ST}} + a\,\vartheta_{ST}$$

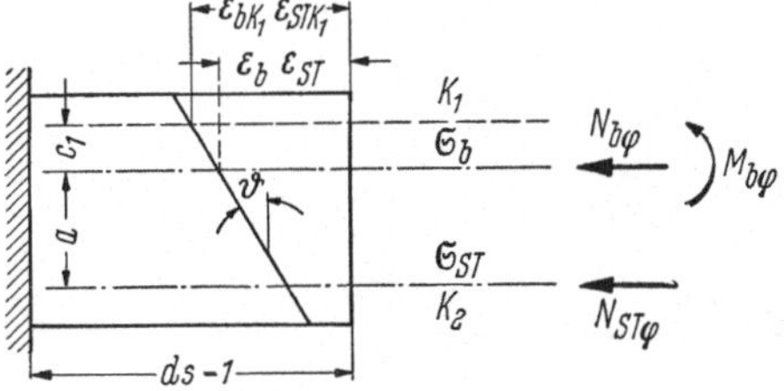

Abb. 10. Teilschnittkräfte für die Einwirkungsgröße L $(J_{ST} = 0)$

Mit (B 2), (B 7) und (B 9) gelangt man nach einigen Umformungen zu

$$\frac{n_F}{n_o} = \frac{\left(1 + \dfrac{M_{b\varphi}}{a\,N_{b\varphi}}\right)\bar{\varDelta} + \dfrac{N_{ST\varphi}}{N_{b\varphi}}\,\dfrac{S_{bo}}{a^2\,K_{ST}}}{1 + \dfrac{S_{bo}}{a^2\,K_{bo}}} \qquad\text{(B 10)}$$

In ähnlicher Weise berechnet man mit (B 5), (B 7) und (B 8)

$$\frac{n_J}{n_o} = \frac{\left(1 + \dfrac{a\,N_{b\varphi}}{M_{b\varphi}}\right)\bar{\varDelta} - \dfrac{a\,N_{ST\varphi}}{M_{b\varphi}}\,\dfrac{K_{bo}}{K_{ST}}}{1 + \dfrac{a^2\,K_{bo}}{S_{bo}}} \qquad\text{(B 11)}$$

b) Symmetrischer Verbundquerschnitt $(a = 0)$

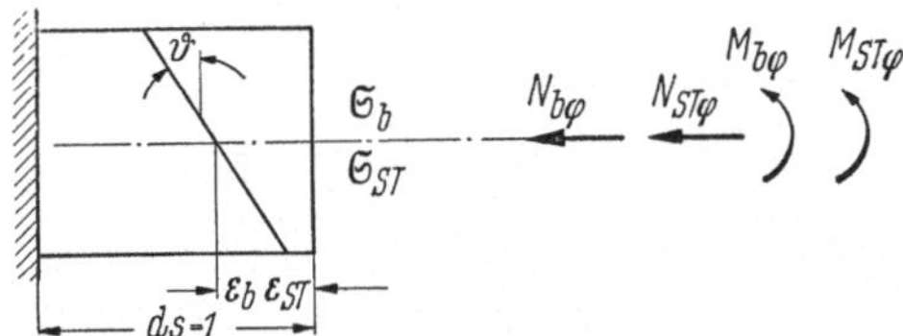

Abb. 11. Teilschnittkräfte für die Einwirkungsgröße L $(a = 0)$

$$\varepsilon_b = \frac{N_{b\varphi}}{E_{bF}\,F_b} = \frac{N_{b\varphi}}{K_{bo}}\,\frac{n_F}{n_o} \qquad \varepsilon_{ST} = \frac{N_{ST\varphi}}{K_{ST}}$$

mit (B 2)

$$\frac{n_F}{n_o} = \frac{N_{ST\varphi}}{N_{b\varphi}}\,\frac{K_{bo}}{K_{ST}} \qquad\text{(B 12)}$$

$$\vartheta_b = \frac{M_{b\varphi}}{E_{bJ}\,J_b} = \frac{M_{b\varphi}}{S_{bo}}\,\frac{n_J}{n_o} \qquad \vartheta_{ST} = \frac{M_{ST\varphi}}{S_{ST}}$$

mit (B 5)

$$\frac{n_J}{n_o} = \frac{M_{ST\varphi}}{M_{b\varphi}}\,\frac{S_{bo}}{S_{ST}} \qquad\text{(B 13)}$$

2. Betonschwinden mit Kriechen

Die Verformungen des Betonkörpers setzen sich zusammen aus der Schwindverkürzung ε_s und den elastisch-plastischen Formänderungen infolge der durch den Stahlverbund hervorgerufenen inneren Zwängungen $N_{b\varphi}$, $M_{b\varphi}$. Die Verformung des Stahlanteils wird nur durch die Zwängkräfte $N_{ST\varphi}$, $M_{ST\varphi}$ verursacht.

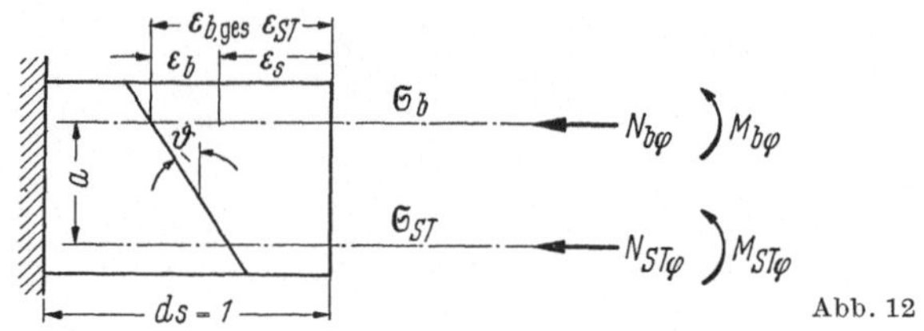

Abb. 12

$$\varepsilon_{b,\text{ges}} = \varepsilon_s + \varepsilon_b = \varepsilon_s + \frac{N_{b\varphi}}{E_{bF}\,F_b} = \varepsilon_s + \frac{N_{b\varphi}}{K_{bo}}\,\frac{n_F}{n_o}$$

$$\varepsilon_{ST} = \frac{N_{ST\varphi}}{K_{ST}} + \frac{M_{ST\varphi}}{S_{ST}}\,a \qquad \vartheta_b = \frac{M_{b\varphi}}{S_{bo}}\,\frac{n_J}{n_o} \qquad \vartheta_{ST} = \frac{M_{ST\varphi}}{S_{ST}}$$

Nach (B 2) $\varepsilon_{b,\text{ges}} = \varepsilon_{ST}$

$$\frac{n_F}{n_o} = \frac{K_{bo}}{K_{ST}}\,\frac{N_{ST\varphi}}{N_{b\varphi}} + \frac{M_{ST\varphi}}{a\,N_{b\varphi}}\,\frac{a^2 K_{bo}}{S_{ST}} - \frac{\varepsilon_s K_{bo}}{N_{b\varphi}}$$

Aus dem Kräftegleichgewicht folgt

$$\sum N = 0 \qquad N_{ST\varphi} = -N_{b\varphi}$$

$$\sum M = 0 \qquad M_{b\varphi} + M_{ST\varphi} + a\,N_{b\varphi} = 0 \qquad M_{ST\varphi} = -(M_{b\varphi} + a\,N_{b\varphi})$$

$$\boxed{\frac{n_F}{n_o} = -\frac{K_{bo}}{K_{ST}} - \left(\frac{M_{b\varphi}}{a\,N_{b\varphi}} + 1\right)\frac{a^2 K_{bo}}{S_{ST}} - \frac{\varepsilon_s K_{bo}}{N_{b\varphi}}} \tag{B 14}$$

Nach (B 5) $\vartheta_{ST} = \vartheta_b$

$$\boxed{\frac{n_J}{n_o} = -\left(1 + \frac{a\,N_{b\varphi}}{M_{b\varphi}}\right)\frac{S_{bo}}{S_{ST}}} \tag{B 15}$$

Sonderfälle

a) Verbundquerschnitt ohne Eigenträgheitsmoment des Stahlquerschnitts ($J_{ST} = 0$). Die Überlegung des Sonderfalls a, Abschn. B 1 läßt sich sinngemäß übertragen.

Die Betonfaser in K_1 kann unbehindert schwinden.

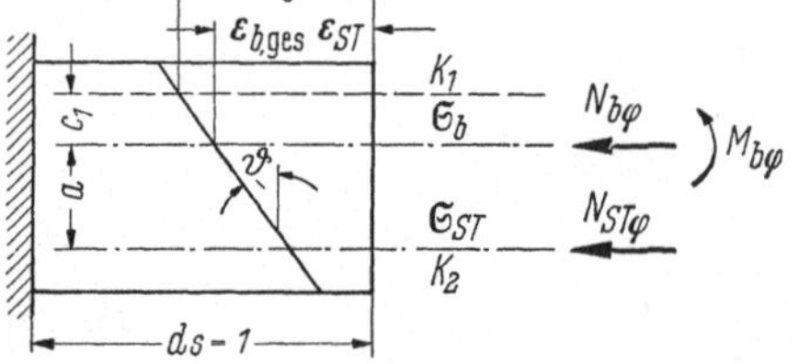

Abb. 13

$$\varepsilon_{b,\text{ges}} = \varepsilon_s + \varepsilon_b = \varepsilon_s + \frac{N_{b\varphi}}{K_{bo}}\,\frac{n_F}{n_o}$$

$$\varepsilon_{ST} = \frac{N_{ST\varphi}}{K_{ST}} + \left(\varepsilon_s - \frac{N_{ST\varphi}}{K_{ST}}\right)\frac{a}{a + c_1}$$

$$\vartheta_b = \frac{M_{b\varphi}}{S_{bo}}\,\frac{n_J}{n_o}$$

$$\vartheta_{ST} = \frac{\varepsilon_s - \dfrac{N_{ST\varphi}}{K_{ST}}}{a + c_1}$$

Mit (B 7), (B 2) $\varepsilon_{b,\,ges} = \varepsilon_{ST}$, (B 5) $\vartheta_{ST} = \vartheta_b$,

$$N_{ST\varphi} = -N_{b\varphi}, \qquad M_{b\varphi} = -a\,N_{b\varphi}$$

folgen die Verformungszahlen

$$\frac{n_F}{n_o} = \frac{n_J}{n_o} = -\left(\frac{K_{bo}}{K_{ST}} + \frac{\varepsilon_s\,K_{bo}}{N_{b\varphi}}\right)\frac{1}{1 + \dfrac{a^2\,K_{bo}}{S_{bo}}} \tag{B 16}$$

b) Symmetrischer Verbundquerschnitt ($a = 0$). Es treten nur Normalkräfte auf.

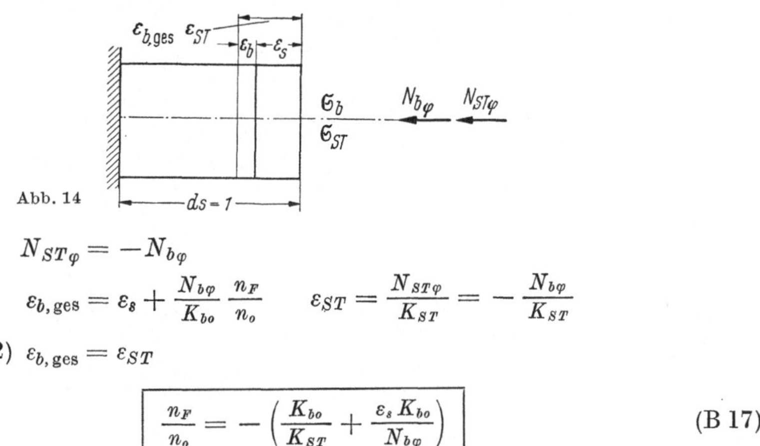

$$N_{ST\varphi} = -N_{b\varphi}$$

$$\varepsilon_{b,\,ges} = \varepsilon_s + \frac{N_{b\varphi}}{K_{bo}}\,\frac{n_F}{n_o} \qquad \varepsilon_{ST} = \frac{N_{ST\varphi}}{K_{ST}} = -\frac{N_{b\varphi}}{K_{ST}}$$

Nach (B 2) $\varepsilon_{b,\,ges} = \varepsilon_{ST}$

$$\frac{n_F}{n_o} = -\left(\frac{K_{bo}}{K_{ST}} + \frac{\varepsilon_s\,K_{bo}}{N_{b\varphi}}\right) \tag{B 17}$$

C. Bestimmung der von der Einwirkungsgröße abhängigen Verformungszahlen

1. Abkürzungen

$$A = -\alpha(1 - \gamma) = \mathfrak{A}$$
$$B = \beta + \gamma = -\mathfrak{D}$$
$$C = \frac{1 - \alpha}{\alpha}$$
$$r_1 = \frac{1}{2}\left[(A - B) + \sqrt{(A - B)^2 - 4\alpha\beta}\right]$$
$$r_2 = \frac{1}{2}\left[(A - B) - \sqrt{(A - B)^2 - 4\alpha\beta}\right]$$
$$D = r_1 - r_2$$

$$E = (1 + r_1)\,e^{r_1\varphi}$$
$$F = (1 + r_2)\,e^{r_2\varphi}$$
$$G = \frac{1}{\beta}\left[(1 - F)\,r_1 - (1 - E)\,r_2 + (E - F)\,\beta\right]$$
$$H = (1 - e^{r_1\varphi})$$
$$J = (1 - e^{r_2\varphi})$$
$$K = (r_1 + B)\,H - (r_2 + B)\,J$$
$$L = \frac{\gamma}{\alpha\,\beta}\left[(r_1 + \alpha\beta)\,J - (r_2 + \alpha\beta)\,H\right]$$

2. Die Grundgleichungen für konstante Belastung nach Müller [11]

Aus den Verträglichkeitsbedingungen und dem Gleichgewicht der Umlagerungskräfte während des Kriechdifferentials $d\varphi$ ergeben sich für die Schnittgrößen des Betonteils zwei gekoppelte Differentialgleichungen. Es wird dabei vorausgesetzt, daß die Belastung konstant, aber sonst von beliebiger Art sein kann.

$$\boxed{\begin{aligned}\frac{d N_{b\varphi}}{d\varphi_t} &= \mathfrak{A}\, N_{b\varphi} + \mathfrak{B}\, M_{b\varphi} \\[2mm] \frac{d M_{b\varphi}}{d\varphi_t} &= \mathfrak{C}\, N_{b\varphi} + \mathfrak{D}\, M_{b\varphi}\end{aligned}} \qquad (\mathrm{C}\,1)$$

$$\mathfrak{A} = -\frac{K_o}{K_{bo}}\,\frac{S_{bo}+S_{ST}}{S_{vo}} = -\alpha\,(1-\gamma) = A$$

$$\mathfrak{B} = \frac{1}{a}\,\frac{a^2 K_o}{S_{vo}} = \frac{1}{a}\,\gamma$$

$$\mathfrak{C} = a\,\frac{K_o}{K_{bo}}\,\frac{S_{bo}}{S_{vo}} = a\,\alpha\,(1-\beta-\gamma)$$

$$\mathfrak{D} = -\frac{S_{ST}+a^2 K_o}{S_{vo}} = -(\beta+\gamma) = -B$$

Die Lösungen dieser Differentialgleichungen lauten:

Lösungsart 1:

$$\left.\begin{aligned} N_{b\varphi} &= C_{11}\,e^{r_1\varphi} + C_{12}\,e^{r_2\varphi} \\[2mm] M_{b\varphi} &= \frac{r_1-\mathfrak{A}}{\mathfrak{B}}\,C_{11}\,e^{r_1\varphi} + \frac{r_2-\mathfrak{A}}{\mathfrak{B}}\,C_{12}\,e^{r_2\varphi}\end{aligned}\right\} \qquad (\mathrm{C}\,2)$$

Lösungsart 2:

$$\left.\begin{aligned} N_{b\varphi} &= \frac{r_1-\mathfrak{D}}{\mathfrak{C}}\,C_{11}\,e^{r_1\varphi} + \frac{r_2-\mathfrak{D}}{\mathfrak{C}}\,C_{12}\,e^{r_2\varphi} \\[2mm] M_{b\varphi} &= C_{11}\,e^{r_1\varphi} + C_{12}\,e^{r_2\varphi}\end{aligned}\right\} \qquad (\mathrm{C}\,3)$$

mit

$$r_{1/2} = \frac{1}{2}\left[(\mathfrak{A}+\mathfrak{D}) \pm \sqrt{(\mathfrak{A}-\mathfrak{D})^2+4\,\mathfrak{B}\,\mathfrak{C}}\,\right] = \frac{1}{2}\left[(\mathfrak{A}+\mathfrak{D}) \pm \sqrt{(\mathfrak{A}+\mathfrak{D})^2-4\,\alpha\,\beta}\,\right]$$

$$A = \mathfrak{A} = -\alpha\,(1-\gamma)$$

$$B = -\mathfrak{D} = \beta+\gamma$$

$$r_{1/2} = \frac{1}{2}\left[(A-B) \pm \sqrt{(A-B)^2-4\,\alpha\,\beta}\,\right]$$

Die Konstanten C_{11} und C_{12} sind lediglich abhängig von dem Ausgangszustand, der durch die Einwirkungsgröße festgelegt ist.

3. Kriechen unter konstantem Moment M

Gleichgewichtsbedingungen: $\qquad \sum N = 0 \qquad N_{ST\varphi M} = -N_{b\varphi M}$

$$\sum M = 0 \qquad M_{ST\varphi M} = M - M_{b\varphi M} - a\,N_{b\varphi M}$$

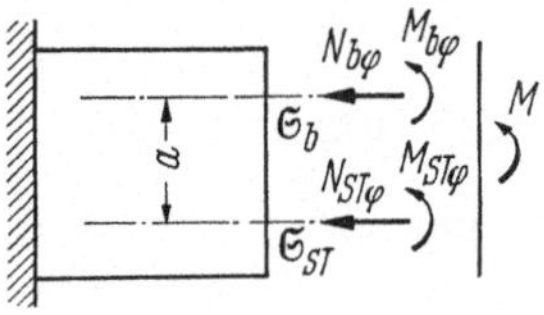

Abb. 15

Verformungszahlen. Mit (B 3) und (B 6)

$$\frac{n_{FM}}{n_o} = -\frac{K_{bo}}{K_{ST}} + \frac{a^2 K_{bo}}{S_{ST}}\,\frac{M_{ST\varphi M}}{a\,N_{b\varphi M}}$$

$$\frac{n_{JM}}{n_o} = \frac{S_{bo}}{S_{ST}}\,\frac{M_{ST\varphi M}}{M_{b\varphi M}}$$

Zur Ermittlung der Teilschnittkräfte wird die Lösungsart 1 (C 2) herangezogen. Nach MÜLLER [11]

$$C_{11} = \frac{\mathfrak{B}}{r_1 - r_2}(1 + r_1)M \qquad C_{12} = -\frac{\mathfrak{B}}{r_1 - r_2}(1 + r_2)M$$

$$\frac{a\,N_{b\varphi M}}{M} = \frac{\gamma}{D}[E - F] \qquad\qquad\qquad\text{(C 4a)}$$

$$\frac{M_{b\varphi M}}{M} = \frac{1}{D}[(r_1 - A)E - (r_2 - A)F] \qquad\qquad\text{(C 4b)}$$

$$\frac{M_{ST\varphi M}}{M} = \frac{1}{D}[(1 - F)r_1 - (1 - E)r_2 + (E - F)\beta] \qquad\text{(C 4c)}$$

$$\boxed{\frac{n_{FM}}{n_o} = -C + \frac{G}{\alpha[E - F]}} \qquad\qquad\text{(C 5)}$$

$$\boxed{\frac{n_{JM}}{n_o} = (1 - \beta - \gamma)\frac{G}{(r_1 - A)E - (r_2 - A)F}} \qquad\text{(C 6)}$$

ψ_{FM}, ψ_{JM} nach (A 14).

4. Kriechen unter konstanter mittiger Normalkraft N

Gleichgewichtsbedingungen:

$$\sum N = 0 \qquad N_{ST\varphi N} = N - N_{b\varphi N}$$
$$\sum M = 0 \qquad M_{ST\varphi N} = a_{ST o}N - a\,N_{b\varphi N} - M_{b\varphi N}$$

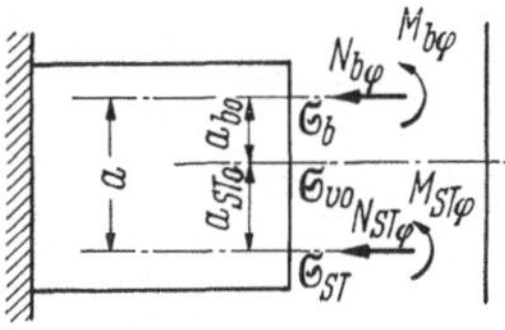

Verformungszahlen. Mit (B 3) und (B 6)

$$\frac{n_{FN}}{n_o} = \frac{K_{bo}}{K_{ST}}\frac{N_{ST\varphi N}}{N_{b\varphi N}} + \frac{a^2 K_{bo}}{S_{ST}}\frac{M_{ST\varphi N}}{a\,N_{b\varphi N}}$$

$$\frac{n_{JN}}{n_o} = \frac{S_{bo}}{S_{ST}}\frac{M_{ST\varphi N}}{M_{b\varphi N}}$$

Abb. 16

Die Verformungszahlen werden mit Hilfe der Lösungsart 2 (C 3) berechnet. Nach MÜLLER [11] ergeben sich die Konstanten

$$C_{11} = \frac{K_o}{K_{ST}}\frac{\mathfrak{C}}{r_1 - r_2}N \qquad C_{12} = -C_{11}$$

$$\frac{N_{b\varphi N}}{N} = \frac{1}{D}[(r_1 + B)e^{r_1\varphi} - (r_2 + B)e^{r_2\varphi}]\frac{K_o}{K_{ST}} \qquad\text{(C 7a)}$$

$$\frac{M_{b\varphi N}}{a\,N} = \frac{\alpha}{D}(1 - \beta - \gamma)(e^{r_1\varphi} - e^{r_2\varphi})\frac{K_o}{K_{ST}} \qquad\text{(C 7b)}$$

$$\frac{M_{ST\varphi N}}{a\,N} = (1 - \alpha)\frac{\alpha\beta}{\gamma}\frac{L}{D} \qquad\qquad\text{(C 7c)}$$

$$\boxed{\frac{n_{FN}}{n_o} = \frac{C K + D + L}{D - K}} \qquad\qquad\text{(C 8)}$$

$$\boxed{\frac{n_{JN}}{n_o} = \frac{L}{\gamma(J - H)}} \qquad\qquad\text{(C 9)}$$

ψ_{FN}, ψ_{JN} nach (A 14).

5. Schwinden mit Kriechen

Verwendung findet Lösungsart 2 (C 3) mit den Konstanten:

$$C_{12} = -C_{11} \qquad C_{11} = K_{bo}\frac{\mathfrak{C}}{D}\frac{\varepsilon_s}{\varphi}$$

$$M_{b\varphi S} = C_{11}(e^{r_1\varphi} - e^{r_2\varphi})$$

$$N_{b\varphi S} = \frac{C_{11}}{\mathfrak{C}}\left[(r_1 + B)\cdot e^{r_1\varphi} - (r_2 + B)\,e^{r_2\varphi}\right] - \frac{\varepsilon_s}{\varphi}K_{bo}$$

$$\frac{N_{b\varphi S}}{\dfrac{\varepsilon_s}{\varphi}K_{bo}} = -\frac{K}{D} \tag{C 10a}$$

$$\frac{M_{b\varphi S}}{a\dfrac{\varepsilon_s}{\varphi}K_{bo}} = \frac{\alpha}{D}\,(1 - \beta - \gamma)\,(J - H) \tag{C 10b}$$

$$\frac{M_{ST\varphi S}}{a\dfrac{\varepsilon_s}{\varphi}K_{bo}} = \frac{\alpha\,\beta}{\gamma}\,\frac{L}{D} \tag{C 10c}$$

Mit (B 14) und (B 15)

$$\boxed{\frac{n_{FS}}{n_o} = -C + \frac{\varphi\,D - L}{K}} \tag{C 11}$$

$$\boxed{\frac{n_{JS}}{n_o} = \frac{L}{\gamma\,(J - H)} = \frac{n_{JN}}{n_o}} \tag{C 12}$$

$\psi_{FS},\ \psi_{JS} = \psi_{JN}$ nach (A 14).

6. Die Grundgleichungen für die Einwirkung eines zeitabhängigen Moments M_t

Den Kriechverformungen während des Kriechintervalls $d\varphi_t$ müssen die elastischen Formänderungen aus dem Momentenzuwachs dM_t überlagert werden. Den Differentialgleichungen (C 1) für eine konstante Einwirkungsgröße sind daher zusätzlich die elastischen Verformungsanteile aus $dN_{b\varphi}^*$ und $dM_{b\varphi}^*$ infolge der Schnittkraftänderung dM_t hinzuzufügen.

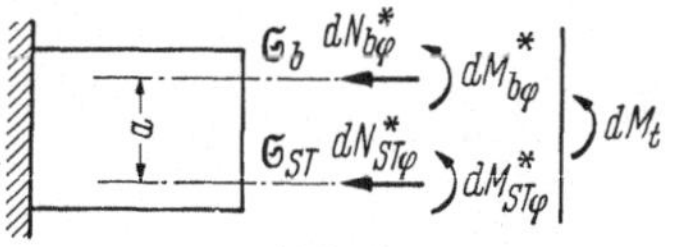

Abb. 17

$$\left.\begin{aligned}\frac{dN_{b\varphi}^*}{d\varphi_t} &= \frac{a\,K_o}{S_{vo}}\frac{dM_t}{d\varphi_t} = \mathfrak{B}\frac{dM_t}{d\varphi_t}\\[2mm]\frac{dM_{b\varphi}^*}{d\varphi_t} &= \frac{S_{bo}}{S_{vo}}\frac{dM_t}{d\varphi_t} = (1 + \mathfrak{D})\frac{dM_t}{d\varphi_t}\end{aligned}\right\} \tag{C 13}$$

Mit (C 1) und (C 13) ergibt sich die Gesamtänderung der Schnittkräfte

$$\frac{dN_{b\varphi}}{d\varphi_t} = \mathfrak{A}\,N_{b\varphi} + \mathfrak{B}\,M_{b\varphi} + \mathfrak{B}\frac{dM_t}{d\varphi_t} \tag{C 14a}$$

$$\frac{dM_{b\varphi}}{d\varphi_t} = \mathfrak{C}\,N_{b\varphi} + \mathfrak{D}\,M_{b\varphi} + (1 + \mathfrak{D})\frac{dM_t}{d\varphi_t} \tag{C 14b}$$

Mit

$$\overline{M} = M_{b\varphi} + \frac{dM_t}{d\varphi_t}$$

und
$$\frac{d M_{b\varphi}}{d\varphi_t} = \frac{d\overline{M}}{d\varphi_t} - \frac{d^2 M_t}{d\varphi_t^2}$$

folgt das inhomogene Differentialgleichungssystem

$$\frac{d N_{b\varphi}}{d\varphi_t} = \mathfrak{A}\, N_{b\varphi} + \mathfrak{B}\, \overline{M} \tag{C 15a}$$

$$\frac{d\overline{M}}{d\varphi_t} = \mathfrak{C}\, N_{b\varphi} + \mathfrak{D}\, \overline{M} + \frac{d^2 M_t}{d\varphi_t^2} + \frac{d M_t}{d\varphi_t} \tag{C 15b}$$

$$\overline{M} = M_{b\varphi} + \frac{d M_t}{d\varphi_t} \tag{C 15c}$$

7. Kriechen unter einem zeitabhängigen unbekannten Moment M_t, welches einen vorgeschriebenen zeitlichen Verlauf der Verformung bedingt

Die durch das Kriechen und Schwinden verursachten Kräfteumlagerungen führen bei Verbundkonstruktionen zu nachträglichen Tragwerksverformungen. Bei statisch unbestimmten Systemen werden dadurch im allgemeinen zeitabhängige, von Null auf einen Endwert anwachsende Zwängungen hervorgerufen. Das Wachstumsgesetz dieser Zwängungskräfte unterliegt der Forderung, daß zu jedem Zeitpunkt an den Wirkungsstellen der statisch Unbestimmten die Verträglichkeitsbedingungen erfüllt sein müssen. Der Verformungsablauf aus der zeitabhängigen Zwängung muß mit dem der Zwängungsursache übereinstimmen.

Das Wachstumsgesetz der Zwängkräfte beeinflußt die Endgrößen der durch sie hervorgerufenen Formänderungen und damit den Endwert der statisch Unbestimmten. Ebenso ist die Verteilung der durch die Zwängungen verursachten Schnittkräfte auf die Teilquerschnitte von dem Verlauf ihres zeitlichen Anwachsens abhängig.

a) Grundaufgabe. Die Grundaufgabe besteht darin, am Querschnittselement unter Beachtung der gegebenen Anfangsbedingungen aus einem vorgegebenen Verformungsablauf das Gesetz für das zeitliche Einsetzen des dazugehörenden Schnittmoments M_t und die daraus entstehenden Schnittgrößen nach Abschluß des Kriechens zu bestimmen.

Die Verdrehung des Verbundträgers läßt sich wegen des Ebenbleibens der Querschnitte durch das Stahlträgermoment ausdrücken. Die jeweilige, vom Zeitpunkt $t = 0$ an durch das Kriechen hervorgerufene Querschnittsverformung ϑ_t berechnet sich zu

$$\vartheta_t = \vartheta_{tv} = \vartheta_{\varphi v} - \vartheta_{ov} = \vartheta_{tST} = \vartheta_{\varphi ST} - \vartheta_{oST} = \frac{M_{ST\varphi} - M_{STo}}{S_{ST}} \tag{C 16}$$

und wächst von Null auf ihren Endwert an. Dabei bedeutet

ϑ_φ = elastische + plastische Verdrehung
ϑ_o = elastischer Anteil der Verdrehung
ϑ_t = plastischer Anteil der Verdrehung

Wird nun der Ablauf dieser Verdrehung ϑ_t vorgeschrieben, so ist erforderlich und hinreichend, daß durch das noch unbekannte äußere Moment M_t ein Stahlträgermoment hervorgerufen wird, das dem gegebenen Gesetz folgt.

Die allgemeinen Differentialgleichungen für $N_{b\varphi}$ und $M_{b\varphi}$ unter beliebiger Belastung (Abschnitt C 6) müssen so transformiert werden, daß sich das Moment M_t als eine Funktion des vorgeschriebenen zeitabhängigen Stahlträgermoments darstellt.

b) Aufstellung der Differentialgleichungen. Die Gleichungen für $N_{b\varphi}$ und $M_{b\varphi}$ lauten nach (C 14 a, b)

$$\text{(C 14a)} \qquad \frac{dN_{b\varphi}}{d\varphi_t} = \mathfrak{A}\, N_{b\varphi} + \mathfrak{B}\, M_{b\varphi} + \mathfrak{B}\, \frac{dM_t}{d\varphi_t}$$

$$\text{(C 14b)} \qquad \frac{dM_{b\varphi}}{d\varphi_t} = \mathfrak{C}\, N_{b\varphi} + \mathfrak{D}\, M_{b\varphi} + (1 + \mathfrak{D})\, \frac{dM_t}{d\varphi_t}$$

Aus dem Kräftegleichgewicht folgt

$$M_{b\varphi} = M_t - (a\, N_{b\varphi} + M_{ST\varphi})$$
$$d M_{b\varphi} = d M_t - (a\, d N_{b\varphi} + d M_{ST\varphi}) \qquad\qquad \text{(C 17)}$$

(C 17) in (C 14) eingesetzt

$$\frac{dN_{b\varphi}}{d\varphi_t} = (\mathfrak{A} - a\,\mathfrak{B})\, N_{b\varphi} + \mathfrak{B}\left(M_t + \frac{dM_t}{d\varphi_t} - M_{ST\varphi}\right)$$
$$\frac{dM_{ST\varphi}}{d\varphi_t} = (- a\,\mathfrak{A} + a^2\,\mathfrak{B} - \mathfrak{C} + a\,\mathfrak{D})\, N_{b\varphi} - (a\,\mathfrak{B} + \mathfrak{D})\left(M_t + \frac{dM_t}{d\varphi_t} - M_{ST\varphi}\right) \qquad \text{(C 18)}$$

Mit

$$\mathfrak{A} - a\,\mathfrak{B} = -\alpha + \alpha\,\gamma - \gamma$$

$$\mathfrak{B} = \frac{1}{a}\,\gamma$$

$$- a\,\mathfrak{A} + a^2\,\mathfrak{B} - \mathfrak{C} + a\,\mathfrak{D} = -a\,\beta\,(1 - \alpha)$$

$$a\,\mathfrak{B} + \mathfrak{D} = -\beta$$

$$\frac{dN_{b\varphi}}{d\varphi_t} = (-\alpha + \alpha\,\gamma - \gamma)\, N_{b\varphi} + \frac{1}{a}\,\gamma\,\overline{M} \qquad\qquad \text{(C 19a)}$$

$$\frac{dM_{ST\varphi}}{d\varphi_t} = -a\,\beta\,(1 - \alpha)\, N_{b\varphi} + \beta\,\overline{M} \qquad\qquad \text{(C 19b)}$$

$$\overline{M} = M_t + \frac{dM_t}{d\varphi_t} - M_{ST\varphi} \qquad\qquad \text{(C 19c)}$$

(C 19 b) nach $N_{b\varphi}$ aufgelöst

$$N_{b\varphi} = - \frac{1}{a\,\beta\,(1 - \alpha)}\left[\frac{dM_{ST\varphi}}{d\varphi_t} - \beta\,\overline{M}\right]$$

$$\frac{dN_{b\varphi}}{d\varphi_t} = - \frac{1}{a\,\beta\,(1 - \alpha)}\left[\frac{d^2 M_{ST\varphi}}{d\varphi_t^2} - \beta\,\frac{d\overline{M}}{d\varphi_t}\right]$$

In (C 19 a) eingesetzt und (C 19 c) umgeformt:

$$\boxed{\begin{aligned} \frac{d\overline{M}}{d\varphi_t} + \alpha\,\overline{M} &= \frac{1}{\beta}\left[\frac{d^2 M_{ST\varphi}}{d\varphi_t^2} + (\alpha - \alpha\,\gamma + \gamma)\, \frac{dM_{ST\varphi}}{d\varphi_t}\right] \\[2mm] \frac{dM_t}{d\varphi_t} + M_t &= M_{ST\varphi} + \overline{M} \end{aligned}} \qquad \text{(C 20)}$$

c) Lösung der Differentialgleichungen. Im allgemeinen interessieren nur Verformungszustände, die denen infolge einer konstanten äußeren Belastung oder des Schwindens gleich sind. Der durch das Kriechen bedingte Momentenzuwachs läßt sich in Abhängigkeit von φ_t darstellen nach (C 4c), (C 7c) und (C 10c) durch

$$M_{ST\varphi} - M_{STo} = R_1 e^{r_1 \varphi_t} + R_2 e^{r_2 \varphi_t} - (R_1 + R_2) \left.\right\}$$
$$M_{ST\varphi, M_t} = M_{ST\varphi} - M_{STo} \qquad (C\,21)$$

Gl. (C 21) in (C 20) eingesetzt liefert nach mehrfachen Umformungen die Differentialgleichungen

$$\frac{d\overline{M}}{d\varphi_t} + \alpha \overline{M} = -(r_1 + \alpha) R_1 e^{r_1 \varphi_t} - (r_2 + \alpha) R_2 e^{r_2 \varphi_t} \qquad (C\,22a)$$

$$\frac{dM_t}{d\varphi_t} + M_t = \overline{M} + R_1 e^{r_1 \varphi_t} + R_2 e^{r_2 \varphi_t} - (R_1 + R_2) \qquad (C\,22b)$$

Die Lösung der Gl. (C 22a) lautet

$$\overline{M} = K_1 e^{-\alpha \varphi_t} - R_1 e^{r_1 \varphi_t} - R_2 e^{r_2 \varphi_t} \qquad (C\,23)$$

in (C 22b)

$$\frac{dM_t}{d\varphi_t} + M_t = K_1 e^{-\alpha \varphi_t} - (R_1 + R_2)$$

Mit den Integrationskonstanten K_1 und K_2 folgt daraus die geschlossene Lösung für M_t $(t = \infty)$:

$$\boxed{M_t = \frac{K_1}{1-\alpha} e^{-\alpha \varphi} + K_2 e^{-\varphi} - (R_1 + R_2)} \qquad (C\,24)$$

Schnittkräfte: aus (C 19b)

$$N_{b\varphi} = - \frac{1}{a\,\beta(1-\alpha)} \left[\frac{dM_{ST\varphi}}{d\varphi_t} - \beta \overline{M} \right]$$

$a\,N_{b\varphi} = M_t - M_{b\varphi} - M_{ST\varphi}$ in (C 19b) nach $M_{b\varphi}$ aufgelöst

$$M_{b\varphi} = \frac{1}{(1-\alpha)\,\beta} \left(\frac{dM_{ST\varphi}}{d\varphi_t} + \alpha\,\beta\,M_{ST\varphi} - \alpha\,\beta\,M_t - \beta\,\frac{dM_t}{d\varphi_t} \right)$$

$$M_{ST\varphi} = R_1 e^{r_1 \varphi} + R_2 e^{r_2 \varphi} - (R_1 + R_2) \qquad (C\,25a)$$

$$a\,N_{b\varphi} = - \frac{1}{\beta(1-\alpha)} \left[(r_1 + \beta) R_1 e^{r_1 \varphi} + (r_2 + \beta) R_2 e^{r_2 \varphi} - \beta\,K_1 e^{-\alpha \varphi} \right] \qquad (C\,25b)$$

$$M_{b\varphi} = \frac{1}{\beta(1-\alpha)} \left[r_1(1 + r_2) R_1 e^{r_1 \varphi} + r_2(1 + r_1) R_2 e^{r_2 \varphi} + (1 - \alpha)\,\beta\,K_2 e^{-\varphi} \right]$$
$$(C\,25c)$$

Die Integrationskonstanten K_1 und K_2 ermitteln sich aus der Bedingung, daß für

$$\varphi_t = 0 \qquad\qquad N_{b\varphi} = 0$$
$$M_{b\varphi} = 0$$

$$K_1 = \frac{(r_1 + \beta) R_1 + (r_2 + \beta) R_2}{\beta} \qquad (C\,26a)$$

$$K_2 = - \frac{r_1(1 + r_2) R_1 + r_2(1 + r_1) R_2}{(1 - \alpha)\,\beta} \qquad (C\,26b)$$

α) *Verformungsgleichheit zu einem konstanten Moment M* (Index der Zwängung X_M). Der durch das Kriechen hervorgerufene Anteil $\Delta M_{ST\varphi}$ am Gesamtmoment beträgt mit (C 4 c) und $M_{STo} = \beta M$

$$\Delta M_{ST\varphi} = M_{ST\varphi} - M_{STo}$$

$$= \frac{1}{r_1 - r_2}\left[(1 - \beta)(r_1 - r_2) + (r_2 + \beta)(1 + r_1)e^{r_1\varphi} - (r_1 + \beta)(1 + r_2)e^{r_2\varphi}\right]M$$

Nach (C 21) und (C 26 a, b)

$$R_1 = + \frac{(r_2 + \beta)(1 + r_1)}{(r_1 - r_2)} M_E \tag{C 27 a}$$

$$R_2 = - \frac{(r_1 + \beta)(1 + r_2)}{(r_1 - r_2)} M_E \tag{C 27 b}$$

$$K_1 = + \frac{(r_1 + \beta)(r_2 + \beta)}{\beta} M_E = -\gamma(1 - \alpha) M_E \tag{C 27 c}$$

$$K_2 = - \frac{(1 + r_1)(1 + r_2)}{1 - \alpha} M_E \tag{C 27 d}$$

Mit den Gln. (C 25), (C 27), (B 3) und (B 6) lassen sich die Verformungszahlen bestimmen.

$$\boxed{\frac{n_{FX_M}}{n_o} = - \frac{1 - \alpha}{\alpha} + \frac{\gamma}{\alpha\beta}\frac{M_{ST\varphi}}{a\,N_{b\varphi}}} \tag{C 28 a}$$

$$\boxed{\frac{n_{JX_M}}{n_o} = \frac{1 - \beta - \gamma}{\beta}\frac{M_{ST\varphi}}{M_{b\varphi}}} \tag{C 28 b}$$

ψ_{FX_M}, ψ_{JX_M} nach (A 14).

β) *Verformungsgleichheit zu einer konstanten mittigen Normalkraft und zu Schwinden* (Index der Zwängung X_N). Eine Gegenüberstellung der Gln. (C 7 c) und (C 10 c) zeigt, daß der Verformungsablauf für die beiden Einwirkungsgrößen dem gleichen zeitlichen Gesetz unterliegt. Es folgt

$$R_1 = (r_2 + \alpha\beta) M_E = r_2(1 + r_1) M_E \tag{C 29 a}$$

$$R_2 = -(r_1 + \alpha\beta) M_E = -r_1(1 + r_2) M_E \tag{C 29 b}$$

$$K_1 = (1 - \alpha)(R_1 + R_2) = -(1 - \alpha)(r_1 - r_2) M_E \tag{C 29 c}$$

$$K_2 = 0 \tag{C 29 d}$$

Mit den Gln. (C 24), (C 25) und (C 29)

$$\frac{M_{tX_N}}{M_E} = (r_1 - r_2)(1 - e^{-\alpha\varphi}) \tag{C 30 a}$$

$$\frac{M_{ST\varphi X_N}}{M_E} = \left[(r_1 - r_2) + r_2(1 + r_1)e^{r_1\varphi} - r_1(1 + r_2)e^{r_2\varphi}\right] \tag{C 30 b}$$

$$\frac{a\,N_{b\varphi X_N}}{M_E} = - \frac{1}{1 - \alpha}\left[(r_2 + \alpha)(1 + r_1)e^{r_1\varphi} - (r_1 + \alpha)(1 + r_2)e^{r_2\varphi} + \right.$$
$$\left. + (r_1 - r_2)(1 - \alpha)e^{-\alpha\varphi}\right] \tag{C 30 c}$$

$$\frac{M_{b\varphi X_N}}{M_E} = \frac{1}{1 - \alpha}(1 + r_1)(1 + r_2)(e^{r_1\varphi} - e^{r_2\varphi}) \tag{C 30 d}$$

Zur Berechnung der Verformungszahlen $\dfrac{n_{FX_N}}{n_o}$ und $\dfrac{n_{JX_N}}{n_o}$ lassen sich wiederum die Gln. (C 28) verwenden.

D. Bestimmung der von der Einwirkungsgröße abhängigen Verformungszahlen; Sonderfälle

1. Reiner Betonquerschnitt

Im Querschnitt treten keine Umlagerungskräfte auf. Es müssen nur die durch das Betonkriechen hervorgerufenen Verformungen bestimmt werden.

Bezeichnungen:

$E_{bL} = \dfrac{E_{bo}}{1 + \psi_L\,\varphi}$ fiktiver Formänderungsmodul $(t = \infty)$ für die Einwirkungsgröße L

$S_o \;= $ Querschnittssteifigkeit $(t = 0)$, z. B.: $E_{bo}\,F_b$; $E_{bo}\,J_b$

$S_{\varphi L} = \dfrac{S_o}{1 + \psi_L\,\varphi}$ fiktive Querschnittssteifigkeit $(t = \infty)$, z. B.: $E_{bL}\,F_b$; $E_{bL}\,J_b$

$L_t \;= k_t\,L_E$ Einwirkungsgröße zum Zeitpunkt t

$L_E \;= $ Einwirkungsgröße zum Zeitpunkt $t = \infty$

$k_t \;= $ Wachstumsgesetz der Einwirkungsgröße als Funktion von φ_t

$\delta_t \;= $ Verformungsgröße zum Zeitpunkt t

$$\delta_{\varphi L} = \frac{L_E}{S_{\varphi L}} = \frac{L_E}{S_o}\,(1 + \psi_L\,\varphi) \quad \text{Verformungsgröße zum Zeitpunkt } t = \infty \tag{D 1}$$

$$\delta_{oL} = \frac{L_E}{E_o}\;\text{elastischer Anteil der Gesamtverformung}$$

$$\delta_{\varphi L} - \delta_{oL} = \frac{L_E}{S_o}\,\psi_L\,\varphi\;\text{plastischer Anteil der Gesamtverformung}$$

$$\overline{\delta}_L = \frac{\delta_{\varphi L}}{\delta_{oL}} = \frac{n_L}{n_o} = (1 + \psi_L\,\varphi)\;\text{Verformungszahl; Verhältnisse der elastisch-plastischen}$$
Gesamtverformung zur elastischen Verformung $\tag{D 2}$

a) Aufstellung der Differentialgleichung. Die Formänderungen lassen sich aus der Differentialgleichung der zeitlichen Änderung der Verformung infolge einer zeitabhängigen Einwirkungsgröße bestimmen.

$$\frac{d\,\delta_t}{d\,t} = \frac{L_t}{S_o}\,\frac{d\,\varphi_t}{d\,t} + \frac{d\,L_t}{d\,t}\,\frac{1}{S_o}$$

$$\boxed{\frac{d\,\delta_t}{d\,\varphi_t} = \left(\frac{d\,L_t}{d\,\varphi_t} + L_t\right)\frac{1}{S_o}} \tag{D 3}$$

b) Konstante Einwirkungsgröße (Moment M, Normalkraft N) $k_t = 1$

Nach (D 3)
$$\frac{d\,\delta_t}{d\,\varphi_t} = \frac{L_E}{S_o}$$

Mit $\varphi_t = 0$; $\delta_t = \delta_o = \dfrac{L_E}{S_o}$

$$\delta_t = \frac{L_E}{S_o}\,(1 + \varphi_t)$$

$$\delta_{\varphi M,\,N} = \frac{L_E}{S_o}\,(1 + \varphi) \tag{D 4a}$$

plastischer Anteil der Verformung

$$\delta_{\varphi M,\,N} - \delta_{oM,\,N} = \frac{L_E}{S_o}\,\varphi \tag{D 4b}$$

Verformungszahl
$$\bar{\delta}_{M,N} = 1 + \varphi \tag{D 4 c}$$

$$\boxed{\psi_M = \psi_N = 1} \tag{D 5}$$

c) Zeitabhängige Einwirkungsgröße (Schwinden) $k_t = \dfrac{\varphi_t}{\varphi}$

$$\frac{d\,\delta_t}{d\,\varphi_t} = \frac{L_E}{\varphi\,S_o}\,(1 + \varphi_t)$$

Mit $\varphi_t = 0$; $\delta_t = 0$

$$\delta_t = \frac{L_E}{\varphi\,S_o}\left(1 + \frac{\varphi_t}{2}\right)\varphi_t$$

$$\delta_\varphi = \frac{L_E}{S_o}\,(1 + 0{,}5\,\varphi) \tag{D 6}$$

$$\boxed{\psi_S = 0{,}5} \tag{D 7}$$

d) Zeitabhängige unbekannte Einwirkungsgröße, welche den Verformungsablauf $\delta_t = c\,\varphi_t$ bedingt (X_M)

Mit (D 3), $\varphi_t = 0$, $L_t = 0$; $\varphi_t = \varphi$, $L_t = L_E$

$$\frac{d\,L_t}{d\,t} + L_t = c$$

$$\boxed{L_t = \frac{1 - e^{-\varphi_t}}{1 - e^{-\varphi}}\,L_E} \tag{D 8}$$

$$\boxed{\psi_{X_M} = \frac{1}{1 - e^{-\varphi}} - \frac{1}{\varphi}} \tag{D 9}$$

2. Verbundquerschnitt ohne Eigenträgheitsmoment des Stahlquerschnitts ($J_{ST} = 0$; $\beta = 0$)

Die allgemeinen Lösungen für die Schnittkräfte $N_{b\varphi}$, $M_{b\varphi}$, $N_{ST\varphi}$ des Abschn. C ergeben mit $\beta = 0$ die Lösungen für diesen Sonderfall. Zur Berechnung der Verformungszahlen müssen die Gln. (B 10) und (B 11) bzw. (B 16) unter Berücksichtigung der Verformungsgrößen nach Abschn. D 1 herangezogen werden.

Es gilt:
$$r_1 = 0 \qquad r_2 = r = A - B = -(\alpha - \alpha\,\gamma + \gamma)$$

a) Kriechen unter konstantem Moment M. Mit (B 10), (B 11), den Gln. (C 4a), (C 4b) mit $\beta = 0$ und der Verformungsgröße nach (D 4c)

$$\bar{A} = (1 + \varphi)$$

folgt

$$\boxed{\frac{n_{FM}}{n_o} = \frac{(1 + \varphi)}{1 - (1 + r)\,e^{r\varphi}} + \frac{1 + r}{r}} \tag{D 10}$$

$$\boxed{\frac{n_{JM}}{n_o} = \frac{1 + \alpha\,\varphi}{\gamma(1 - \alpha)\,e^{r\varphi} + \alpha} + \frac{1 + r}{r}} \tag{D 11}$$

ψ_{FM}, ψ_{JM} nach (A 14).

b) Kriechen unter konstanter mittiger Normalkraft N. Mit (B 10), (B 11), den Gln. (C 7a) und (C 7b) mit $\beta = 0$ und der Verformungsgröße nach (D 4c)

$$\bar{\varDelta} = (1 + \varphi)$$

$$\boxed{\frac{n_{FN}}{n_o} = \frac{1 + \gamma\,\varphi}{\alpha\,(1 - \gamma)\,e^{r\varphi} + \gamma} + \frac{1 + r}{r}} \tag{D 12}$$

$$\boxed{\frac{n_{JN}}{n_o} = \frac{\varphi}{1 - e^{r\varphi}} + \frac{1 + r}{r}} \tag{D 13}$$

ψ_{FN}, ψ_{JN} nach (A 14).

c) Schwinden mit Kriechen. Mit (B 16), (C 10a) und $M_{b\varphi S} = -a\,N_{b\varphi S}$

$$\boxed{\frac{n_{FS}}{n_o} = \frac{n_{JS}}{n_o} = \frac{n_{JN}}{n_o} = \frac{\varphi}{1 - e^{r\varphi}} + \frac{1 + r}{r}} \tag{D 14}$$

$\psi_{FS} = \psi_{JS}$ nach (A 14).

d) Kriechen unter einem zeitabhängigen unbekannten Moment M_t, welches einen vorgeschriebenen zeitlichen Verlauf der Verformung bedingt. Für die zur Bestimmung der Verformungszahlen erforderlichen Teilschnittkräfte $N_{b\varphi}$ und $M_{b\varphi}$ ergeben sich aus (C 25b, c) mit $\beta = 0$ unbestimmte Ausdrücke. Es werden daher diese Schnittgrößen direkt aus der Differentialgleichung ermittelt.

Die im Abschn. C 6 abgeleitete Differentialgleichung besitzt weiterhin Gültigkeit.

$$\frac{dN_{b\varphi}}{d\varphi_t} = \mathfrak{A}\,N_{b\varphi} + \mathfrak{B}\,M_{b\varphi} + \mathfrak{B}\,\frac{dM_t}{d\varphi_t}$$

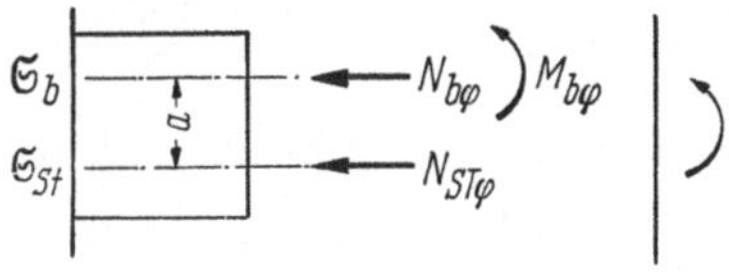

Aus $\sum M = 0$ folgt $M_{b\varphi} = M_t - a\,N_{b\varphi}$

$$\frac{dN_{b\varphi}}{d\varphi_t} = (\mathfrak{A} - a\,\mathfrak{B})\,N_{b\varphi} + \mathfrak{B}\left(M_t + \frac{dM_t}{d\varphi_t}\right)$$

$$\boxed{\frac{dN_{b\varphi}}{d\varphi_t} = r\,N_{b\varphi} + \mathfrak{B}\left(M_t + \frac{dM_t}{d\varphi_t}\right)} \tag{D 15}$$

Abb. 18

α) *Verformungsgleichheit zu einem konstanten Moment M* (Index der Zwängung X_M). Das Wachstumsgesetz des zeitabhängigen Moments M_t folgt aus (C 24) mit Gleichungsgruppe (C 27) für $\beta = 0$.

$$R_1 = -M_E \qquad\qquad R_2 = 0$$
$$K_1 = -\gamma\,(1 - \alpha)\,M_E \qquad K_2 = -(1 - \gamma)\,M_E$$

$$\frac{M_{t\,X_M}}{M_E} = -\gamma\,e^{-\alpha\varphi} - (1 - \gamma)\,e^{-\varphi} + 1 \tag{D 16a}$$

Aus der Differentialgleichung (D 15) läßt sich mit (D 16a) und der Anfangsbedingung $\varphi_t = 0$; $N_{b\varphi} = 0$ die Teilschnittkraft $N_{b\varphi}$ berechnen.

$$\frac{a\,N_{b\varphi\,X_M}}{M_E} = \frac{1 + r}{r}\,\gamma\,e^{r\varphi} - \gamma\,e^{-\alpha\varphi} - \frac{\gamma}{r} \tag{D 16b}$$

$$\frac{M_{b\varphi\,X_M}}{M_E} = \frac{1 - \gamma}{r}\left[(r + \alpha)\,e^{r\varphi} - r\,e^{-\varphi} - \alpha\right] \tag{D 16c}$$

Verformungszahlen nach (B 10), (B 11)

$$\frac{n_F}{n_o} = \frac{1+r}{r} - \frac{\gamma\,\bar{\Delta}}{r} \cdot \frac{M_t}{a\,N_{b\varphi}} \qquad\qquad (\mathrm{D\,17\,a})$$

$$\frac{n_J}{n_o} = \frac{(r+\gamma)\,\bar{\Delta} - (1+r)\dfrac{a\,N_{b\varphi}}{M_t}}{r\,\dfrac{M_{b\varphi}}{M_t}} \qquad\qquad (\mathrm{D\,17\,b})$$

Der Verhältniswert $\bar{\Delta}$ wird für eine Einwirkungsgröße nach einem der Gl. (D 16 a) entsprechenden Wachstumsgesetz berechnet, da die Betonspannung in der Kriechfaser K_1 dem Zeitgesetz des Schnittmoments M_t folgt (s. S. 8, Sonderfall a).

Mit
$$\frac{L_t}{L_E} = -\gamma\,e^{-\alpha\varphi_t} - (1-\gamma)\,e^{-\varphi_t} + 1 \quad \text{nach (D 3)}$$

$$S_o\,\frac{d\Delta_t}{d\varphi_t} = \left(\frac{dL_t}{d\varphi_t} + L_t\right) = \left[-\gamma(1-\alpha)\,e^{-\alpha\varphi_t} + 1\right]L_E$$

$$S_o\,\Delta_\varphi = \left[\frac{1-\alpha}{\alpha}\,\gamma\,(e^{-\alpha\varphi} - 1) + \varphi\right]L_E$$

$$S_o\,\Delta_o = L_E$$

$$\bar{\Delta} = \frac{\Delta_\varphi}{\Delta_o} = \frac{S_o}{L_E}\,\Delta_\varphi$$

Mit der Gleichungsgruppe (D 16) und (D 17 a, b)

$$\frac{n_{FX_M}}{n_o} = \frac{1+r}{r} - \frac{\dfrac{1-\alpha}{\alpha}\,\gamma\,(e^{-\alpha\varphi} - 1) + \varphi}{(1+r)\,e^{r\varphi} - r\,e^{-\alpha\varphi} - 1} \qquad\qquad (\mathrm{D\,18})$$

$$\frac{n_{JX_M}}{n_o} = -\,\frac{\alpha\,\varphi + \dfrac{1+r}{r}\,(\alpha + r)(1 - e^{r\varphi})}{(r+\alpha)\,e^{r\varphi} - r\,e^{-\varphi} - \alpha} \qquad\qquad (\mathrm{D\,19})$$

ψ_{FX_M}, ψ_{JX_M} nach (A 14).

β) *Verformungsgleichheit zu einer konstanten mittigen Normalkraft und zu Schwinden* (Index der Zwängung X_N). Aus der Gleichungsgruppe (C 30) mit $\beta = 0$

$$\frac{M_{t\,X_N}}{M_E} = (1 - e^{-\alpha\varphi}) \qquad\qquad (\mathrm{D\,20\,a})$$

$$\frac{a\,N_{b\varphi\,X_N}}{M_E} = \frac{r+\gamma}{r}\,e^{r\varphi} - e^{-\alpha\varphi} - \frac{\gamma}{r} \qquad\qquad (\mathrm{D\,20\,b})$$

$$\frac{M_{b\varphi\,X_N}}{M_E} = \frac{r+\gamma}{r}\,(1 - e^{r\varphi}) \qquad\qquad (\mathrm{D\,20\,c})$$

Verhältniswert $\bar{\Delta}$

$$\frac{L_t}{L_E} = \left(1 - e^{-\alpha\,\varphi_t}\right)$$

$$S_o \frac{d\Delta_t}{d\varphi_t} = \left[1 - (1 - \alpha)\,e^{-\alpha\,\varphi_t}\right]$$

$$S_o \Delta_\varphi = \left[\varphi - \frac{1-\alpha}{\alpha}(1 - e^{-\alpha\,\varphi})\right] L_E$$

$$S_o \Delta_o = L_E$$

$$\bar{\Delta} = \frac{\Delta_\varphi}{\Delta_o} = \frac{S_o}{L_E}\Delta_\varphi$$

Mit Gleichungsgruppe (D 20) und (D 17 a, b)

$$\frac{n_{FX_N}}{n_o} = \frac{\gamma\left[\dfrac{1-\alpha}{\alpha}(1 - e^{-\alpha\,\varphi}) - \varphi\right]}{(r+\gamma)\,e^{r\,\varphi} - r\,e^{-\alpha\,\varphi} - \gamma} + \frac{1+r}{r} \qquad\text{(D 21)}$$

$$\frac{n_{JX_N}}{n_o} = \frac{\varphi}{1 - e^{r\,\varphi}} + \frac{1+r}{r} \qquad\text{(D 22)}$$

ψ_{FX_N}, ψ_{JX_N} nach (A 14).

3. Verbundquerschnitt ohne Eigenträgheitsmoment des Betonquerschnitts
$(J_b = 0;\quad \beta + \gamma = 1{,}0)$

Die Verformungszahlen lassen sich direkt aus den allgemeinen Ausdrücken des Abschn. C mit $\beta + \gamma = 1{,}0$ berechnen. Es werden lediglich die Werte $\frac{n_{FL}}{n_o}$ bzw. $\psi_{FL} = \frac{1}{\varphi}\left(\frac{n_{FL}}{n_o} - 1\right)$ benötigt.

Die allgemeine Differentialgleichung für beliebige Einwirkungsgröße (C 15) läßt sich wesentlich vereinfachen.

$$\frac{dN_{b\varphi}}{d\varphi_t} + \alpha\,\beta\,N_{b\varphi} = \frac{dN_{bt}}{d\varphi_t}$$

wobei dN_{bt} die während des Kriechintervalls $d\varphi_t$ auf die Betonfläche entfallende Schnittkraft infolge der Änderung der äußeren Belastung ist.

So folgt für:

$$\left.\begin{array}{l} M = \text{const} \\ N = \text{const} \end{array}\right\} \quad \frac{dN_{bt}}{d\varphi_t} = 0$$

$$M_t \neq \text{const} \quad \frac{dN_{bt}}{d\varphi_t} = \frac{1}{a}\,\gamma\,\frac{dM_t}{d\varphi_t}$$

Nach der Berechnung von $N_{b\varphi}$ folgt M_{ST_φ} aus dem Gleichgewicht der Kräfte. Aus (B 3) ergibt sich mit (A 14)

$$\psi_{FL} = \frac{-\beta\,a\,N_{b\varphi L} + (1-\beta)\,M_{ST\varphi L}}{\alpha\,\beta\,\varphi\,a\,N_{b\varphi L}} \qquad\text{(D 23)}$$

Die so gewonnenen ψ-Werte (D 25), (D 27), (D 29) stimmen mit den erstmals von FRITZ [4] und später von BLASZKOWIAK [1] auf andere Weise abgeleiteten Werten überein.

Es gilt:

$$\beta + \gamma = 1{,}0$$
$$r_1 = A = -\alpha\,\beta \qquad r_2 = -B = -1{,}0$$

a) Kriechen unter konstantem Moment M. Bei späteren Untersuchungen interessiert das Stahlträgermoment. Aus (C 4c) folgt

$$\frac{M_{ST\varphi M}}{M} = +1 - \gamma\, e^{-\alpha\beta\varphi} \qquad\qquad (D\,24\,a)$$

Der durch das Kriechen hervorgerufene Momentenzuwachs berechnet sich mit $M_{STo} = \beta\, M$ zu

$$\Delta M_{ST\varphi M} = M_{ST\varphi M} - M_{STo} = \gamma\,(1 - e^{-\alpha\beta\varphi})\, M \qquad (D\,24\,b)$$

Aus (C 5)

$$\boxed{\psi_{FM} = \frac{e^{\alpha\beta\varphi} - 1}{\alpha\,\beta\,\varphi}} \qquad\qquad (D\,25)$$

b) Kriechen unter konstanter mittiger Normalkraft N. Aus (C 7c)

$$\frac{M_{ST\varphi N}}{a\,N} = (1 - \alpha)\,(1 - e^{-\alpha\beta\varphi}) \qquad\qquad (D\,26)$$

Aus (C 8)

$$\boxed{\psi_{FN} = \psi_{FM} = \frac{e^{\alpha\beta\varphi} - 1}{\alpha\,\beta\,\varphi}} \qquad\qquad (D\,27)$$

c) Schwinden mit Kriechen. Aus (C 10c)

$$\frac{M_{ST\varphi S}}{a} = \frac{\varepsilon_s}{\varphi}\, K_{bo}\,(1 - e^{-\alpha\beta\varphi}) \qquad\qquad (D\,28)$$

Aus (C 11)

$$\boxed{\psi_{FS} = \frac{1}{1 - e^{-\alpha\beta\varphi}} - \frac{1}{\alpha\,\beta\,\varphi}} \qquad\qquad (D\,29)$$

d) Kriechen unter einem zeitabhängigen unbekannten Moment M_t, welches einen vorgeschriebenen zeitlichen Verlauf der Verformung bedingt (Index der Zwängung $X_M = X_N$). Aus (D 24b), (D 26) und (D 28) folgt, daß sowohl für ein konstantes Schnittmoment, als auch für konstante mittige Normalkraft und Schwinden dasselbe, durch den Momentenzuwachs ausgedrückte zeitabhängige Verformungsgesetz gilt.

$$M_{ST\varphi,\,M_t} = M_{ST\varphi} - M_{STo} = (1 - e^{-\alpha\beta\varphi})\, M_E \qquad (D\,30)$$

Mit $r_1 = -\alpha\,\beta$; $r_2 = -1{,}0$ folgt aus (C 21)

$$M_{ST\varphi} - M_{STo} = R_1\, e^{-\alpha\beta\varphi} + R_2\, e^{-\varphi} - (R_1 + R_2)$$

und durch Koeffizientenvergleich mit (D 30)

$$R_1 = -M_E$$
$$R_2 = 0$$

Aus (C 26a) und (C 26b)

$$K_1 = -(1-\alpha)\, M_E$$
$$K_2 = 0$$

Damit berechnen sich aus den Gln. (C 24) und (C 25)

$$\frac{M_{t\,x_M}}{M_E} = (1 - e^{-\alpha\,\varphi}) \qquad\qquad \text{(D 31 a)}$$

$$\frac{M_{ST\varphi\,x_M}}{M_E} = (1 - e^{-\alpha\,\beta\,\varphi}) \qquad\qquad \text{(D 31 b)}$$

$$\frac{a\,N_{b\varphi\,x_M}}{M_E} = (e^{-\alpha\,\beta\,\varphi} - e^{-\alpha\,\varphi}) \qquad\qquad \text{(D 31 c)}$$

Die aus (C 14a) auf diesen Sonderfall transformierte allgemeine Differentialgleichung lautet mit

$$M_{b\varphi} = 0; \qquad a\,N_{b\varphi} = M_t - M_{ST\varphi}$$
$$\frac{d\,M_t}{d\,\varphi_t} + \alpha\,M_t = \alpha\,M_{ST\varphi} + \frac{1}{\beta}\,\frac{d\,M_{ST\varphi}}{d\,\varphi_t} \qquad\qquad \text{(D 32)}$$

und besitzt mit (D 30) dieselben Lösungen (D 31).

Der Kriechbeiwert ermittelt sich aus (D 23)

$$\boxed{\;\psi_{FX_M} = \psi_{FX_N} = \frac{(1 - e^{-\alpha\,\beta\,\varphi}) - \beta(1 - e^{-\alpha\,\varphi})}{\alpha\,\beta\,\varphi\,(e^{-\alpha\,\beta\,\varphi} - e^{-\alpha\,\varphi})}\;} \qquad\qquad \text{(D 33)}$$

4. Symmetrischer Verbundquerschnitt. Stahl- und Betonschwerpunkt fallen zusammen ($a = 0$; $\gamma = 0$)

Aus der Symmetrie ergeben sich die Gleichgewichtsbedingungen: die Einwirkungsgröße ist ein Moment

$$M_{ST\varphi} + M_{b\varphi} = M_t$$
$$N_{b\varphi} = N_{ST\varphi} = 0 \qquad\qquad \text{(D 34)}$$

die Einwirkungsgröße ist eine Normalkraft

$$M_{ST\varphi} = M_{b\varphi} = 0$$
$$N_{b\varphi} + N_{ST\varphi} = N_t \qquad\qquad \text{(D 35)}$$

Daraus ist ersichtlich, daß die Differentialgleichungen für die Schnittkräfte getrennt nach den Einwirkungsgrößen aufgestellt werden müssen, und die ψ-Werte ausschließlich durch die *zugeordnete* Einwirkungsgröße, Moment (ψ_{JM}) bzw. Normalkraft (ψ_{FN}), bestimmt werden.

Aus (C 15) folgt mit $a = 0$; $\gamma = 0$ die allgemeine Differentialgleichung für die Belastung durch ein zeitabhängiges Moment M_t.

$$\frac{d\,M_{b\varphi}}{d\,\varphi_t} + \beta\,M_{b\varphi} = (1-\beta)\,\frac{d\,M_t}{d\,\varphi_t} \qquad\qquad \text{(D 36)}$$

In analoger Weise läßt sich die Grundgleichung für eine zeitabhängige zentrische Normalkraft N_t ableiten.

$$\frac{d\,N_{b\varphi}}{d\,\varphi_t} + \alpha\,N_{b\varphi} = (1-\alpha)\,\frac{d\,N_t}{d\,\varphi_t} \qquad\qquad \text{(D 37)}$$

Die Differentialgleichungen (D 36) und (D 37) wurden schon mehrfach angegeben [15].

In ihrem Aufbau gleichen sich (D 36) und (D 37). Daher sind sich für denselben Verlauf von M_t bzw. N_t die Lösungen ähnlich. Jede Lösung ist lediglich mit ihrem entsprechenden Querschnittskennwert behaftet.

Somit genügt es, nur eine Belastungsart zu untersuchen. Für die weiteren Ableitungen wird (D 37) herangezogen.

a) Kriechen unter konstanter Einwirkungsgröße. Mit $N_t = N = \text{const}$ und

$$N_{bo} = (1 - \alpha)\, N \quad \text{für} \quad \varphi_t = 0$$

lautet die Lösung von (D 37)

$$\left.\begin{aligned} N_{b\varphi} &= (1 - \alpha)\, e^{-\alpha\,\varphi}\, N \\ N_{ST_\varphi} &= N - N_{b\varphi} \end{aligned}\right\} \tag{D 38}$$

Der plastische Verformungsanteil läßt sich durch den Normalkraftzuwachs ΔN_{ST_φ} ausdrücken.

$$\Delta N_{ST_\varphi} = (1 - \alpha)\, (1 - e^{-\alpha\,\varphi})\, N \tag{D 39}$$

Mit (B 12) und (D 38)

$$\boxed{\psi_{FN} = \frac{e^{\alpha\,\varphi} - 1}{\alpha\,\varphi}} \tag{D 40}$$

und analog

$$\boxed{\psi_{JM} = \frac{e^{\beta\,\varphi} - 1}{\beta\,\varphi}} \tag{D 41}$$

b) Schwinden mit Kriechen. Die Differentialgleichung

$$\frac{dN_{b\varphi}}{d\varphi_t} + \alpha \left(N_{b\varphi} + \frac{K_{bo}}{\varphi}\, \varepsilon_s \right) = 0 \tag{D 42}$$

besitzt mit $N_{bo} = 0$ die Lösung

$$N_{b\varphi} = -\frac{\varepsilon_s}{\varphi}\, K_{bo}(1 - e^{-\alpha\,\varphi}) \tag{D 43a}$$

$$N_{ST_\varphi} = -N_{b\varphi} = +\frac{\varepsilon_s}{\varphi}\, K_{bo}(1 - e^{-\alpha\,\varphi}) \tag{D 43b}$$

(D 43 b) beschreibt gleichzeitig den Verformungsverlauf infolge Schwindkriechens. Mit (B 17)

$$\boxed{\psi_{FS} = \frac{1}{1 - e^{-\alpha\,\varphi}} - \frac{1}{\alpha\,\varphi}} \tag{D 44}$$

c) Kriechen unter einer zeitabhängigen, unbekannten Einwirkungsgröße, welche einen vorgeschriebenen zeitlichen Verlauf der Verformung bedingt (Index der Zwängung X_M, X_N). Nach dem Verformungsgesetz für eine konstante Einwirkungsgröße und für Schwinden ergibt sich nach (D 39) und (D 43 b) die durch die unbekannte Einwirkungsgröße hervorgerufene Teilschnittkraft

$$N_{ST_\varphi, N_t} = \left(1 - e^{-\alpha\,\varphi_t}\right) N_E \tag{D 45a}$$

Nach (D 37) mit $N_t = N_{b\varphi} + N_{ST\varphi}$

$$\frac{dN_{b\varphi}}{d\varphi_t} + N_{b\varphi} = \frac{1-\alpha}{\alpha}\,\frac{dN_{ST\varphi}}{d\varphi_t}$$

$$\frac{dN_{b\varphi}}{d\varphi_t} + N_{b\varphi} = (1-\alpha)\,e^{-\alpha\varphi_t}\,N_E$$

Lösung $(t = \infty)$:

$$N_{b\varphi} = (e^{-\alpha\varphi} - e^{-\varphi})\,N_E \tag{D 45b}$$

$$N_t = (1 - e^{-\varphi})\,N_E \tag{D 45c}$$

Mit (B 12)

$$\boxed{\psi_{FX_N} = -\frac{1}{\varphi} - \frac{1-\alpha}{\alpha\,\varphi}\,\frac{1-e^{\alpha\varphi}}{1-e^{-(1-\alpha)\varphi}}} \tag{D 46}$$

$$\boxed{\psi_{JX_M} = -\frac{1}{\varphi} - \frac{1-\beta}{\beta\,\varphi}\,\frac{1-e^{\beta\varphi}}{1-e^{-(1-\beta)\varphi}}} \tag{D 47}$$

II. Praktische Anwendung

E. Baustoffkennwerte

1. Elastizitätsmoduln

Der Betonelastizitätsmodul E_{bo} ist hauptsächlich von der Würfelfestigkeit des Betons abhängig. In dem durch die zulässigen Spannungen abgegrenzten Bereich wird der Elastizitätsmodul als konstant vorausgesetzt. Die Werte der Betonelastizitätsmoduln E_{bo} sind in Abhängigkeit der Betonwürfelfestigkeit $W_{b\,28}$ in den Vorschriften DIN 4227[1], DIN 1075[2] und DIN 1078[3] festgelegt (Abb. 19).

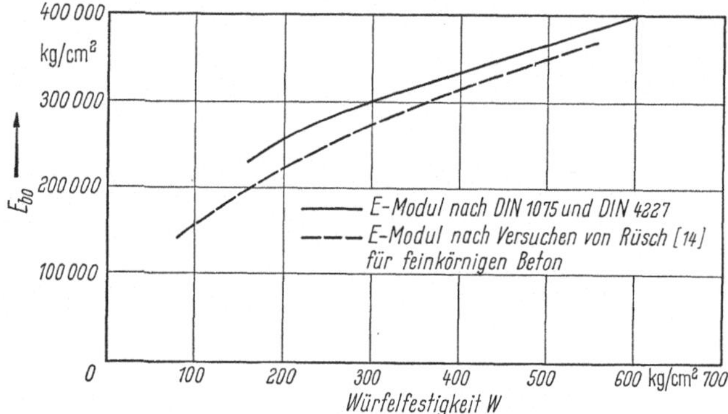

Abb. 19. Abhängigkeit des Elastizitätsmoduls E_{bo} von der Würfelfestigkeit $W_{b\,28}$

Für die zu wählenden Stahlelastizitätsmoduln E_{st} und E_z sind ebenfalls die Vorschriften DIN 4227, die zusätzlichen Bestimmungen[4] zu DIN 4227 und DIN 1078 maßgebend.

2. Kriechzahl und Schwindmaß

Die Untersuchung über den Einfluß des Kriechens auf die Schnittgrößen und die Spannungsverteilung in einem Querschnitt stellt eine Grenzbetrachtung dar. Durch eine den örtlichen Verhältnissen, der Betonzusammensetzung und dem Belastungszeitpunkt sinnvoll angepaßte Endkriechzahl soll eine obere Grenze

---

[1] DIN 4227 (Ausgabe Oktober 1953) Spannbeton, Richtlinien für Bemessung und Ausführung.

[2] DIN 1075 (Ausgabe April 1955) Massive Brücken, Berechnungsgrundlagen.

[3] DIN 1078 (Ausgabe September 1955) Verbundträger-Straßenbrücken, Richtlinien für die Berechnung und Ausbildung, Bl. 1 und Bl. 2.

[4] Zusätzliche Bestimmungen zu DIN 4227 für Brücken aus Spannbeton, Allgemeiner Runderlaß des Bundesministers für Verkehr, Abt. Straßenbau, Nr. 2/1960.

festgelegt werden. Das tatsächlich auftretende Kriechmaß *kann*, aber *muß* diesen Wert nicht erreichen. Daher werden die wirklichen Beanspruchungen zwischen den zum Zeitpunkt der Lastaufbringung und den unter Voraussetzung des gewählten Endkriechmaßes ermittelten Spannungen liegen.

Unter der durch Versuche bestätigten Annahme eines ähnlichen Zeitablaufs von Kriechen und Schwinden sind auf die Kräfteumlagerungen nach den Beziehungen der Abschn. C und D nur die absoluten Größen der Endkriechzahl und

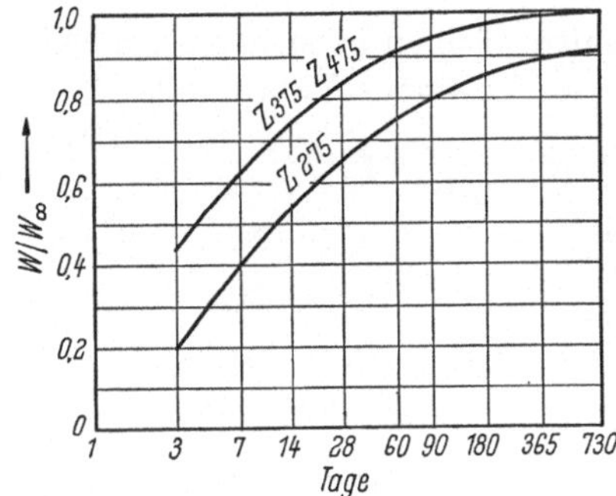

Abb. 20a
Mittelwerte des Festigkeitsanstiegs bei gewöhnlicher Lagerung (nach HUMMEL [9])

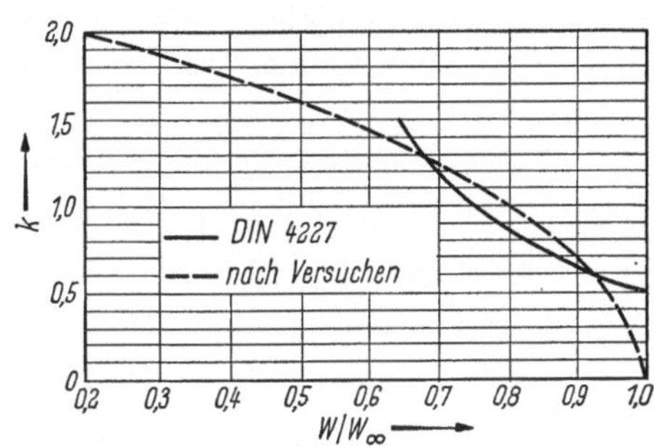

Abb. 20b
Vermutliche Abhängigkeit des Beiwerts k vom Erhärtungszustand W/W_∞ (nach WAGNER [17])

des Endschwindmaßes von Bedeutung. Die Endkriechzahl und das Endschwindmaß sind in DIN 4227 in Abhängigkeit der Lagerungsart angegeben. Der Verhältniswert k berücksichtigt den Erhärtungszustand des Betons zum Zeitpunkt der Lastaufbringung.

Wird während des Kriechens in den Kräfteausgleich ein äußerer Eingriff, z. B. durch Montagemaßnahmen, vorgenommen, ist auf die Kräfteumlagerungen neben dem Endkriechmaß auch das Kriechmaß zum Zeitpunkt des Eingriffs von Bedeutung. In diesem Fall muß ein Kriechverlauf angenommen werden. WAGNER [17]

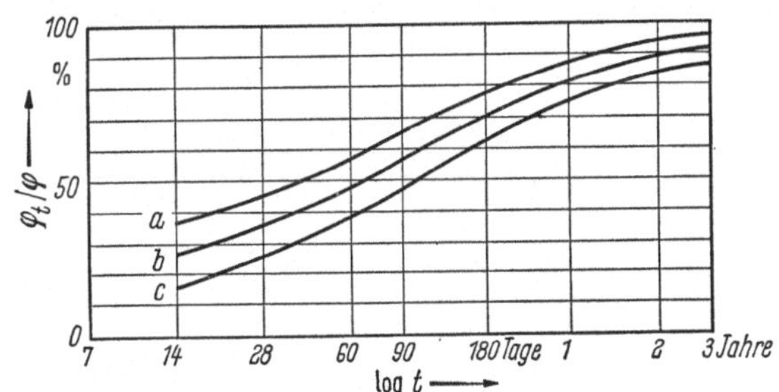

Abb. 21
Kriechverlauf für NPZ-Betone (nach WAGNER [17])
Luftlagerung 50—70% r. F., Belastungsalter 28 Tage

erhält nach bisher bekannten Kriechversuchen den in Abb. 21 dargestellten Bereich der wahrscheinlichen Kriechkurven.

Die Kriechkurven lassen sich durch die Gesetzmäßigkeit

$$\varphi_t = \left(1 - e^{-\varkappa \sqrt{t}}\right) \varphi$$

oberer Grenzwert $\quad \varkappa_a = 1/9$

Mittelwert $\qquad\qquad \varkappa_b = 1/12 \qquad\qquad$ (E 1)

unterer Grenzwert $\quad \varkappa_c = 1/18$

t in Tagen

annähern. Liefern die durch diesen Eingriff hervorgerufenen Zwängungskräfte einen bedeutenden Anteil zur Gesamtbeanspruchung des untersuchten Tragwerks, so ist die Berechnung für einen aus diesen Kriechkurven ermittelten oberen und unteren Grenzwert des Kriechmaßes durchzuführen (Beispiel 21, S. 115).

F. Statisch bestimmte Verbundkonstruktionen

1. Allgemeines

Die Schwerpunktslagen der Einzelquerschnitte bleiben auch nach dem Kriechen erhalten. Es ändert sich nur die Lage des Verbundschwerpunkts $\mathfrak{S}_v$.

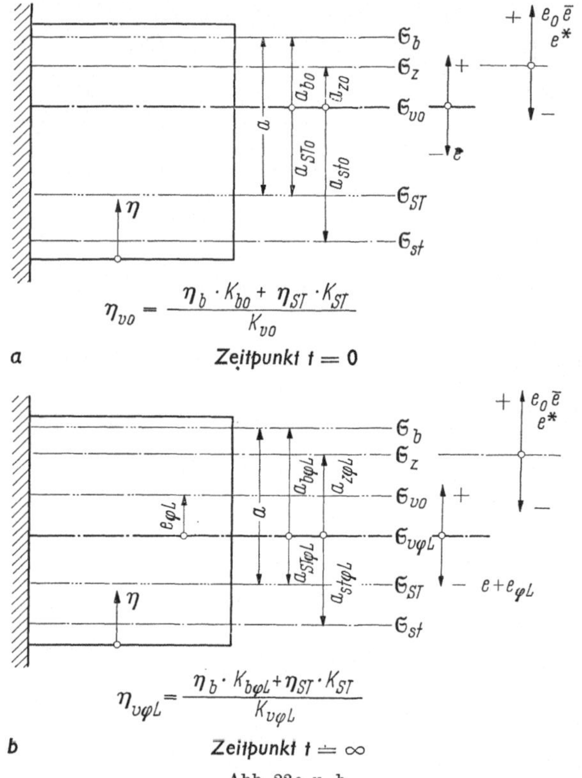

$$\eta_{vo} = \frac{\eta_b \cdot K_{bo} + \eta_{ST} \cdot K_{ST}}{K_{vo}}$$

a   Zeitpunkt $t = 0$

$$\eta_{v\varphi L} = \frac{\eta_b \cdot K_{b\varphi L} + \eta_{ST} \cdot K_{ST}}{K_{v\varphi L}}$$

b   Zeitpunkt $t = \infty$

Abb. 22a u. b
Allgemeiner Verbundquerschnitt, Bezeichnungen

Es gelten die Beziehungen:

$$a = |a_{bo}| + |a_{STo}|$$
$$= |a_{b\varphi L}| + |a_{ST\varphi L}|$$
$$a_{bo} = +\alpha\, a$$
$$a_{STo} = -(1 - \alpha)\, a$$
$$a_{b\varphi L} = +\alpha_{\varphi L}\, a$$
$$a_{ST\varphi L} = -(1 - \alpha_{\varphi L})\, a$$

Der Schwerpunktsabstand a_{ST} ist *immer* negativ. Alle gleichgerichteten Größen sind ebenfalls negativ, alle entgegengesetzt gerichteten positiv.

Der Schwerpunktsabstand a_b ergibt sich *immer* positiv. Ebenso wird der Abstand $e_{\varphi L}$ immer positiv sein.

Bei der Berechnung der fiktiven Werte und der Schnittgrößen bezeichnet der Index (M, N, S, X_M, X_N) die Zuordnung dieser Werte zu der betreffenden Einwirkungsgröße. Auf diese Bezeichnung wird verzichtet, wenn sich der Hinweis erübrigt.

Besonders einfache Berechnungsansätze ergeben sich, wenn die auf die einzelnen Stahlquerschnitte (Spannstahl, schlaffe und steife Bewehrung) entfallenden Teilschnittkräfte zu Gesamtstahlschnittgrößen zusammengefaßt werden. Die auf den Verbundquerschnitt einwirkende Schnittgröße wird dann lediglich in die Kräfte zerlegt, die auf die Querschnittsanteile Beton und Gesamtstahl entfallen. Interessieren jedoch zusätzlich die Schnittkraftanteile der einzelnen Stahlquerschnitte, so können diese nach den ebenfalls angegebenen Beziehungen berechnet werden.

Die Kriechberechnung erfolgt nach den grundlegenden Ansätzen des Abschn. A. Eine Schnittkraft verteilt sich auf die Einzelquerschnitte derart, als würde der Verbundkörper aus zwei elastischen Baustoffen mit den vorgegebenen Verformungseigenschaften gebildet. Von der üblichen und bekannten Berechnung zweier in Verbund stehender Querschnitte unterscheidet sich die Kriechberechnung nur dadurch, daß bei der Ermittlung der Querschnittswerte für Flächen und Trägheitsmomente unterschiedliche, von der Einwirkungsgröße L abhängige Elastizitätsmoduln maßgebend sind. Durch sinngemäße Anwendung der Gleichungsgruppe (F 0), in der die in Abschn. A abgeleiteten Beziehungen (A 2), (A 3) allgemeingültig dargestellt sind, lassen sich alle vorkommenden Lastfälle behandeln.

r = Teilquerschnitt (z. B. Beton, Gesamtstahl; Spannstahl, schlaffer Stahl usw.)

R = Gesamtquerschnitt (z. B. Verbundquerschnitt)

E_{rFL} = Elastizitätsmodul der Fläche des Teilquerschnitts r für die Einwirkungsgröße L

E_{rJL} = Elastizitätsmodul des Trägheitsmoments des Teilquerschnitts r für die Einwirkungsgröße L

K_{rL} = $E_{rFL}\,F_r$ Dehnsteifigkeit des Teilquerschnitts r

S_{rL} = $E_{rJL}\,J_r$ Biegesteifigkeit des Teilquerschnitts r

a_{rL} = Abstand der Schwerachse des Teilquerschnitts r von der Schwerachse des Gesamtquerschnitts R (vorzeichenbehaftet)

K_{RL} = $\sum_r K_{rL}$ Dehnsteifigkeit des Gesamtquerschnitts R

S_{RL} = $\sum_r S_{rL} + \sum_r a_{rL}^2 K_{rL}$ Biegesteifigkeit des Gesamtquerschnitts R

$M_L,\ N_L$ = Schnittkräfte infolge der Einwirkungsgröße L, bezogen auf den Schwerpunkt des Gesamtquerschnitts R

Unter der Einwirkung der Schnittkräfte M_L und N_L ergeben sich:

der Längskraftanteil des Teilquerschnitts r

$$N_{rL} = \frac{K_{rL}}{K_{RL}}\,N_L + \frac{a_{rL}\,K_{rL}}{S_{RL}}\,M_L \qquad\qquad \text{(F 0, a)}$$

der Momentenanteil des Teilquerschnitts r

$$M_{rL} = \frac{S_{rL}}{S_{RL}}\,M_L \qquad\qquad \text{(F 0, b)}$$

die Verdrehung des Gesamtquerschnitts R

$$\vartheta_L = \int \frac{M_L}{S_{RL}}\,ds \qquad\qquad \text{(F 0, c)}$$

die Verkürzung in der Schwerachse des Gesamtquerschnitts R

$$\varDelta_L = \int \frac{N_L}{K_{RL}}\,ds \qquad\qquad \text{(F 0, d)}$$

Die Spannungsverteilung in den Einzelquerschnitten r *muß* mit der zweigliedrigen Spannungsgleichung ermittelt werden

$$\sigma_r = \frac{N_{rL}}{F_r} + \frac{M_{rL}}{J_r}\,y_r \qquad\qquad \text{(F 0, e)}$$

2. Zusammenstellung der Berechnungsansätze

Die durch Kurzzeitbelastungen verursachten Spannungszustände und Formänderungen können nach den für den Zeitpunkt vor dem Kriechen angegebenen Beziehungen (Index o) untersucht werden.

a) Einwirkung eines konstanten Moments M (Index M). α) *Schnittkräfte und Verformungen vor dem Kriechen* (Index o). Zunächst werden die Steifigkeiten der Einzelquerschnitte (K_{st}, K_z, K_{ST}, K_{bo}, S_{st}, S_z, S_{ST}, S_{bo}) und die Verbundsteifigkeiten (K_{vo}, K_o, S_{vo}), die Querschnittskennwerte $\alpha = \dfrac{K_{ST}}{K_{vo}}$, $\beta = \dfrac{S_{ST}}{S_{vo}}$, $\gamma = \dfrac{a^2 K_o}{S_{vo}}$, sowie die Schwerpunktsabstände (a_{sto}, a_{zo}, a_{STo}, a_{bo}, a) mit Hilfe der Elastizitätsmoduln (E_{st}, E_z, E_{bo}) bestimmt.

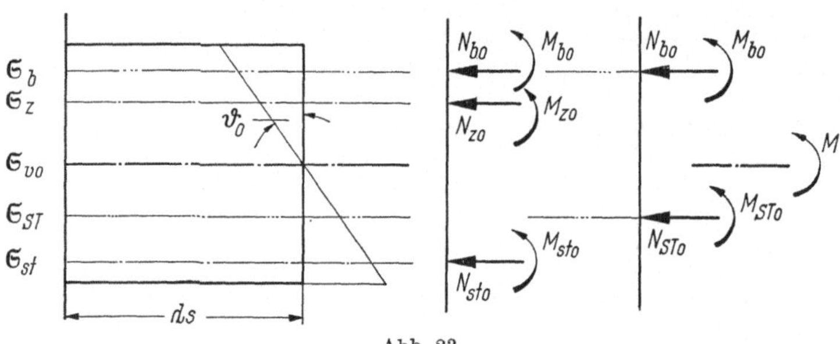

Abb. 23

Aus den Gleichgewichts- und Verformungsbedingungen (Abschn. A) folgen die Schnittkräfte

$$\boxed{\begin{aligned} N_{bo} &= +\gamma\,\frac{M}{a} & N_{STo} &= -\gamma\,\frac{M}{a} \\ M_{bo} &= +(1-\beta-\gamma)\,M & M_{STo} &= +\beta\,M \end{aligned}} \tag{F 1}$$

Die Schnittgrößen der Einzelquerschnitte berechnen sich aus (F 0):

$$\left.\begin{aligned} N_{bo} &= +\frac{a_{bo}\,K_{bo}}{S_{vo}}\,M & N_{STo} &= +\frac{a_{STo}\,K_{ST}}{S_{vo}}\,M \\[2mm] M_{bo} &= +\frac{S_{bo}}{S_{vo}}\,M & M_{STo} &= +\frac{S_{ST}}{S_{vo}}\,M \\[2mm] N_{sto} &= +\frac{a_{sto}\,K_{st}}{S_{vo}}\,M & N_{zo} &= +\frac{a_{zo}\,K_z}{S_{vo}}\,M \\[2mm] M_{sto} &= +\frac{S_{st}}{S_{vo}}\,M & M_{zo} &= +\frac{S_z}{S_{vo}}\,M \end{aligned}\right\} \tag{F 2}$$

Es ist zu beachten, daß die Schwerpunktsabstände a_i mit Vorzeichen behaftet sind.

Verformungen:

$$\boxed{\vartheta_o = \int \frac{M\,\overline{M}}{S_{vo}}\,ds \quad \Big| \quad \Delta_o = 0} \tag{F 3}$$

Kontrolle: In einer Faser $\sigma_{STo} = n_o\,\sigma_{bo}$.

β) *Schnittkräfte und Verformungen nach dem Kriechen* (Index φ). Das Verformungsverhalten des Betons wird durch die fiktiven Formänderungsmoduln

$$E_{b\varphi FM} = \frac{E_{bo}}{1 + \psi_{FM}\,\varphi} \quad \text{und} \quad E_{b\varphi JM} = \frac{E_{bo}}{1 + \psi_{JM}\,\varphi}$$ erfaßt. Bei der praktischen Berechnung wird man sich mit der Ermittlung der Verformungszahlen begnügen.

$$\frac{n_{FM}}{n_o} = 1 + \psi_{FM}\,\varphi \qquad \frac{n_{JM}}{n_o} = 1 + \psi_{JM}\,\varphi$$

Die Kriechbeiwerte ψ_{FM} und ψ_{JM} werden aus den Tabellen, Teil III, für die maßgebenden Querschnittskennwerte α, β, γ und das zugrunde gelegte Kriechmaß φ ermittelt.

Somit folgen die ideellen Querschnittswerte $K_{b\varphi}$, $S_{b\varphi}$, $K_{v\varphi}$, K_φ, $S_{v\varphi}$ und damit die Hilfswerte

$$\beta_{\varphi M} = \frac{S_{ST}}{S_{v\varphi}}$$
$$\gamma_{\varphi M} = \frac{a^2\,K_\varphi}{S_{v\varphi}} \qquad 1 - \beta_{\varphi M} - \gamma_{\varphi M} = \frac{S_{b\varphi}}{S_{v\varphi}}$$

Die Zerlegung der Einwirkungsgröße M in Teilschnittkräfte für einen Verbundkörper mit einem derartigen Verformungsverhalten erfolgt sinngemäß Gleichungsgruppe (F 0).

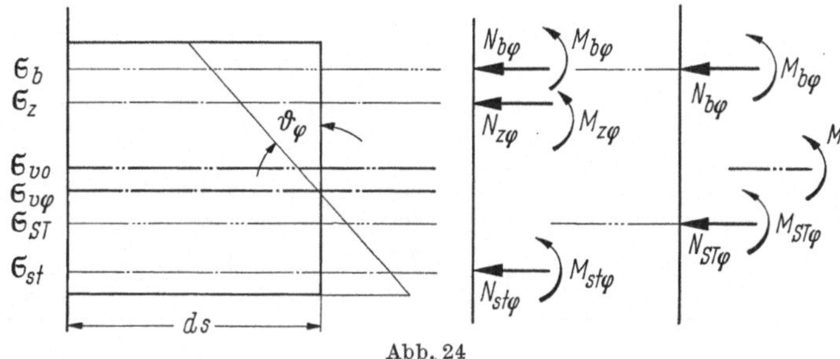

Abb. 24

Nach dem Abschluß des Betonkriechens ergeben sich die Schnittkräfte

$$\boxed{\begin{aligned} N_{b\varphi} &= +\gamma_{\varphi M}\,\frac{M}{a} & N_{ST\varphi} &= -\gamma_{\varphi M}\,\frac{M}{a} \\ M_{b\varphi} &= +(1 - \beta_{\varphi M} - \gamma_{\varphi M})\,M & M_{ST\varphi} &= +\beta_{\varphi M}\,M \end{aligned}} \qquad \text{(F 4)}$$

Durch das Kriechen ändert sich die Höhenlage der Verbundquerschnittsschwerachse. Mit den Schwerpunktabständen der Teilquerschnitte lassen sich die Beziehungen (F 4) aufgliedern.

$$\begin{aligned} N_{b\varphi} &= +\frac{a_{b\varphi}\,K_{b\varphi}}{S_{v\varphi}}\,M & N_{ST\varphi} &= +\frac{a_{ST\varphi}\,K_{ST}}{S_{v\varphi}}\,M \\[2mm] M_{b\varphi} &= +\frac{S_{b\varphi}}{S_{v\varphi}}\,M & M_{ST\varphi} &= +\frac{S_{ST}}{S_{v\varphi}}\,M \\[2mm] N_{st\varphi} &= +\frac{a_{st\varphi}\,K_{st}}{S_{v\varphi}}\,M & N_{z\varphi} &= +\frac{a_{z\varphi}\,K_z}{S_{v\varphi}}\,M \\[2mm] M_{st\varphi} &= +\frac{S_{st}}{S_{v\varphi}}\,M & M_{z\varphi} &= +\frac{S_z}{S_{v\varphi}}\,M \end{aligned} \qquad \text{(F 5)}$$

Verformungen:

$$\boxed{\vartheta_\varphi = \int \frac{M\,\overline{M}}{S_{v\varphi M}}\,ds \quad \Delta_\varphi = 0} \qquad \text{(F 6)}$$

b) Einwirkung eines zeitabhängigen äußeren Moments M_t (Index X_M, X_N).
Bei der Ermittlung der fiktiven Querschnittswerte sind die für den vorgeschriebenen zeitlichen Ablauf maßgebenden Kriechbeiwert ψ_{FX_M}, ψ_{JX_M} bzw. ψ_{FX_N}, ψ_{JX_N} der Berechnung der Verformungszahlen zugrunde zu legen.

Die Zerlegung des Momentenwertes M_E in die Teilschnittgrößen erfolgt durch entsprechende Anwendung der Gln. (F 4) bzw. (F 5).

c) Einwirkung einer konstanten äußeren Normalkraft N. α) *Mittige Normalkraft N* (Index N)

α_1) *Schnittkräfte und Verformungen vor dem Kriechen* (Index o). Mit den bekannten Querschnittsgrößen erhält man

$$\boxed{\begin{aligned} N_{bo} &= (1-\alpha)\,N & N_{STo} &= \alpha\,N \\ M_{bo} &= 0 & M_{STo} &= 0 \end{aligned}} \tag{F 7}$$

bzw.

$$\left.\begin{aligned} N_{bo} &= \frac{K_{bo}}{K_{vo}}\,N & N_{STo} &= \frac{K_{ST}}{K_{vo}}\,N \\ N_{sto} &= \frac{K_{st}}{K_{vo}}\,N & N_{zo} &= \frac{K_z}{K_{vo}}\,N \\ M_{bo} &= M_{STo} = M_{sto} = M_{zo} = 0 \end{aligned}\right\} \tag{F 8}$$

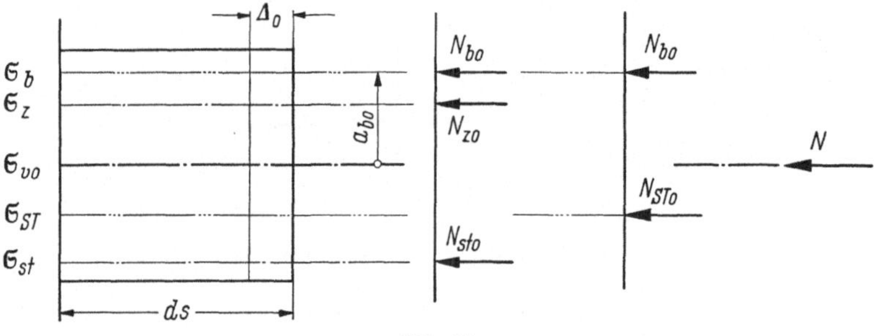

Abb. 25

Verformungen:

$$\boxed{\vartheta_o = 0 \quad \Delta_o = \int \frac{N\,\overline{N}}{K_{vo}}\,ds} \tag{F 9}$$

Kontrolle: In einer Faser $\sigma_{STo} = n_o\,\sigma_{bo}$.

α_2) *Schnittkräfte und Verformungen nach dem Kriechen* (Index φ)

Den Verformungszahlen liegen für die vorgegebenen α, β, γ, φ die Werte ψ_{FN} und ψ_{JN} zugrunde. Nachdem die Werte $K_{b\varphi}$, $K_{v\varphi}$, K_φ, $S_{v\varphi}$ mit diesen Verformungszahlen ermittelt sind, berechnet sich der Abstand der ideellen Verbundschwerachse vom Betonschwerpunkt mit

$$a_{b\varphi} = \frac{K_{ST}}{K_{v\varphi}}\,a = \alpha_{\varphi N}\,a$$

Da die Wirkungslinie der äußeren Kraft N erhalten bleibt, folgt mit

$$a_{bo} = \frac{K_{bo}}{K_{vo}}\,a = \alpha\,a$$

die Exzentrizität
$$e_\varphi = a_{b\varphi} - a_{bo} = (\alpha_{\varphi N} - \alpha)\, a \qquad \text{(F 10)}$$

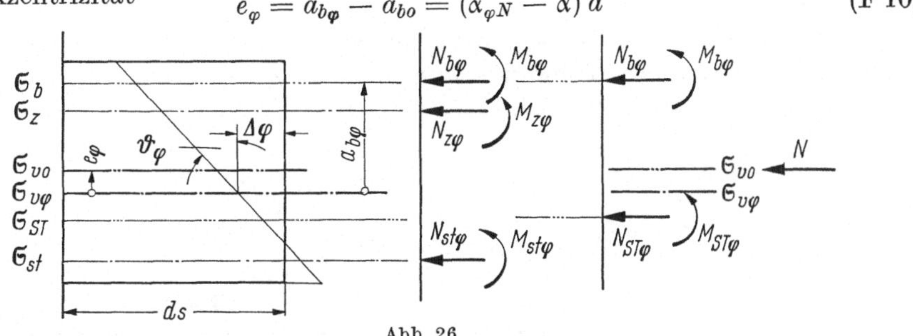

Abb. 26

Somit wirken auf den ideellen Verbundquerschnitt nach abgeschlossenem Betonkriechen die äußeren Kräfte N und $M_N = +e_\varphi N = +(\alpha_{\varphi N} - \alpha)\, a\, N$. Mit den Bezeichnungen

$$\alpha_{\varphi N} = \frac{K_{ST}}{K_{v\varphi}}$$

$$\beta_{\varphi N} = \frac{S_{ST}}{S_{v\varphi}} \qquad 1 - \beta_{\varphi N} - \gamma_{\varphi N} = \frac{S_{b\varphi}}{S_{v\varphi}}$$

$$\gamma_{\varphi N} = \frac{a^2 K_\varphi}{S_{v\varphi}}$$

ergeben sich

$$\boxed{\begin{aligned}
N_{b\varphi} &= +[(1 - \alpha_{\varphi N}) + (\alpha_{\varphi N} - \alpha)\, \gamma_{\varphi N}]\, N = N - N_{ST\varphi}\\
N_{ST\varphi} &= +[\alpha_{\varphi N} - (\alpha_{\varphi N} - \alpha)\, \gamma_{\varphi N}]\, N\\
M_{b\varphi} &= +(\alpha_{\varphi N} - \alpha)\,(1 - \beta_{\varphi N} - \gamma_{\varphi N})\, a\, N\\
M_{ST\varphi} &= +(\alpha_{\varphi N} - \alpha)\, \beta_{\varphi N}\, a\, N
\end{aligned}} \qquad \text{(F 11)}$$

bzw. nach den Einzelschnittgrößen aufgegliedert

$$\left.\begin{aligned}
N_{b\varphi} &= +N K_{b\varphi}\left(\frac{1}{K_{v\varphi}} + \frac{a_{b\varphi}\, e_\varphi}{S_{v\varphi}}\right)\\
N_{ST\varphi} &= +N K_{ST}\left(\frac{1}{K_{v\varphi}} + \frac{a_{ST\varphi}\, e_\varphi}{S_{v\varphi}}\right)\\
N_{st\varphi} &= +N K_{st}\left(\frac{1}{K_{v\varphi}} + \frac{a_{st\varphi}\, e_\varphi}{S_{v\varphi}}\right)\\
N_{z\varphi} &= +N K_{z}\left(\frac{1}{K_{v\varphi}} + \frac{a_{z\varphi}\, e_\varphi}{S_{v\varphi}}\right)\\
M_{b\varphi} &= +\frac{S_{b\varphi}}{S_{v\varphi}}\, e_\varphi N \qquad M_{ST\varphi} = +\frac{S_{ST}}{S_{v\varphi}}\, e_\varphi N\\
M_{st\varphi} &= +\frac{S_{st}}{S_{v\varphi}}\, e_\varphi N \qquad M_{z\varphi} = +\frac{S_{z}}{S_{v\varphi}}\, e_\varphi N
\end{aligned}\right\} \qquad \text{(F 12)}$$

Verformungen:

$$\boxed{\begin{aligned}
\vartheta_\varphi &= \int \frac{e_\varphi N \,\overline{M}}{S_{v\varphi N}}\, ds\\
\Delta_\varphi &= \int \frac{N\, \overline{N}}{K_{v\varphi N}}\, ds
\end{aligned}} \qquad \text{mit} \quad e_\varphi = (\alpha_{\varphi N} - \alpha)\, a \qquad \text{(F 13)}$$

Gegenüber dem Zeitpunkt $t = 0$ treten nun auch Querschnittsverdrehungen auf.

3*

β) Außermittige Normalkraft N

$β_1$) Schnittkräfte und Verformungen vor dem Kriechen (Index o). Die mittig angreifende Normalkraft N und das Moment $M = e\,N$ ersetzen die außermittige Normalkraft N. Somit folgt aus (F 1) und (F 7)

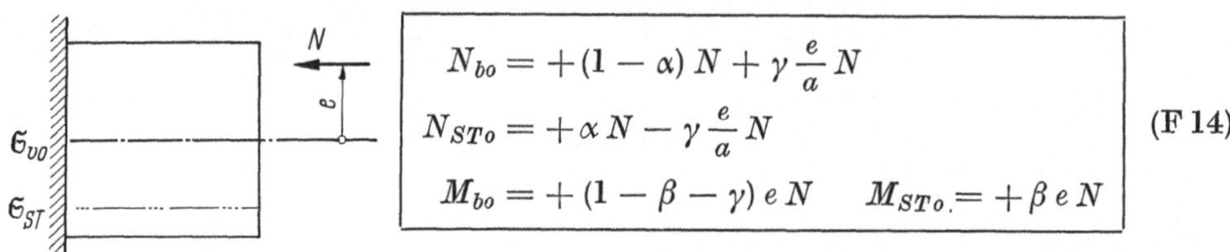

$$N_{bo} = +(1 - \alpha)\,N + \gamma\,\frac{e}{a}\,N$$

$$N_{STo} = +\alpha\,N - \gamma\,\frac{e}{a}\,N$$

$$M_{bo} = +(1 - \beta - \gamma)\,e\,N \qquad M_{STo} = +\beta\,e\,N$$

(F 14)

Abb. 27

Es ist das Vorzeichen der Exzentrizität e zu beachten. Die Verteilung auf die Einzelquerschnitte erfolgt durch Zusammenfassung der Ansätze (F 2) und (F 8). Die Verformungen erhält man aus (F 3) und (F 9).

$β_2$) Schnittkräfte und Verformungen nach dem Kriechen (Index φ). Die Zerlegung der Belastungen N („mittige Normalkraft") und $M = e\,N$ („äußeres konstantes Moment") in die Teilschnittkräfte geschieht durch Zusammenfassung der Beziehungen (F 4) und (F 11) bzw. (F 5) und (F 12).

$$N_{b\varphi} = + \left[(1 - \alpha_{\varphi N}) + (\alpha_{\varphi N} - \alpha)\,\gamma_{\varphi N} + \gamma_{\varphi M}\,\frac{e}{a}\right] N$$

$$N_{ST\varphi} = + \left[\alpha_{\varphi N} - (\alpha_{\varphi N} - \alpha)\,\gamma_{\varphi N} - \gamma_{\varphi M}\,\frac{e}{a}\right] N$$

$$M_{b\varphi} = + \left[(\alpha_{\varphi N} - \alpha)\,(1 - \beta_{\varphi N} - \gamma_{\varphi N}) + (1 - \beta_{\varphi M} - \gamma_{\varphi M})\,\frac{e}{a}\right] a\,N$$

$$M_{ST\varphi} = + \left[(\alpha_{\varphi N} - \alpha)\,\beta_{\varphi N} + \beta_{\varphi M}\,\frac{e}{a}\right] a\,N$$

(F 15)

Verformungen nach (F 6) und (F 13):

$$\vartheta_\varphi = \int \left(\frac{e\,N\,\overline{M}}{S_{v\varphi M}} + \frac{e_\varphi\,N\,\overline{M}}{S_{v\varphi N}}\right) ds \qquad \text{mit} \quad e_\varphi = (\alpha_{\varphi N} - \alpha)\,a$$

$$\Delta_\varphi = \int \frac{N\,\overline{N}}{K_{v\varphi N}}\,ds$$

(F 16)

d) Schnittkräfte und Verformungen infolge Schwinden mit Kriechen (Indizes S,φ). Unter Berücksichtigung der für die vorgegebenen Verhältnisse maßgebenden ψ_{FS}- und ψ_{JS}-Werte werden die ideellen Querschnittswerte bestimmt.

Wäre der Betonquerschnitt von allen übrigen Querschnittsteilen gelöst, so würde er sich um das Schwindmaß ε_s gegenüber dem Stahlquerschnitt verkürzen. Da diese Längenänderung wegen der Verbundwirkung nicht auftreten kann, wirkt in Höhe des Betonschwerpunkts die Festhaltekraft

$$N_{sch} = +\varepsilon_s\,K_{b\varphi}\,S$$

als Druckkraft auf den Verbundquerschnitt ein. Sie tritt gleichzeitig in derselben Größe im Betonquerschnitt als Zugkraft auf.

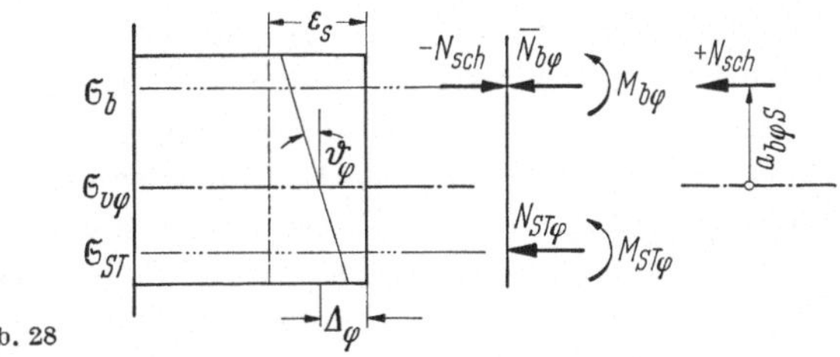

Abb. 28

Damit läßt sich die Verteilung der Schnittkräfte angeben:

$$N_{b\varphi} = -N_{sch} + \overline{N}_{b\varphi} = \varepsilon_s K_{b\varphi S}\left[-1 + (1 - \alpha_{\varphi S}) + \frac{a_{b\varphi S}\,\gamma_{\varphi S}}{a}\right]$$

$$N_{ST\varphi} = \varepsilon_s K_{b\varphi S}\left[\alpha_{\varphi S} - \frac{a_{b\varphi S}\,\gamma_{\varphi S}}{a}\right]$$

$$M_{b\varphi} = \varepsilon_s K_{b\varphi S}\, a_{b\varphi S}(1 - \beta_{\varphi S} - \gamma_{\varphi S})$$

$$M_{ST\varphi} = \varepsilon_s K_{b\varphi S}\, a_{b\varphi S}\, \beta_{\varphi S}$$

Umgeformt folgt mit

$$\boxed{\begin{aligned} N_{sch} &= \varepsilon_s K_{b\varphi S} \\ M_{sch} &= N_{sch}\, a_{b\varphi S} = \varepsilon_s K_{\varphi S}\, a \end{aligned}} \qquad \text{(F 17)}$$

M_{sch} erzeugt in Höhe der Gesamtstahlschwerachse $\mathfrak{S}_{ST}$ Zugspannungen.

$$\boxed{\begin{aligned} N_{b\varphi} &= -(1 - \gamma_{\varphi S})\frac{M_{sch}}{a} & N_{ST\varphi} &= -N_{b\varphi} \\ M_{b\varphi} &= +(1 - \beta_{\varphi S} - \gamma_{\varphi S})\,M_{sch} & M_{ST\varphi} &= +\beta_{\varphi S}\,M_{sch} \end{aligned}} \qquad \text{(F 18)}$$

Verformungen:

$$\boxed{\vartheta_\varphi = \int \frac{M_{sch}\,\overline{M}}{S_{v\varphi S}}\,ds \qquad \Delta_\varphi = \int \frac{N_{sch}\,\overline{N}}{K_{v\varphi S}}\,ds} \qquad \text{(F 19)}$$

e) Die Auswirkungen des nach dem Aufbringen der Dauerlasten hergestellten Spannstahlverbunds auf die Berechnung der Schnittkräfte nach dem Kriechen. Bei vorgespannten Verbundkonstruktionen wird nach dem Aufbringen der Dauerlasten (Eigengewicht, Vorspannung) durch das darauffolgende Herstellen des „Spannstahlverbunds" der Verbundquerschnitt um die Vorspannbewehrung vergrößert. Während zum Zeitpunkt $t = 0$ der Spannstahlquerschnitt infolge dieser Krafteinwirkung keine Spannungsänderung erfährt, werden durch das Kriechen nach dem Injizieren wegen der Verbundwirkung Spannungen aufgebaut.

Der Einfluß des Kriechens auf die Spannungsverteilung wird durch *alle* in Verbund stehenden Beton- und Stahlflächen bestimmt. Somit müssen die vor dem Injizieren auf den Verbundquerschnitt ohne Spannstahl einwirkenden

Schnittgrößen in der Kriechberechnung auf den nach Herstellen des Spannstahlverbunds maßgebenden *Gesamt*verbundquerschnitt angesetzt werden. Der Vergrößerung des Verbundquerschnitts muß dadurch Rechnung getragen werden, daß auf den Spannstahlquerschnitt einerseits und auf den Gesamtverbundquerschnitt andererseits wechselseitig Kräfte angesetzt werden, die zum Zeitpunkt $t = 0$ zusammen mit den Schnittgrößen im Gesamtverbundquerschnitt denselben Spannungszustand hervorrufen, wie in dem Verbundquerschnitt ohne Spannstahl die Schnittgrößen allein (Ausgangszustand). Diese Kräfte können als zusätzliche Vorspannkräfte aufgefaßt werden. Formal besteht ein Zusammenhang mit der Spannbettvorspannung, da die Zusatzkräfte mit der Differenz zwischen den Spannbettverankerungskräften der Spannstähle und den Spannstahlkräften nach Lösen der Verankerung identisch sind. Aus diesem Grunde können bei Betonquerschnitten, die im Spannbett vorgespannt werden, unmittelbar die Spannbettkräfte (Verankerungskräfte) in die Kriechberechnung eingeführt werden (Beispiel 5).

Die Ermittlung der Zusatzkräfte kann auf zwei verschiedene Arten erfolgen. Die erste Methode ist besonders bei einsträngiger, die zweite bei gekoppelter Vorspannung geeignet.

α) *Methode I.* Die '-Werte bezeichnen die Querschnittsgrößen vor Herstellen des Spannstahlverbunds. Die Ableitungen erfolgen für den allgemeinsten Fall beliebig vieler Spannbündel, deren Querschnittsgruppe die Steifigkeiten K_z und S_z besitzt. Die Resultierende aller Zusatzkräfte wird mit ΔV_o bezeichnet und ist positiv, wenn sie auf den Gesamtverbundquerschnitt als Druckkraft einwirkt.

α_1) *Einwirkung eines konstanten Moments M.* Schnittkräfte vor dem Injizieren (I):

$$M_{bI} = \frac{S_{vo}}{S'_{vo}} M \qquad M_{zI} = 0$$

Schnittkräfte nach dem Injizieren (II):

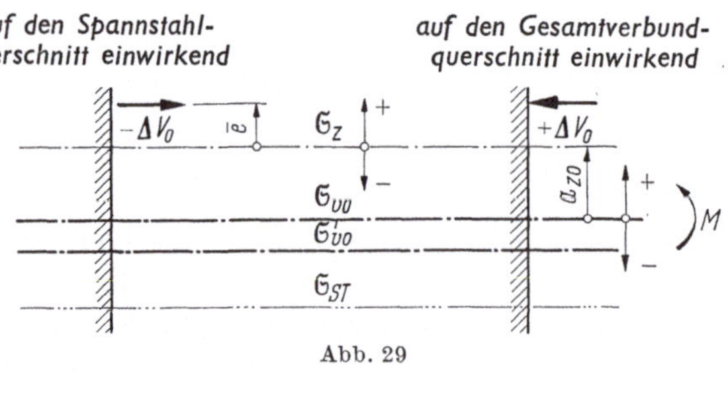

Abb. 29

$$M_{bII} = [M + (a_{zo} + \bar{e})\,\Delta V_o]\,\frac{S_{bo}}{S_{vo}}$$

$$M_{zII} = -\bar{e}\,\Delta V_o + [M + (a_{zo} + \bar{e})\,\Delta V_o]\,\frac{S_z}{S_{vo}}$$

Aus der Forderung, daß sich die Größe der Schnittkräfte nicht ändern darf, ergeben sich die Bedingungen:

$$M_{bI} = M_{bII} \qquad M_{zI} = M_{zII}$$

Damit folgt

$$\Delta V_0 = \frac{S_{vo} - S'_{vo} - S_z}{S'_{vo}} \frac{M}{a_{zo}}$$ (F 20 a)

$$\bar{e}\,\Delta V_0 = \frac{S_z}{S'_{vo}}\,M$$ (F 20 b)

Auf den Gesamtverbundquerschnitt wirken ein:
die mittige Normalkraft

$$N_c = \Delta V_0$$ (F 21 a)

das konstante Moment

$$M_0 = M + (a_{zo} + \bar{e})\,\Delta V_0$$ (F 21 b)

Die Schnittkräfte nach dem Kriechen werden mit M_0 und N_0 nach Abschn. β, S. 32 und α_2, S. 34 berechnet.

Nach Abschluß des Kriechens ergeben sich die Teilkräfte des Spannstahlquerschnitts zu

$$\Delta N_{z\varphi} = -\Delta V_0 + N_{z\varphi M_0} + N_{z\varphi N_0}$$ (F 22 a)

$$\Delta M_{z\varphi} = -\bar{e}\,\Delta V_0 + M_{z\varphi M_0} + M_{z\varphi N_0}$$ (F 22 b)

wobei die Größen $N_{z\varphi M_0}$, $M_{z\varphi M_0}$ bzw. $N_{z\varphi N_0}$, $M_{z\varphi N_0}$ die auf den Spannstahl entfallenden Schnittgrößen nach dem Kriechen infolge der Beanspruchung durch M_0 bzw. N_0 darstellen.

Sonderfall: *Einsträngiges Vorspannbündel* $(S_z = 0)$

$$\bar{e} = 0$$ (F 23 a)

$$\Delta V_0 = \left(\frac{S_{vo}}{S'_{vo}} - 1\right) \frac{M}{a_{zo}}$$ (F 23 b)

α_2) *Einwirkung mehrerer, beliebig großer Vorspannkräfte* V_{oi} (gekoppelte Vorspannung). Die beliebig großen Vorspannkräfte V_{oi} der einzelnen Vorspann-

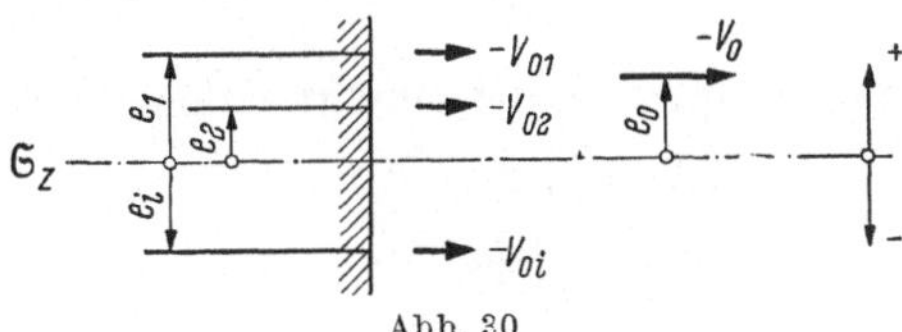

Abb. 30

stränge werden zu der resultierenden Spannkraft V_0 zusammengefaßt. Sie greift im Abstand e_0 vom Spannstahlschwerpunkt an.

$$V_0 = \sum_i V_{oi}$$ (F 24 a)

$$e_0 = \frac{\sum_i e_i V_{oi}}{V_0}$$ (F 24 b)

Schnittkräfte vor dem Injizieren (I):

$$M_{bI} = +(a'_{zo} + e_0)\,V_0\,\frac{S_{bo}}{S'_{vo}} \qquad M_{zI} = -e_0 V_0$$

Schnittkräfte nach dem Injizieren (II):

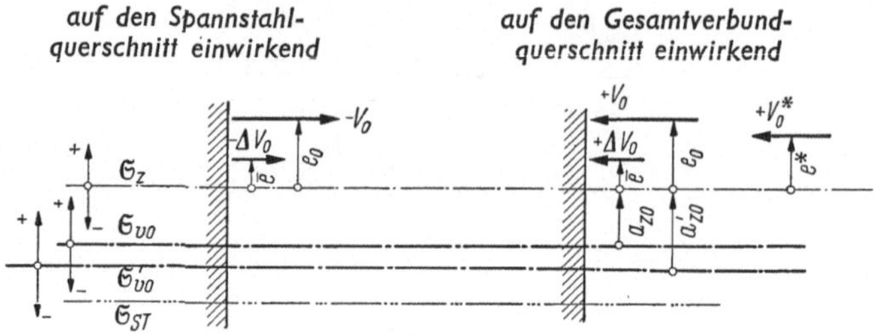

Abb. 31

$$M_{bII} = +[(a_{zo} + e_0) V_0 + (a_{zo} + \bar{e}) \Delta V_0] \frac{S_{bo}}{S_{vo}}$$

$$M_{zII} = -e_0 V_0 - \bar{e} \Delta V_0 + [(a_{zo} + e_0) V_0 + (a_{zo} + \bar{e}) \Delta V_0] \frac{S_z}{S_{vo}}$$

Bedingungen:

$$M_{bI} = M_{bII} \qquad M_{zI} = M_{zII}$$

$$(a'_{zo} - a_{zo}) K'_{vo} - a_{zo} K_z = 0 \qquad \text{(statisches Moment um } \mathfrak{S}_{vo})$$

$$K_{vo} = K'_{vo} + K_z$$

$$\frac{a'_{zo}}{a_{zo}} = \frac{K_{vo}}{K'_{vo}}$$

$$\Delta V_0 = V_0 \left(\frac{K_{vo}}{K'_{vo}} \frac{S_{vo} - S_z}{S'_{vo}} - 1 \right) + \frac{e_0 V_0}{a_{zo}} \frac{S_{vo} - S'_{vo} - S_z}{S'_{vo}} \qquad \text{(F 25 a)}$$

$$\bar{e} \Delta V_0 = \frac{S_z}{S'_{vo}} (a'_{zo} + e_0) V_0 \qquad \text{(F 25 b)}$$

Die Exzentrizität e^* der Spannkraft

$$V_0^* = V_0 + \Delta V_0 \qquad \text{(F 26 a)}$$

zum Spannstahlschwerpunkt ergibt sich aus

$$e^* = \frac{e_0 V_0 + \bar{e} \Delta V_0}{V_0^*} \qquad \text{(F 26 b)}$$

Die auf den Gesamtverbundquerschnitt einwirkenden Kräfte berechnen sich aus

$$N_0 = V_0^* \qquad \text{(F 27 a)}$$

$$M_0 = +(a_{zo} + e^*) V_0^* \qquad \text{(F 27 b)}$$

Mit diesen Einwirkungsgrößen werden die Schnittkräfte nach dem Kriechen ermittelt (Abschn. β, S. 32 u. α_2, S. 34 bzw. für die exzentrische Normalkraft V_0^* nach β_2, S. 36).

Den Vorspannkräften V_{oi} in den einzelnen Strängen sind die auf den Gesamtspannstahlquerschnitt entfallenden Schnittkräfte

$$\Delta N_{z\varphi} = -\Delta V_0 + N_{z\varphi M_0} + N_{z\varphi N_0} \qquad \text{(F 28 a)}$$

$$\Delta M_{z\varphi} = -\bar{e} \Delta V_0 + M_{z\varphi M_0} + M_{z\varphi N_0} \qquad \text{(F 28 b)}$$

anteilmäßig zu überlagern. Der Abbau der Vorspannung infolge Kriechens (Spannkraftverlust) läßt sich in den einzelnen Strängen aus der Differenz der Vorspannkraft vor und nach dem Kriechen berechnen.

Sonderfall: *Einsträngiges Vorspannbündel* $(S_z = 0)$

$$e_o = 0$$

$$\bar{e} = 0$$

$$e^* = 0 \qquad \text{(F 29 a)}$$

$$\Delta V_o = \left(\frac{K_{vo}\,S_{vo}}{K'_{vo}\,S'_{vo}} - 1\right) V_o \qquad \text{(F 29 b)}$$

α_3) *Gleichzeitige Einwirkung eines konstanten äußeren Moments M und mehrerer, beliebig großer Vorspannkräfte* V_{oi}. Sofern es nicht notwendig ist, die Schnittkräfte nach dem Kriechen getrennt nach den Belastungsarten „Eigengewicht" und „Vorspannung" zusammenzustellen, erweist es sich als vorteilhaft, diese beiden Lastfälle gemeinsam zu behandeln.

Die einzelnen Bestimmungsgleichungen ergeben sich durch die Überlagerung der Beziehungen der beiden vorangegangenen Abschnitte.

Mit (F 20 a) und (F 25 a) berechnet sich die Zusatzkraft

$$\boxed{\Delta V_o = \frac{S_{vo} - S'_{vo} - S_z}{a_{zo}\,S'_{vo}}\,(M + e_o V_o) + V_o\left(\frac{K_{vo}}{K'_{vo}}\,\frac{S_{vo} - S_z}{S'_{vo}} - 1\right)} \qquad \text{(F 30 a)}$$

und über (F 20 b) und (F 25 b) die Exzentrizität $\bar{e}$

$$\boxed{\bar{e}\,\Delta V_o = \frac{S_z}{S'_{vo}}\,[M + (a'_{zo} + e_o)\,V_o]} \qquad \text{(F 30 b)}$$

Mit der Gesamtlängskraft (F 26 a)

$$V_o^* = V_o + \Delta V_o$$

und (F 26 b)

$$e^* = \frac{e_o V_o + \bar{e}\,\Delta V_o}{V_o^*}$$

ermitteln sich die auf den Gesamtverbundquerschnitt einwirkenden Belastungen, mit denen die Kriechberechnung durchzuführen ist:

die mittige Normalkraft

$$N_o = V_o^* \qquad \text{(F 31 a)}$$

das konstante Moment

$$M_o = M + (a_{zo} + e^*)\,V_o^* \qquad \text{(F 31 b)}$$

Die Verteilung der Schnittkräfte wird nochmals wiedergegeben.

$$\boxed{\begin{aligned}
N_{b\varphi} &= +\gamma_{\varphi M}\,\frac{M_o}{a} + [(1 - \alpha_{\varphi N}) + (\alpha_{\varphi N} - \alpha)\,\gamma_{\varphi N}]\,N_o \\[4pt]
M_{b\varphi} &= (1 - \beta_{\varphi M} - \gamma_{\varphi M})\,M_o + (\alpha_{\varphi N} - \alpha)\,(1 - \beta_{\varphi N} - \gamma_{\varphi N})\,a\,N_o \\[4pt]
N_{ST\varphi} &= -\gamma_{\varphi M}\,\frac{M_o}{a} + [\alpha_{\varphi N} - (\alpha_{\varphi N} - \alpha)\,\gamma_{\varphi N}]\,N_o \\[4pt]
M_{ST\varphi} &= \beta_{\varphi M}\,M_o + (\alpha_{\varphi N} - \alpha)\,\beta_{\varphi N}\,a\,N_o
\end{aligned}} \qquad \text{(F 32)}$$

Anteil des Spannstahlquerschnitts:

$$\Delta N_{z\varphi} = -\Delta V_o + N_{z\varphi M_o + N_o} \qquad \text{(F 33 a)}$$

$$\Delta M_{z\varphi} = -\bar{e}\,\Delta V_o + M_{z\varphi M_o + N_o} \qquad \text{(F 33 b)}$$

wobei $N_{z\varphi M_0 + N_0}$ bzw. $M_{z\varphi M_0 + N_0}$ die auf den Spannstahl entfallenden Schnittkräfte infolge der Lasteinwirkung $M_0 + N_0$ sind.

Bei einer Zerlegung der Gesamtstahlschnittkräfte auf die einzelnen Stahlquerschnitte ergeben sich die Beziehungen:

$$\left. \begin{aligned}
e_\varphi &= (\alpha_{\varphi N} - \alpha)\, a \\[4pt]
N_{st\varphi} &= \frac{a_{st\varphi M}\, K_{st}}{S_{v\varphi M}}\, M_0 + K_{st}\left(\frac{1}{K_{v\varphi N}} + \frac{a_{st\varphi N}\, e_\varphi}{S_{v\varphi N}}\right) N_0 \\[4pt]
M_{st\varphi} &= \frac{S_{st}}{S_{v\varphi M}}\, M_0 + \frac{S_{st}}{S_{v\varphi N}}\, e_\varphi\, N_0 \\[4pt]
\Delta N_{z\varphi} &= -\Delta V_0 + \frac{a_{z\varphi M}\, K_z}{S_{v\varphi M}}\, M_0 + K_z\left(\frac{1}{K_{v\varphi N}} + \frac{a_{z\varphi N}\, e_\varphi}{S_{v\varphi N}}\right) N_0 \\[4pt]
\Delta M_{z\varphi} &= -\bar{e}\,\Delta V_0 + \frac{S_z}{S_{v\varphi M}}\, M_0 + \frac{S_z}{S_{v\varphi N}}\, e_\varphi\, N_0
\end{aligned} \right\} \qquad \text{(F 34)}$$

Die Teilgrößen $\Delta N_{z\varphi}$ und $\Delta M_{z\varphi}$ (F 33a, b) bzw. (F 34) sind den Vorspannkräften V_{0i} in den einzelnen Strängen anteilmäßig zu überlagern.

Verformungen:

$$\boxed{\begin{aligned}
\vartheta_\varphi &= \int \frac{M_0\, \overline{M}}{S_{v\varphi M}}\, ds + \int \frac{e_\varphi\, N_0\, \overline{M}}{S_{v\varphi N}}\, ds \\[6pt]
\Delta_\varphi &= \int \frac{N_0\, \overline{N}}{K_{v\varphi N}}\, ds
\end{aligned}} \qquad \text{(F 35)}$$

Sonderfälle: a) *Einsträngiges Vorspannbündel* $(S_z = 0)$

$$e_0 = 0$$

$$\bar{e} = 0 \qquad e^* = 0 \qquad\qquad \text{(F 36a)}$$

$$\Delta V_0 = \left(\frac{S_{vo}}{S'_{vo}} - 1\right)\frac{M}{a_{zo}} + \left(\frac{K_{vo}\, S_{vo}}{K'_{vo}\, S'_{vo}} - 1\right) V_0 \qquad \text{(F 36b)}$$

b) *Der Stahlquerschnitt wird nur durch die Vorspannbewehrung gebildet* $(F_{st} = 0)$

$$S_{ST} = S_z \qquad S'_{vo} = S_{bo} \qquad a'_{zo} = -a \qquad a_{zo} = a_{STo} < 0$$

β) *Methode II.* Die Zusatzkräfte ΔV_{0i} in den einzelnen Vorspannsträngen werden unmittelbar aus der Spannungsverteilung des Verbundquerschnitts ohne Spannstahl ermittelt.

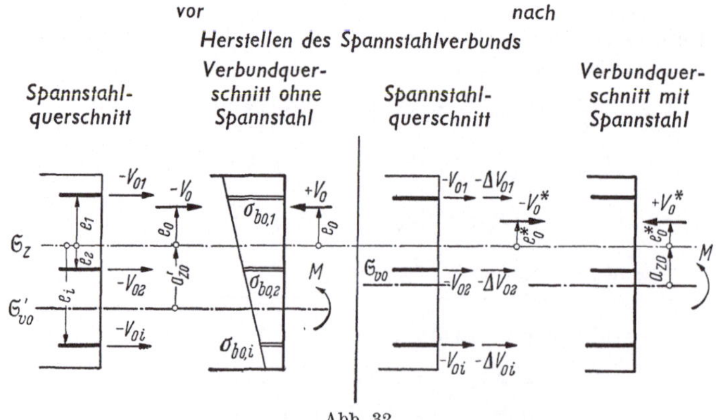

Abb. 32

Erhält man infolge der Schnittkraft Moment oder außermittige Normalkraft in der Spanngliedfaser i die Betonspannung $\sigma_{bo,i}$, so folgen die Beziehungen

$$\Delta V_{oi} = c_{bo,i}\, n_o\, \frac{E_z}{E_{st}}\, F_{z,i} \qquad \begin{array}{l} \text{Druck } \sigma_{bo,i} > 0 \\[4pt] \text{Zug } \quad \sigma_{bo,i} < 0 \end{array} \tag{F 37}$$

$$\Delta V_o = \sum_i \Delta V_{oi} \tag{F 38}$$

$$V_o^* = V_o + \Delta V_o \tag{F 39a}$$

$$e^* = \frac{\sum_i e_i (V_{oi} + \Delta V_{oi})}{V_o^*} \tag{F 39b}$$

$$N_o = V_o^* \tag{F 40a}$$

$$M_o = M + (a_{zo} + e^*)\, V_o^* \tag{F 40b}$$

Die Kriechberechnung ist mit den Schnittkräften M_o und N_o durchzuführen.

Bezeichnet $\Delta N_{z_i\varphi,\, M_o+N_o}$ die im Spannstrang i infolge der Einwirkung von $M_o + M_o$ auf den Gesamtverbundquerschnitt hervorgerufene Normalkraft, so entfällt auf diesen Spannstrang nach abgeschlossenem Kriechen die Kraft

$$V_{\varphi i} = -V_{oi} - \Delta V_{oi} + \Delta N_{z_i\varphi,\, M_o+N_o} \tag{F 41}$$

f) Verformungsablauf. Die Kriechberechnung wird sich im allgemeinen auf die Untersuchung eines Anfangs- und eines Endzustands beschränken. Das zeitabhängige Formänderungsverhalten zwischen diesen Grenzzuständen wird in der Regel nicht interessieren; die Ermittlung des Verformungsablaufs kann aber nach den folgenden Beziehungen durchgeführt werden.

Der Verbundquerschnitt wird durch die Einwirkungsgröße

$$L_t = f(\varphi_t)\, L \tag{F 42}$$

beansprucht, wobei $f(\varphi_t)$ als bekannte Funktion das zeitabhängige Wachstumsgesetz der Einwirkungsgröße darstellt. Soll ein Zustand φ_t betrachtet werden, so sind für die Querschnittskennwerte α, β, γ, die Einwirkungsgröße L und das Kriechmaß φ_t aus den Tabellen, Teil III, die Kriechbeiwerte ψ_{FL} und ψ_{JL} zu entnehmen. Dadurch sind die ideellen Querschnittsgrößen für den zu untersuchenden Zeitpunkt festgelegt. Bezeichnen $M_{\varphi_t, L}$ und $N_{\varphi_t, L}$ die Schnittgrößen infolge der auf die ideelle Verbundquerschnittsschwerachse bezogenen Einwirkungsgröße L_t, dann berechnen sich die Formänderungen nach den Gln. (F 43). $\Delta_{\varphi_t, L}$ ist die Dehnung in der Höhe der zeitabhängig veränderlichen, ideellen Verbundschwerachse (Beispiel 10).

$$\vartheta_{\varphi_t, L} = \int \frac{M_{\varphi_t, L}\, \overline{M}}{S_{v\varphi_t, L}}\, ds$$

$$\Delta_{\varphi_t, L} = \int \frac{N_{\varphi_t, L}\, \overline{N}}{K_{v\varphi_t, L}}\, ds \tag{F 43}$$

g) Schubkräfte, Schubspannungen. α) *Schub infolge Querkraft.* Die aus der Festigkeitslehre bekannten Beziehungen besitzen uneingeschränkte Gültigkeit. Der Einfluß des Kriechens wird durch die Einführung der den Einwirkungsgrößen zugeordneten, ideellen Querschnittswerte erfaßt.

Als Beispiel werden die bei Stahlträgerverbundquerschnitten zur Berechnung der Schubkräfte (Verdübelungskräfte) zwischen Betonplatte und Stahlträger maßgebenden Gleichungen angegeben.

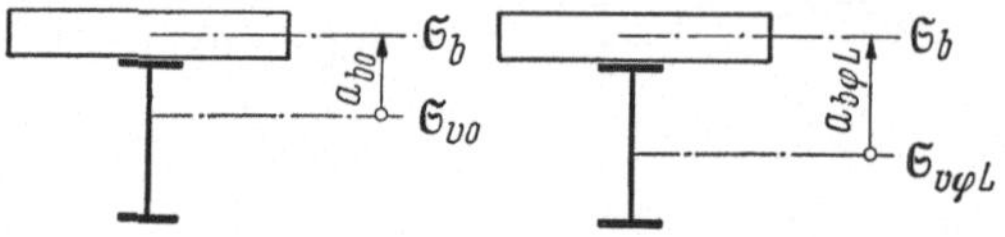

Abb. 33

$t = 0$

$$T_o = \frac{a_{bo}\,K_{bo}}{S_{vb}} \sum_L Q_L \qquad\qquad a_{bo} = \alpha\,a \qquad\qquad \text{(F 44 a)}$$

$t = \infty$

$$T_\varphi = \sum_L \frac{a_{b\varphi L}\,K_{b\varphi L}}{S_{v\varphi L}} Q_L \qquad a_{b\varphi L} = \alpha_{\varphi L}\,a \qquad\qquad \text{(F 44 b)}$$

$$Q_L = \text{Querkraft infolge der Einwirkungsgröße } L$$

Bei zusätzlichen schlaffen oder vorgespannten Stählen in der Betonplatte sind die Gln. (F 44 a, b) um die Schubkraftanteile dieser Teilquerschnittsflächen sinngemäß zu ergänzen.

β) *Schub infolge Schwinden und Temperaturunterschied.* Die durch das Schwinden und ungleiche Erwärmung zwischen Stahlträger und Betonplatte an den Trägerenden von Stahlträgerverbundkonstruktionen hervorgerufenen Schubkräfte müssen nach DIN 1078[1] 13, 15 nachgewiesen werden, sofern kein genauerer Nachweis (z. B. nach HOISCHEN [8]) erfolgt.

Bei veränderlichen Querschnittsverhältnissen sind zwischen zwei benachbarten Querschnitten zusätzlich Schubkräfte zu übertragen, die aber im allgemeinen gegenüber der Querkraftschubkräften von untergeordneter Bedeutung sind. Sie berechnen sich aus der Differenz der Teilschnittkräfte der beiden benachbarten Querschnitte über der untersuchten Scherfuge (vgl. hierzu FRITZ [5], S. 52).

3. Sonderfälle

a) Zur Berechnung von Spannbetonverbundquerschnitten. Bei der Berechnung von Spannbetonkonstruktionen erhebt sich oftmals die Frage, welchen Einfluß das Eigenträgheitsmoment der Stahlquerschnitte (im allgemeinen von der schlaffen und der Vorspannbewehrung) auf die Verteilung der Schnittkräfte hat. Bereits ein geringes Stahlträgheitsmoment S_{ST} genügt, die Größe der Schnittkräfte wesentlich zu beeinflussen.

Eine Abschätzung des zu erwartenden Fehlers und damit die vernachlässigbare Größe der Stahlsteifigkeit S_{ST} läßt sich aus den bekannten Beziehungen ableiten. Die Untersuchung wird für die Einwirkung eines konstanten Moments durchgeführt.

Bei Spannbetonquerschnitten ergibt sich der Anteil der Betonsteifigkeit an der Gesamtsteifigkeit zu

$$S_{bo} = 0{,}8 \div 1{,}0\, S_{vo}$$

---

[1] DIN 1078 (Ausgabe September 1955) Verbundträger-Straßenbrücken, Richtlinien für die Berechnung und Ausbildung. Bl. 1 und Bl. 2.

Durch
$$a^2 K_o + S_{ST} = 0{,}2 \div 0\,S_{vo}$$

wird die Betonsteifigkeit zur Verbundträgersteifigkeit ergänzt. Im Mittel kann

$$S_{bo} = 0{,}85\,S_{vo}$$

angenommen werden. Die ideelle Betonsteifigkeit berechnet sich aus

$$S_{b\varphi M} = \frac{S_{bo}}{\dfrac{n_{JM}}{n_o}}$$

Der Anteil $a^2 K_{\varphi M} + S_{ST}$ ändert sich gegenüber $S_{b\varphi M}$ nur unbedeutend und von φ nahezu unabhängig. Er verringert sich von

$$a^2 K_o + S_{ST} = 0{,}15\,S_{vo}$$

auf etwa

$$a^2 K_{\varphi M} + S_{ST} = 0{,}10\,S_{vo}$$

bei kleinen Werten S_{ST}/S_{vo}. Der bei der Einwirkung eines konstanten Moments M durch den Stahl aufgenommene Momentenanteil

$$\beta_{\varphi M} = \frac{M_{ST\varphi M}}{M} = \frac{S_{ST}}{S_{v\varphi M}} = \frac{S_{ST}}{S_{b\varphi M} + a^2 K_{\varphi M} + S_{ST}}$$

berechnet sich zu

$$\beta_{\varphi M} = \frac{S_{ST}}{\left(0{,}10 + \dfrac{0{,}85}{\dfrac{n_{JM}}{n_o}}\right) S_{vo}} = \frac{\dfrac{n_{JM}}{n_o}}{0{,}10\,\dfrac{n_{JM}}{n_o} + 0{,}85}\,\beta$$

Der Wert ψ_{JM} ist für die maßgebenden Querschnittsverhältnisse nur wenig veränderlich und ergibt sich zu $\psi_{JM} = 1{,}1 \div 1{,}2$. Es folgt für $\psi_{JM} = 1{,}15$ und

$$\varphi = 2 \qquad \frac{n_{JM}}{n_o} = 3{,}3 \qquad \beta_{\varphi M} \cong 2{,}8\,\beta$$

$$\varphi = 3 \qquad \frac{n_{JM}}{n_o} = 4{,}45 \qquad \beta_{\varphi M} \cong 3{,}5\,\beta$$

$$\varphi = 4 \qquad \frac{n_{JM}}{n_o} = 5{,}6 \qquad \beta_{\varphi M} \cong 4{,}0\,\beta$$

Bei einer Vernachlässigung der Stahlträgersteifigkeit geht der Anteil $\beta_{\varphi M}$ an der Gesamtsteifigkeit verloren. Dadurch vergrößern sich die Schnittkräfte $N_{b\varphi M}$ und $M_{b\varphi M}$ auf den $\dfrac{S_{v\varphi M}}{(1 - \beta_{\varphi M})\,S_{v\varphi M}}$-fachen Betrag.

Wird ein Fehler von etwa 5 % in den Schnittkräften als noch zulässig angesehen, so ergibt sich die Abgrenzung für die Vernachlässigung der Eigensteifigkeit der Stahlanteile zu

$$\sim \frac{S_{v\varphi M}}{(1 - \beta_{\varphi M})\,S_{v\varphi M}} \leqq 1{,}05 \qquad \beta_{\varphi M} \leqq \frac{0{,}05}{1{,}05}$$

Für $\varphi \geqq 2{,}0$

$$\boxed{\beta \leqq 0{,}023 - 0{,}003\,\varphi} \tag{F 45}$$

Kann das Stahlträgheitsmoment vernachlässigt werden, so muß die Gesamtstahlfläche konzentriert im Stahlschwerpunkt S_{ST} angenommen werden. Eine zusätzliche Vernachlässigung der schlaffen Stahlquerschnittsflächen kann in keinem Falle zugelassen werden, da diese Vereinfachung zu erheblichen Fehlern führt.

SATTLER [15] hat für den Abgrenzungswert $j \leq 30$ festgestellt, daß bei Vernachlässigung des Eigenträgheitsmoments der Stahlquerschnittsflächen die Fehlergrenze von 5% überschritten wird. Für Werte $j \leq 30$ wäre demnach der Einfluß der Stahlträgersteifigkeit auf die Spannungsverteilung zu verfolgen. Dieser Abgrenzungskennwert berücksichtigt jedoch nicht die Größe des Endkriechmaßes φ.

$$j = \frac{S_{Bo}}{S_{ST}} \frac{\varrho}{1-\varrho} \qquad \varrho = \alpha \frac{S_{Bo}}{S_{vo}}$$

$$S_{Bo} = S_{bo} + a^2 K_{bo}$$

S_{Bo} ist die auf den Gesamtstahlschwerpunkt $\mathfrak{S}_{ST}$ bezogene Betonsteifigkeit. Aus vergleichender Zahlenrechnung ergab sich für die vorgeschriebene Abgrenzung dieses Kennwerts j eine gute Übereinstimmung mit (F 45).

Eine Berücksichtigung des Stahlträgheitsmoments bringt keinen bedeutenden Mehraufwand an Rechenarbeit mit sich. Eine Erleichterung ergibt sich aus der Tatsache, daß sich die ψ-Werte in Abhängigkeit von dem Querschnittskennwert β in bestimmten Bereichen nur wenig ändern. Daher können die Kriechbeiwerte ψ für verhältnismäßig große Werte β aus Teil III/3 für $\beta = 0$ interpoliert werden. Es ergeben sich für die einzelnen ψ-Werte die in Tab. A angegebenen Abgrenzungen.

Tabelle A. *Zulässige Grenzwerte zur Anwendung des Tabellenteils III/3 ($\beta = 0$)*

ψ_{FN} ψ_{FS} ψ_{FX_N} ψ_{JN} ψ_{JS} ψ_{JX_N}	ψ_{FM} ψ_{FX_M}	ψ_{JM} ψ_{JX_M}
$\alpha \leq 0{,}2$ $\gamma \leq 0{,}2$		
$\varphi \leq 3$ $\beta \leq 0{,}15$ $\varphi \leq 4$ $\beta \leq 0{,}10$	$\varphi \leq 4$ $\beta \leq 0{,}1$	Nach Teil III/4

Unabhängig von dieser Vereinfachung lassen sich für die bei Spannbetonquerschnitten im allgemeinen kleinen Kennwerte γ die Kriechbeiwerte ψ_{FN}, ψ_{FS} und ψ_{JM} aus Tabellenteil III/2 ($\gamma = 0$) gewinnen.

Tabelle B. *Zulässige Grenzwerte zur Anwendung des Tabellenteils III/2 ($\gamma = 0$)*

ψ_{FN} ψ_{FS}	ψ_{JM}
$\alpha \leq 0{,}15$ $0{,}05 < \beta < 0{,}3$	
$\varphi \leq 3$ $\gamma \leq 0{,}05$ $\varphi \leq 4$ $\gamma \leq 0{,}03$	$\varphi \leq 3$ $\gamma \leq 0{,}03$

Für Querschnittskennwerte außerhalb der in den Tab. A und B angegebenen Grenzen sind die Kriechbeiwerte aus dem allgemeinen Teil III/4 zu bestimmen.

b) Zur Berechnung von Stahlträgerverbundquerschnitten. Die stark gegliederten Querschnitte des Stahlträgerverbunds stellen einen Sonderfall dar, der bereits von FRITZ [4, 5] behandelt wurde.

Das Eigenträgheitsmoment des Betonquerschnitts ist gegenüber der Verbundträgersteifigkeit im allgemeinen verschwindend klein, während der Anteil der exzentrischen Flächen am Gesamtträgheitsmoment bedeutend ist. Auf Grund dieser Querschnittsverhältnisse werden die Dehnungen der einzelnen Betonfasern hauptsächlich durch die Betonnormalkraft verursacht.

Wegen der Behinderung durch den Stahlquerschnitt liefert die Kriechverformung infolge des *Beton*-Moments einen Beitrag zur Kriechverkürzung in der Betonschwerachse. Bedingt durch die Querschnittsausbildung des Stahlträgerverbunds kann dieser Anteil gegenüber der Kriechverkürzung infolge der Betonnormalkraft vernachlässigt werden. Dadurch wird das Verformungsverhalten des Verbundquerschnitts in erster Linie durch die Betonfläche bestimmt. Der Stahlträgerverbund läßt sich auf den Sonderfall des Verbundquerschnitts ohne Eigenträgheitsmoment des Betonteils zurückführen (Abschn. D 3).

Der Vorteil dieser Vereinfachung ist darin zu sehen, daß für die Einwirkungsgrößen konstantes Moment und mittige Normalkraft, und damit auch für außermittige Normalkraft (Vorspannung), derselbe ψ_F-Wert [vgl. (D 25), (D 27)] maßgebend ist. Die Ermittlung der Schnittkräfte für den Lastfall außermittige Normalkraft kann daher in *einem* Berechnungsgang erfolgen. Allerdings werden auf Grund der Vernachlässigung des Betonträgheitsmoments bei der Berechnung der Steifigkeiten nur die Spannungen in der Betonschwerachse nachgewiesen. Sollen die Randspannungen ermittelt werden, so läßt sich nachträglich über den aus Teil III/4 für jede Einwirkungsgröße L getrennt abgelesenen ψ_{JL}-Wert das Betonmoment berechnen. Wegen des geringen Anteils des Betonmoments an der Randspannung genügt es, die ψ_{JL}-Werte sehr grob zu bestimmen (Beispiel 2, 3).

Das Betonmoment berechnet sich aus den Beziehungen (F 46).

Zeitpunkt $t = 0$ Zeitpunkt $t = \infty$

$$
\begin{aligned}
M_{bo} &= \frac{S_{bo}}{S_{vo}} M_L & M_{b\varphi L} &= \frac{S_{b\varphi L}}{S_{v\varphi L}} M_L \\[2mm]
S_{bo} &= E_{bo} J_b & S_{b\varphi L} &= E_{b\varphi L} J_b \\[2mm]
S_{vo} &= S_{ST} + a^2 K_o (+ S_{bo}) & S_{v\varphi L} &= S_{ST} + a^2 K_{\varphi L} (+ S_{b\varphi L})
\end{aligned}
\qquad \text{(F 46)}
$$

Die Werte $S_{b\varphi L}$ sind mit dem jeweils maßgebenden ψ_{JL}-Wert zu berechnen. Das Moment M_L stellt die konstante Belastungsgröße M_o bzw. das Moment aus der zeitabhängigen Zwängung, das „Schwindmoment" M_{sch} oder das Moment $e_\varphi N_o$ aus der zum Zeitpunkt $t = 0$ mittigen Normalkraft N_o dar.

FRITZ [5] führt in seine für den Stahlträgerverbund abgeleiteten Berechnungsansätze für Flächen und Trägheitsmomente einheitlich den Kriechbeiwert ψ_{FL} ein. Eine Abgrenzung des Fehlers wurde von UTESCHER [16] angegeben. Daraus geht hervor, daß bei den Verbundquerschnitten des Brückenbaus die Randspannungen durch diese Vereinfachung nur geringfügig beeinflußt werden.

Bei einem Verhältnis $S_{bo}/S_{vo} > 0{,}02$ empfiehlt es sich, die Betonsteifigkeit S_b bei der Ermittlung der Gesamtsteifigkeit S_v zu berücksichtigen. Die geringe

Tabellenschema 1. *Berechnung der Querschnittswerte (Index o)*

Spalte	(1)	(2)	(3)	(4)	(5)	(6)	(7)	(8)	(9)	(10)	(11)	(12)
Querschnitt	n_o	F_b	J_b	a	K_{bo}/E_{st}	K_{ST}/E_{st}	K_{vo}/E_{st}	K_o/E_{st}	S_{bo}/E_{st}	S_{ST}/E_{st}	$a^2 K_o/E_{st}$	S_{vo}/E_{st}
	$\dfrac{E_{st}}{E_{bo}}$				$\dfrac{F_b}{n_o}$	F_{ST}	$(5)+(6)$	$\dfrac{(5)\cdot(6)}{(7)}$	$\dfrac{J_b}{n_o}$	J_{ST}	$a^2(8)$	$(9)+(10)+(11)$

Tabellenschema 2. *Berechnung der ideellen Querschnittswerte (Index φ)*

Spalte		(1)	(2)	(3)	(4)	(5)	(6)	(7)	(8)	(9)	(10)	(11)	(12)
Querschnitt	Einwirkung	K_{bo}/E_{st}	K_{ST}/E_{st}	S_{bo}/E_{st}	S_{ST}/E_{st}	S_{vo}/E_{st}	a	α	β	γ	φ	ψ_{FL}	ψ_{JL}
	L	Querschnittswerte nach Tabellenschema 1						$\dfrac{(2)}{(1)+(2)}$	$\dfrac{(4)}{(5)}$	$\dfrac{a^2 K_o/E_{st}}{(5)}$		nach den Tabellen Teil III	

Spalte		(13)	(14)	(15)	(16)	(17)	(18)	(19)	(20)	(21)	(22)	(23)	(24)
Querschnitt	Ein-wirkung	n_{FL}/n_o	n_{JL}/n_o	$K_{b\varphi L}/E_{st}$	$K_{v\varphi L}/E_{st}$	$K_{\varphi L}/E_{st}$	$S_{b\varphi L}/E_{st}$	$a^2 K_{\varphi L}/E_{st}$	$S_{v\varphi L}/E_{st}$	$\alpha_{\varphi L}$	$\beta_{\varphi L}$	$\gamma_{\varphi L}$	$1-\beta_{\varphi L}-\gamma_{\varphi L}$
	L	$1+\psi_{FL}\,\varphi$	$1+\psi_{JL}\,\varphi$	$\dfrac{(1)}{(13)}$	$(2)+(15)$	$\dfrac{(2)\cdot(15)}{(16)}$	$\dfrac{(3)}{(14)}$	$a^2(17)$	$(4)+(18)+(19)$	$\dfrac{(2)}{(16)}$	$\dfrac{(4)}{(20)}$	$\dfrac{(19)}{(20)}$	$\dfrac{(18)}{(20)}$

Beispiele

Tabelle 1. *Querschnittswerte der Berechnungsbeispiele (Index o)*

Beispiel	nach	n_o	F_b	J_b	a	K_{bo}/E_{st}	K_{ST}/E_{st}	K_{vo}/E_{st}	K_o/E_{st}	S_{bo}/E_{st}	S_{ST}/E_{st}	$a^2 K_o/E_{st}$	S_{vo}/E_{st}
1	[10]	7	5000	166667	35,00	714,3	180	894,3	143,77	23810	68740	176119	268669
2/11/12	[5]	6	6000	200000	153,40	1000	600	1600	375,00	—	3567300	8824300	12392000
3/12	[5]	6	6000	200000	138,18	1000	666,1	1666	399,78	—	4968400	7633300	12602000
4/7/9/10	[6, 20]	8	190	6371,48	2,5263	23,75	10	33,75	7,037	796,43	234,40	44,92	1075,75
5	[20]	5,25	190	6371,48	2,2596	36,19	8,571	44,761	6,930	1213,6	230,13	35,38	1479,1
6	—	5,25	194	6568	4,124	36,95	4,57	41,52	4,068	1251	0	69,2	1320
8	[12]	6,2	1200	360000	8,333	193,55	15,93	209,48	14,718	58064	8850	1022	67937
13	[12, 18]	6,2	1200	360000	25,000	193,55	10,62	204,17	10,067	58064	0	6292	64356
14	[18]	6	1557,5	835878	20,541	259,59	42,48	302,07	36,506	139316	0	15403	154716

Veränderlichkeit der ψ_F-Werte in Abhängigkeit von S_{bo}/S_{vo} erlaubt es, die Kriechbeiwerte ψ_{FL} bis $S_{bo}/S_{vo} \leqq 0{,}10$ weiterhin nach Teil III/2 zu bestimmen. Die ψ_{JL}-Werte gewinnt man aus Teil III/4.

4. Berechnungsbeispiele

Allgemeines. Es erweist sich wegen der kleineren Zahlenwerte als zweckmäßig, die Berechnung der Schnittkräfte mit den $1/E_{st}$-fachen Steifigkeitswerten durchzuführen. Die Ermittlung der Querschnittsgrößen und der von der Einwirkungsgröße L abhängigen ideellen Querschnittsverhältnisse erfolgt am übersichtlichsten in Tabellenform. Tabellenschema 1 und 2, S. 48.

Die Zahlenrechnung wird an Beispielen gezeigt, die im Schrifttum nach den unterschiedlichsten Berechnungstheorien behandelt wurden. Der verhältnismäßig geringe Arbeitsaufwand geht aus der bis ins einzelne durchgeführten Zahlenrechnung hervor. Da aber neben der Anwendung der Berechnungsansätze auch durch eine Gegenüberstellung der Zahlenergebnisse die vollkommene Übereinstimmung gezeigt werden soll, wird die Kriechberechnung mit einer Genauigkeit durchgeführt, welche über die bei der praktischen Zahlenrechnung gestellte Anforderung hinausgeht (Abschn. J). So werden bei einem Teil der Beispiele die ψ-Werte direkt aus den Formeln der Abschn. C bzw. D bestimmt. Bei der Anwendung

Tabelle 2. *Ideelle Querschnittswerte der Berechnungsbeispiele (Index φ)*

Beispiel	Einwirkung L	K_{bo}/E_{st}	K_{ST}/E_{st}	S_{bo}/E_{st}	S_{ST}/E_{st}	S_{vo}/E_{st}	a	α	β	γ	φ	ψ_{FL}	ψ_{JL}
1a	$M = $ const	714,3	180	23810	68740	268669	35,00	0,20127	0,25585	0,65552	4	1,09662	2,39012
1b	$N = $ const										4	1,12478	0,81596
1c	Schwinden										4	0,53566	0,81596
2/11/12	$M = $ const $N = $ const	1000	600	—	$3,5673 \cdot 10^6$	$12,392 \cdot 10^6$	153,40	0,37500	0,28787	0,71213	2	1,116	—
2/11	Schwinden										2	0,518	—
11/12	X_M, X_N										2	0,587	—
3/12	$M = $ const $N = $ const	1000	666,1	—	$4,9684 \cdot 10^6$	$12,602 \cdot 10^6$	138,18	0,39980	0,39425	0,60575	2	1,175	—
12	X_M, X_N										2	0,604	—
5	$M = $ const	36,19	8,571	1213,6	230,13	1479,1	2,2596	0,1915	0,1556	0,0239	3	0,81	1,30
5	$N = $ const										3	1,32	0,60
6	$M = $ const	36,95	4,57	1251	0	1320	4,124	0,11008	0	0,05242	3	0,691	1,058
6	$N = $ const										3	1,153	0,538
8	$M = $ const	193,55	15,93	58064	8850	67937	8,333	0,07605	0,13027	0,01505	2	0,74632	1,15731
8	$N = $ const										2	1,07743	0,53840
8	Schwinden										2	0,51437	0,53840
4/7/9	$M = $ const	23,75	10,00	796,43	234,40	1075,75	2,5263	0,29630	0,21789	0,04174	3	0,93106	1,44365
7/9	$N = $ const										3	1,53022	0,66365
4	Schwinden										3	0,57523	0,66365

Tabelle 2 (*Fortsetzung*)

Beispiel	Einwirkung L	n_{FL}/n_o	n_{JL}/n_o	$K_{b\varphi L}/E_{st}$	$K_{v\varphi L}/E_{st}$	$K_{\varphi L}/E_{st}$	$S_{b\varphi L}/E_{st}$	$a^2 K_{\varphi L}/E_{st}$	$S_{v\varphi L}/E_{st}$	$\alpha_{\varphi L}$	$\beta_{\varphi L}$	$\gamma_{\varphi L}$	$1-\beta_{\varphi L}-\gamma_{\varphi L}$
1a	$M =$ const	5,38648	10,5605	132,6	312,6	76,36	2254,6	93536	164530	—	0,41779	0,56851	0,01370
1b	$N =$ const	5,49912	4,26384	129,9	309,9	75,45	5584,1	92426	166750	0,58083	0,41223	0,55428	0,03349
1c	Schwinden	3,14264	4,26384	227,3	407,3	100,45	5584,1	123051	197375	—	0,34827	0,62344	0,02829
2/11/12	$M =$ const $N =$ const	3,232	—	309,4	909,4	204,1	—	$4,8028 \cdot 10^6$	$8,3701 \cdot 10^6$	0,6598	0,42620	0,57380	—
2/11	Schwinden	2,036	—	491,2	1091,2	270,1	—	$6,3559 \cdot 10^6$	$9,9232 \cdot 10^6$	—	0,35949	0,64051	—
11/12	X_M, X_N	2,174	—	460,0	1060,0	260,4	—	$6,1276 \cdot 10^6$	$9,6949 \cdot 10^6$	—	0,36796	0,63204	—
3/12	$M =$ const $N =$ const	3,350	—	298,5	964,6	206,1	—	$3,9352 \cdot 10^6$	$8,9036 \cdot 10^6$	0,6905	0,55802	0,44198	—
12	X_M, X_N	2,208	—	452,9	1119,0	269,6	—	$5,1477 \cdot 10^6$	$10,116 \cdot 10^6$	—	0,49114	0,50886	—
5	$M =$ const	3,43	4,90	10,551	19,122	4,729	247,67	24,145	501,94	—	0,4585	0,0481	0,4934
5	$N =$ const	4,96	2,80	7,296	15,867	3,941	433,43	20,123	683,69	0,5402	0,3366	0,0294	0,6340
6	$M =$ const	3,073	4,174	12,024	16,594	3,311	299,71	56,31	356,02	—	0	0,1582	0,8418
6	$N =$ const	4,459	2,614	8,287	12,857	2,946	478,58	50,10	528,68	0,3554	0	0,0948	0,9052
8	$M =$ const	2,49264	3,31462	77,65	93,58	13,218	17518	917,9	27286	—	0,32435	0,03364	0,64201
8	$N =$ const	3,15486	2,07680	61,35	77,28	12,646	27959	878,2	37687	0,20614	0,23483	0,02330	0,74187
8	Schwinden	2,02874	2,07680	95,40	111,33	13,651	27959	947,99	37757	0,14309	0,23439	0,02511	0,74050
4/7/9	$M =$ const	3,79318	5,33095	6,261	16,261	3,850	149,4	24,574	408,37	—	0,57398	0,06018	0,36584
7/9	$N =$ const	5,59066	2,99095	4,248	14,248	2,982	266,3	19,029	519,71	0,70185	0,45102	0,03662	0,51236
4	Schwinden	2,72569	2,99095	8,713	18,713	4,656	266,3	29,717	530,40	0,53439	0,44193	0,05603	0,50204

der Tabellen des Teils III (Beispiele 2, 3, 5, 6, 8, 10, 11, 12, 14) werden die Kriechbeiwerte mit den Vereinfachungen nach Abschn. 3, S. 44, durch geradlinige
Interpolation gewonnen.

Durch den Vergleich der Ergebnisse ist ein uneinheitliches Vorgehen bei der
Ermittlung der Querschnittswerte unumgänglich, da diese wie in den Beispielen
des Schrifttums berechnet werden müssen. So werden in einigen Beispielen die
durch die schlaffen oder vorgespannten Stahlanteile eingenommenen Betonflächen bei der Berechnung der Betonquerschnittswerte abgezogen, bei anderen
Beispielen die Stahlflächen als neben dem Betonquerschnitt liegend angenommen.
Der Einfluß auf die Schnittgrößen ist unbedeutend.

Beispiel 1 [10]

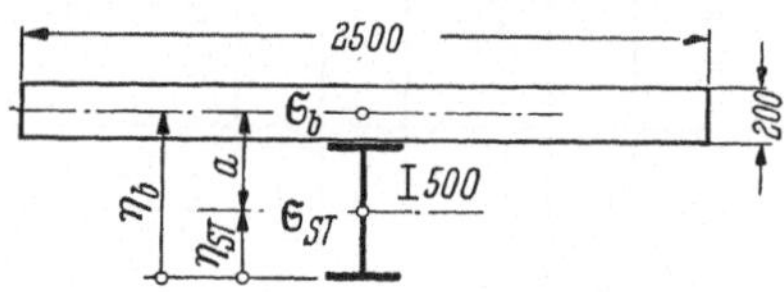

Abb. 34.. Querschnittsabmessungen

Die Querschnittswerte sind in Tab. 1, S. 49, berechnet.

$$F_b = 5000 \text{ cm}^2 \qquad\qquad F_{ST} = 180 \text{ cm}^2$$
$$W_b^o = -W_b^u = 16667 \text{ cm}^3 \qquad W_{st}^o = -W_{st}^u = 2749{,}6 \text{ cm}^3$$

Querschnittskennwerte:

$$E_{st} = 2100000 \text{ kg/cm}^2 \qquad \alpha = \frac{180}{894{,}3} = 0{,}20127$$

$$n_o = 7$$

$$E_{bo} = 300000 \text{ kg/cm}^2 \qquad \beta = \frac{68740}{268669} = 0{,}25585$$

$$\eta_b = 0{,}60 \text{ m} \qquad\qquad \gamma = \frac{176119}{268669} = 0{,}65552$$

$$\eta_{ST} = 0{,}25 \text{ m} \qquad\qquad 1 - \beta - \gamma = 0{,}08863$$

$$a = 0{,}35 \text{ m}$$

Beispiel 1a. Einwirkung eines konstanten Moments $M = 50$ tm.

Zeitpunkt $t = 0$

Schnittkräfte nach (F 1)

$$N_{bo} = -N_{STo} = +0{,}65552 \cdot \frac{M}{a} = 93{,}646 \text{ t}$$

$$M_{bo} = +\ 0{,}08863\,M = 4{,}431 \text{ tm}$$

$$M_{STo} = +\ 0{,}25585\,M = 12{,}792 \text{ tm}$$

$$\sigma_{bo}^o = +45{,}32 \text{ kg/cm}^2 \qquad c_{sto}^o = -0{,}055 \text{ t/cm}^2$$

$$\sigma_{bo}^u = -\ 7{,}86 \text{ kg/cm}^2 \qquad \sigma_{sto}^u = -0{,}985 \text{ t/cm}^2$$

Verformung nach (F 3)

$$\vartheta_o = \frac{1}{268669\,E_{st}} \int M\,\overline{M}\,ds$$

Zeitpunkt $t = \infty$

Für die Querschnittskennwerte α, β, γ und das Kriechmaß $\varphi = 4{,}0$ folgt aus
den Gln. (C 5), (C 6)

$$\psi_{FM} = 1{,}09662 \qquad \psi_{JM} = 2{,}39012$$

Die ideellen Querschnittswerte sind in Tab. 2, S. 50, ermittelt. Mit den Hilfs-werten

$$\beta_{\varphi M} = \frac{68740}{164530} = 0,41779$$

$$\gamma_{\varphi M} = \frac{93536}{164530} = 0,56851$$

$$1 - \beta_{\varphi M} - \gamma_{\varphi M} = \frac{2254,6}{164530} = 0,01370$$

folgen nach (F 4) die Schnittkräfte nach Abschluß des Kriechens

$$N_{b\varphi} = -N_{ST\varphi} = +0,56851 \cdot \frac{M}{a} = 81,215\,\text{t} \quad \left(+0,56855 \cdot \frac{M}{a}\right)$$

$$M_{b\varphi} = +0,01370\,M = \quad 0,685\,\text{tm} \qquad\qquad (+0,01370\,M)$$

$$M_{ST\varphi} = +0,41779\,M = 20,890\,\text{tm} \qquad\quad (+0,41775\,M)$$

Die Klammerwerte sind mit den Ansätzen nach KUNERT [10] berechnet.

$$\sigma_{b\varphi}^{o} = +20,35\,\text{kg/cm}^2 \qquad \sigma_{st\varphi}^{o} = +0,309\,\text{t/cm}^2$$

$$\sigma_{b\varphi}^{u} = +12,13\,\text{kg/cm}^2 \qquad \sigma_{st\varphi}^{u} = -1,211\,\text{t/cm}^2$$

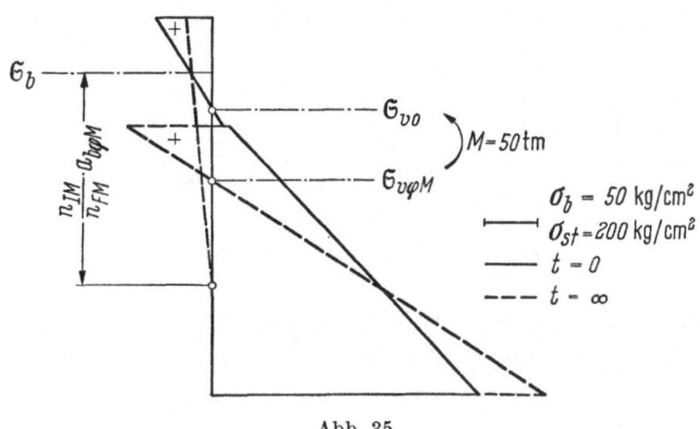

Abb. 35

Verformung (F 6)

$$\vartheta_\varphi = \frac{1}{164530\,E_{st}} \int M\,\overline{M}\,ds$$

Die Gesamtverformung ist auf den $\vartheta_\varphi/\vartheta_0 = 1,633$-fachen Betrag der elastischen Verformung angewachsen.

Beispiel 1b. Einwirkung einer konstanten mittigen Normalkraft $N = 200$ t.

Zeitpunkt $t = 0$

Nach (F 7)

$$N_{bo} = +(1 - 0,20127)\,N = +0,79873\,N = 159,75\,\text{t}$$

$$M_{bo} = 0$$

$$N_{STo} = +0,20127\,N = 40,25\,\text{t}$$

$$M_{STo} = 0$$

$$\sigma_{bo}^{o/u} = +31,95\,\text{kg/cm}^2 \qquad \sigma_{sto}^{o/u} = +0,224\,\text{t/cm}^2$$

Verformung nach (F 9)

$$\vartheta_o = 0 \qquad \Delta_o = \frac{1}{894,3\,E_{st}} \int N\,\overline{N}\,ds$$

Zeitpunkt $t = \infty$

Für α, β, γ und $\varphi = 4{,}0$ berechnet sich nach (C 8), (C 9)

$$\psi_{FN} = 1{,}12478 \qquad \psi_{JN} = 0{,}81596$$

Aus Tab. 2, S. 50, folgen die Hilfswerte

$$\alpha_{\varphi N} = 0{,}58083$$
$$\beta_{\varphi N} = 0{,}41223$$
$$\gamma_{\varphi N} = 0{,}55428$$
$$1 - \beta_{\varphi N} - \gamma_{\varphi N} = 0{,}03349$$
$$\alpha_{\varphi N} - (\alpha_{\varphi N} - \alpha)\,\gamma_{\varphi N} \quad = 0{,}37045$$
$$(\alpha_{\varphi N} - \alpha)\,(1 - \beta_{\varphi N} - \gamma_{\varphi N}) = 0{,}01271$$
$$(\alpha_{\varphi N} - \alpha)\,\beta_{\varphi N} \qquad = 0{,}15647$$

und damit die Schnittkräfte nach dem Kriechen (F 11)

$$N_{b\varphi} = (1 - 0{,}37045)\,N = +0{,}62955\,N = 125{,}91 \text{ t}$$
$$M_{b\varphi} = +0{,}01271\,a\,N = 0{,}890 \text{ tm}$$
$$N_{ST\varphi} = +0{,}37045\,N \quad = 74{,}09 \text{ t}$$
$$M_{ST\varphi} = +0{,}15647\,a\,N = 10{,}95 \text{ tm}$$

Verformungen (F 13)

$$\vartheta_\varphi = \frac{0{,}37956}{166750\,E_{st}} \int a\,N\,\overline{M}\,ds$$

$$\Delta_\varphi = \frac{1}{309{,}9\,E_{st}} \int N\,\overline{N}\,ds$$

Nach dem Kriechen ist die Verdrehung von Null verschieden. Die Gesamtverkürzung in Höhe der ideellen Verbundschwerachse (vgl. Abb. 25 u. 26) berechnet sich zum $\Delta\varphi/\Delta_o = 2{,}886$-fachen Betrag der elastischen Verkürzung.

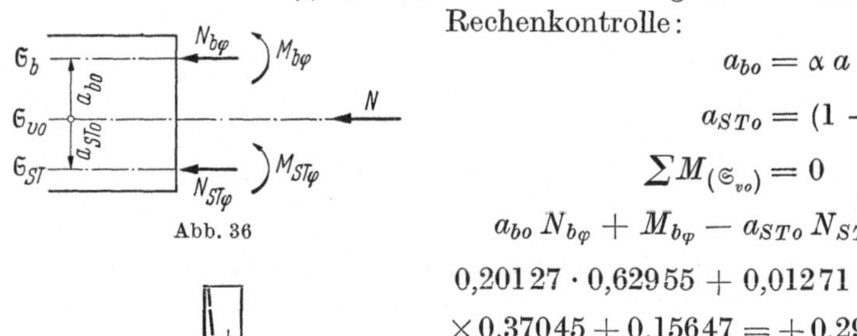

Abb. 36

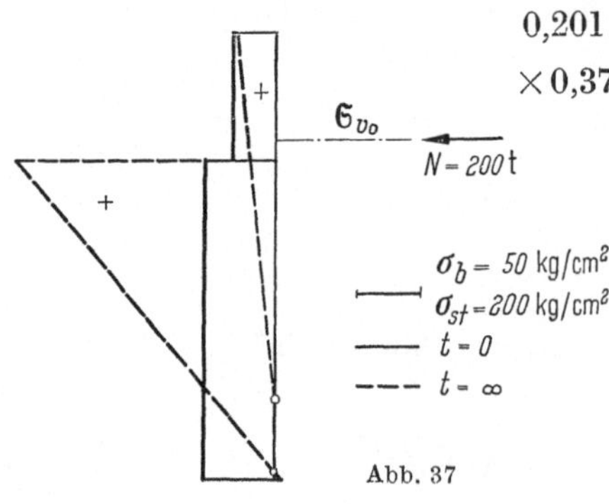

Abb. 37

Rechenkontrolle:

$$a_{bo} = \alpha\,a$$
$$a_{STo} = (1 - \alpha)\,a$$
$$\sum M_{(\mathfrak{S}_{vo})} = 0$$
$$a_{bo}\,N_{b\varphi} + M_{b\varphi} - a_{STo}\,N_{ST\varphi} + M_{ST\varphi} = 0$$
$$0{,}20127 \cdot 0{,}62955 + 0{,}01271 - (1 - 0{,}20127) \times$$
$$\times\,0{,}37045 + 0{,}15647 = +0{,}29589 - 0{,}29589 = 0$$

Die Einwirkung einer mittigen Normalkraft wurde von KUNERT nicht untersucht.

$$\sigma_{b\varphi}^{o} = +30{,}52 \text{ kg/cm}^2$$
$$\sigma_{b\varphi}^{u} = +19{,}84 \text{ kg/cm}^2$$
$$\sigma_{s\varphi t}^{o} = +0{,}810 \text{ t/cm}^2$$
$$\sigma_{st\varphi}^{u} = +0{,}014 \text{ t/cm}^2$$

Beispiel 1c. Schwinden mit Kriechen. Endschwindmaß $\varepsilon_s = 25 \cdot 10^{-5}$. Mit den unter 1a angegebenen Kennzahlen α, β, γ und dem Endkriechmaß $\varphi = 4{,}0$ berechnen sich aus (C 11), (C 12).

$$\psi_{FS} = 0{,}535\,66 \qquad \psi_{JS} = 0{,}815\,96$$

Es folgen nach Tab. 2, S. 50, die Hilfswerte

$$\beta_{\varphi S} = 0{,}348\,27$$

$$\gamma_{\varphi S} = 0{,}623\,44$$

$$1 - \beta_{\varphi S} - \gamma_{\varphi S} = 0{,}028\,29$$

$$1 - \gamma_{\varphi S} = 0{,}376\,56$$

und damit

$$\varepsilon_s\, K_{\varphi S} = 25 \cdot 10^{-5} \cdot 100{,}45 \cdot 2{,}1 \cdot 10^3\, \text{t} = 52{,}736\, \text{t}$$

(F 17) $\qquad M_{sch} = \varepsilon_s\, K_{\varphi S}\, a = 52{,}736 \cdot 0{,}35 \qquad = 18{,}458\, \text{tm}$

Die Schnittkräfte berechnen sich nach (F 18) mit $a = 0{,}35$ m.

$$N_{b\varphi} = -0{,}376\,56\, \frac{18{,}458}{0{,}35} = -19{,}858\, \text{t} \qquad (-19{,}854)$$

$$M_{b\varphi} = +0{,}028\,29 \cdot 18{,}458 = +\ 0{,}522\, \text{tm} \qquad (+\ 0{,}522)$$

$$N_{ST\varphi} = +19{,}858\, \text{t}$$

$$M_{ST\varphi} = +0{,}348\,27 \cdot 18{,}458 = +\ 6{,}428\, \text{tm} \qquad (+\ 6{,}427)$$

Klammerwerte nach KUNERT [10]

$$\sigma_{b\varphi}^{o} = -0{,}84\ \text{kg/cm}^2 \qquad \sigma_{st\varphi}^{o} = +0{,}344\ \text{t/cm}^2$$

$$\sigma_{b\varphi}^{u} = -7{,}10\ \text{kg/cm}^2 \qquad \sigma_{st\varphi}^{u} = -0{,}124\ \text{t/cm}^2$$

Rechenkontrolle:

$$\sum M = 0 \qquad a\, N_{b\varphi} + M_{b\varphi} + M_{ST\varphi} = 0$$

$$-19{,}858 \cdot 0{,}35 + 0{,}522 + 6{,}428$$

$$= -6{,}950 + 6{,}950 = 0$$

Verformung (F 19), (F 17)

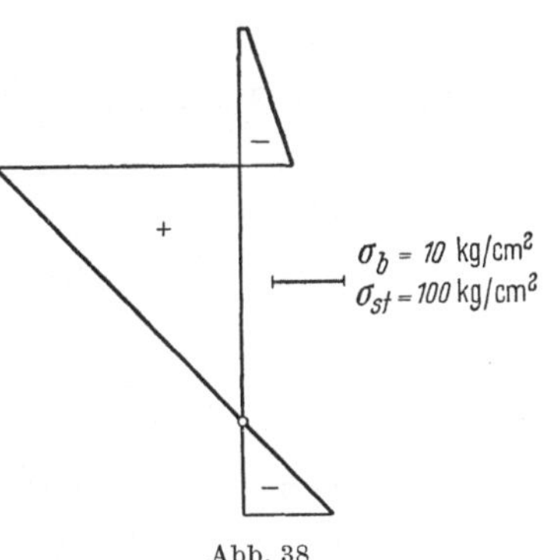

Abb. 38

$$\vartheta_\varphi = \frac{1845{,}8}{197\,375 \cdot 2100} \int ds = 0{,}4453 \cdot 10^{-5} \int ds$$

$$\varDelta_\varphi = \frac{25 \cdot 10^{-5} \cdot 227{,}3 \cdot 2100}{407{,}3 \cdot 2100} \int ds = 13{,}95 \cdot 10^{-5} \int ds$$

Beispiel 2 [5]

In diesem Beispiel wird nach Abschn. b, S. 47, das Betonträgheitsmoment wegen seines geringen Anteils an der Verbundträgersteifigkeit bei Berechnung der Gesamtsteifigkeit S_v vernachlässigt. Der Querschnitt wird als „Verbundquerschnitt ohne Eigenträgheitsmoment des Betonteils" (s. S. 23, Abschn. 3

u. S. 47, Abschn. b) behandelt. Die nach FRITZ [5] mit der Vereinfachung ψ_{JL} $= \psi_{FL}$ berechneten Werte sind in Klammern angegeben.

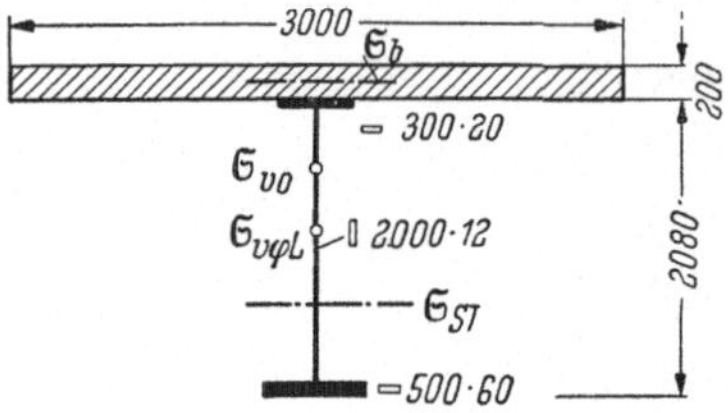

Abb. 39. Querschnittsabmessungen

$$E_{st} = 2\,100\,000 \text{ kg/cm}^2 \qquad n_o = 6$$
$$E_{bo} = 350\,000 \text{ kg/cm}^2$$
$$F_b = 6\,000 \text{ cm}^2 \qquad F_{ST} = 300 + 240 + 60$$
$$= 600 \text{ cm}^2$$
$$J_b = 200\,000 \text{ cm}^4 \qquad J_{ST} = 3{,}5673 \cdot 10^6 \text{ cm}^4$$
$$W_b^o = +20\,000 \text{ cm}^3 \qquad W_{st}^o = +24\,876 \text{ cm}^3$$
$$W_b^u = -20\,000 \text{ cm}^3 \qquad W_{st}^u = -55\,221 \text{ cm}^3$$

$$\eta_{ST} = \frac{3 \cdot 300 + 106 \cdot 240 + 207 \cdot 60}{600} = 64{,}60 \text{ cm}$$

$$\eta_b = 218{,}00 \text{ cm}$$

$$a = \eta_b - \eta_{ST} = 153{,}40 \text{ cm}$$

$$K_{bo}/E_{st} = 1000 \text{ cm}^2 \qquad S_{bo}/E_{st} = 33\,330 \text{ cm}^4$$

$$S_{bo}/S_{vo} = \frac{33\,330}{12{,}392 \cdot 10^6} = 0{,}0027 < 0{,}02 \qquad\qquad \text{(S. 47, Abschn. b)}$$

Mit den Querschnittswerten der Tab. 1, S. 49, berechnen sich die Kennwerte:

$$\alpha = \frac{600}{1600} = 0{,}375 \qquad \beta = \frac{3{,}5673}{12{,}392} = 0{,}28787 \qquad \gamma = \frac{8{,}8243}{12{,}392} = 0{,}71213$$

und mit $\varphi = 2{,}0$ die Kennzahl

$$\alpha\,\beta\,\varphi = 0{,}21590$$

Beispiel 2a. Einwirkung eines konstanten Moments M.

$$M = +1105 \text{ tm}$$

Zeitpunkt $t = 0$

Schnittkräfte nach (F 1)

$$N_{bo} = -N_{STo} = +0{,}71213 \cdot \frac{1105}{1{,}534} = +512{,}9 \text{ t}$$

$$M_{STo} = +0{,}28787 \cdot 1105 = +318{,}1 \text{ tm}$$

Das Betonmoment wird nach der Beziehung (F 46) bestimmt.

$$M_{bo} = +\frac{S_{bo}}{S_{vo}} M = +\frac{33\,330}{12{,}392 \cdot 10^6} \cdot 1105 = +2{,}972 \text{ tm}$$

Randspannungen

$$\sigma_{bo}^{o/u} = +\frac{512\,900}{6000} \pm \frac{297\,200}{20\,000} = +85{,}5 \pm 14{,}9 \text{ kg/cm}^2$$

$$\sigma_{bo}^{o} = +100{,}4 \text{ kg/cm}^2$$

$$\sigma_{bo}^{u} = +70{,}6 \text{ kg/cm}^2$$

$$\sigma_{sto}^{o} = -\frac{512{,}9}{600} + \frac{31\,810}{24\,876} = +0{,}424 \text{ t/cm}^2$$

$$\sigma_{sto}^{u} = -\frac{512{,}9}{600} - \frac{31\,810}{55\,221} = -1{,}431 \text{ t/cm}^2$$

Zeitpunkt $t = \infty$

Für die Kennzahl $\alpha\,\beta\,\varphi = 0{,}216$ ergibt sich nach Teil III/2 der Wert

$$\psi_{FM} = 1{,}116$$

Mit diesem ψ-Wert berechnen sich die Hilfswerte (Tab. 2, S. 50)

$$\beta_\varphi = \frac{3{,}5673}{8{,}3701} = 0{,}4262$$

$$\gamma_\varphi = \frac{4{,}8028}{8{,}3701} = 0{,}5738$$

und nach (F 4)

$$N_{b\varphi} = -N_{ST\varphi} = +0{,}5738 \cdot \frac{1105}{1{,}534} = +413{,}3\,\mathrm{t}$$

$$M_{ST\varphi} = +0{,}4262 \cdot 1105 = +470{,}9\,\mathrm{tm}$$

Die Berechnung des Betonmoments erfolgt wiederum nach (F 46). Es genügt, den ψ_J-Wert aus dem Tabellenteil III/4, S. 144/145, für

$$\alpha = 0{,}375 \qquad \beta \cong 0{,}3 \qquad \gamma \cong 0{,}7 \quad \text{und} \quad \varphi = 2{,}0$$

durch lineare Extrapolation zu gewinnen.

Um die Anwendung der Tabellen zu zeigen, wird die Ermittlung des ψ_J-Wertes ausführlich wiedergegeben. Nach Teil III/4,

$\alpha = 0{,}3$; S. 144	$\alpha = 0{,}4$; S. 145
$\psi_{JM} = 1{,}766 + 0{,}066 = 1{,}832$	$\psi_{JM} = 1{,}643 + 0{,}044 = 1{,}687$

Damit berechnet sich für $\alpha = 0{,}375$

$$\psi_{JM} \cong 1{,}72$$

Verformungszahl $\quad \dfrac{n_{JM}}{n_o} = 1 + 2 \cdot 1{,}72 = 4{,}44$

$$S_{b\varphi M}/E_{st} = \frac{33330}{4{,}44} = 7507\,\mathrm{cm^4} \qquad S_{v\varphi M}/E_{st} = 8{,}3701 \cdot 10^6\,\mathrm{cm^4}$$

$$M_{b\varphi} = + \frac{7507}{8{,}3701 \cdot 10^6} \cdot 1105$$

$$= +0{,}991\,\mathrm{tm}$$

Randspannungen

$$\sigma_{b\varphi}^{o/u} = + \frac{413300}{6000} \pm \frac{99100}{20000}$$

$$= +68{,}9 \pm 5{,}0\,\mathrm{kg/cm^2}$$

$$\sigma_{b\varphi}^{o} = +73{,}9\,\mathrm{kg/cm^2} \quad (75{,}6)$$

$$\sigma_{b\varphi}^{u} = +63{,}9\,\mathrm{kg/cm^2} \quad (62{,}0)$$

$$\sigma_{st\varphi}^{o} = + 1{,}204\,\mathrm{t/cm^2} \quad (1{,}203)$$

$$\sigma_{st\varphi}^{u} = - 1{,}542\,\mathrm{t/cm^2} \quad (1{,}540)$$

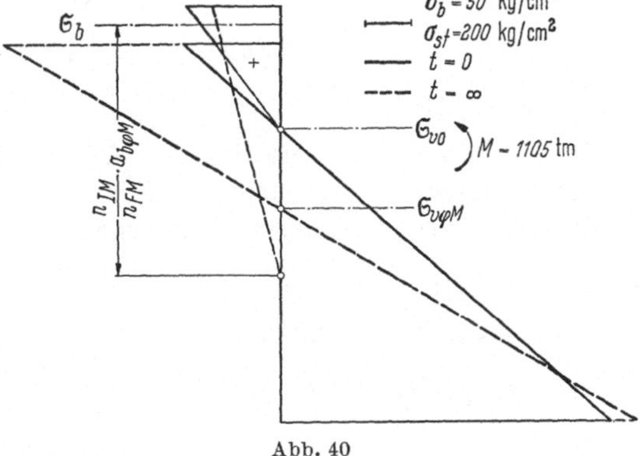

Abb. 40

Beispiel 2b. Schwinden mit Kriechen. Endschwindmaß $\varepsilon_s = 25 \cdot 10^{-5}$. Nach Tab. III/2 folgt für $\alpha\,\beta\,\varphi = 0{,}216$

$$\psi_{FS} = 0{,}518$$

und aus Tab. 2, S. 50

$$\beta_{\varphi S} = 0{,}35949 = 1 - \gamma_{\varphi S}$$
$$\gamma_{\varphi S} = 0{,}64051$$
$$\varepsilon_s\, K_{\varphi S} = 25 \cdot 10^{-5} \cdot 270{,}1 \cdot 2{,}1 \cdot 10^3\,\mathrm{t} = 141{,}80\,\mathrm{t}$$

(F 17) $\qquad M_{sch} = 141{,}80 \cdot 1{,}534 = 217{,}52\,\mathrm{tm}$

(F 18) $\qquad N_{b\varphi} = -N_{ST\varphi} = -0{,}35949 \cdot 141{,}80 = -50{,}98\,\mathrm{t}$

$$M_{ST\varphi} = +0{,}35949 \cdot 217{,}52 = +78{,}20\,\mathrm{tm}$$

Zur Berechnung des Betonmoments wird der ψ_{JS}-Wert benötigt. Nach Tab. III/4, S. 144/145

mit $\qquad \beta \cong 0{,}3; \quad \gamma \cong 0{,}7; \quad \varphi = 2{,}0$

$$\alpha = 0{,}3 \qquad\qquad\qquad \alpha = 0{,}4$$
$$\psi_{JS} = 0{,}680 + 0{,}010 = 0{,}690 \;\Big|\; \psi_{JS} = 0{,}693 + 0{,}009 = 0{,}702$$

Für $\alpha = 0{,}375$

$$\psi_{JS} \cong 0{,}70$$

Verformungszahl $\quad \dfrac{n_{JS}}{n_o} = 1 + 2 \cdot 0{,}70 = 2{,}40$

$$S_{b\varphi S}/E_{st} = \frac{33\,330}{2{,}40} = 13\,890\ \mathrm{cm}^4$$

$$S_{v\varphi S}/E_{st} = 9{,}9232 \cdot 10^6\ \mathrm{cm}^4$$

(F 46) $\qquad M_{b\varphi} = \dfrac{13\,890}{9{,}9232 \cdot 10^6} \cdot 141{,}80 \cdot 1{,}534 = 0{,}304\,\mathrm{tm}$

Randspannungen

$$\sigma_{b\varphi}^{o/u} = -\frac{50\,980}{6000} \pm \frac{30\,400}{20\,000} = -8{,}50 \pm 1{,}52\ \mathrm{kg/cm}^2$$

$$\sigma_{b\varphi}^{o} = -\ 6{,}98\ \mathrm{kg/cm}^2 \quad (6{,}73)$$

$$\sigma_{b\varphi}^{u} = -10{,}02\ \mathrm{kg/cm}^2 \quad (10{,}31)$$

$$\sigma_{st\varphi}^{o} = +\ 0{,}399\ \mathrm{t/cm}^2 \quad (0{,}399) \qquad \sigma_{st\varphi}^{u} = -0{,}057\ \mathrm{t/cm}^2 \quad (0{,}056)$$

Beispiel 3 [5]

Der Verbundquerschnitt des Beispiels 2 wird durch Spannglieder in Höhe der Betonschwerachse vorgespannt. Für die Vorspannkraft $V_o = 780$ t sollen die Schnittkräfte vor und nach dem Kriechen unter Zugrundelegung des Endkriechmaßes $\varphi = 2{,}0$ bestimmt werden.

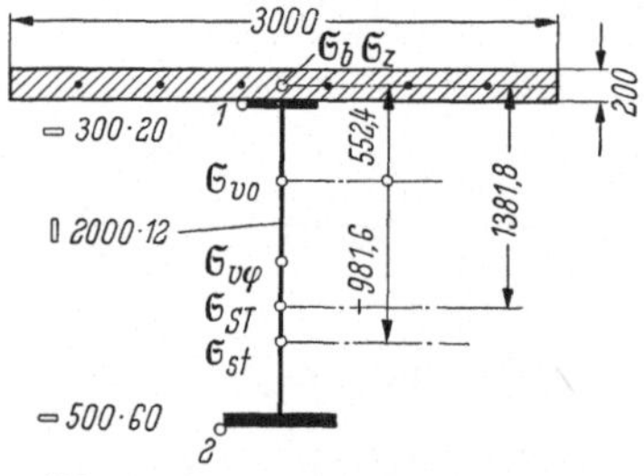

$$F_z = \ \ 81{,}6\ \ \mathrm{cm}^2 \qquad E_z = 1700\ \mathrm{t/cm}^2$$
$$\eta_b = 218{,}00\ \mathrm{cm}$$
$$\eta_{ST} = \ \ 79{,}82\ \mathrm{cm}$$
$$F_{ST} = 666{,}1\ \ \mathrm{cm}^2$$
$$W_{st}^{(1)} = +\frac{4{,}9684 \cdot 10^6}{128{,}18} = +38\,761\ \mathrm{cm}^3$$
$$W_{st}^{(2)} = -\frac{4{,}9684 \cdot 10^6}{79{,}82} = -62\,245\ \mathrm{cm}^3$$

Abb. 41. Querschnittsabmessungen

Für den Lastfall Vorspannung benötigt man nach Abschn. e, S. 37, die Querschnittsgrößen vor Herstellen des Spannstahlverbunds
Nach Beispiel 2

$$K_{st}/E_{st} = 600 \text{ cm}^2 \qquad K'_{vo}/E_{st} = 1600 \text{ cm}^2$$

$$S'_{vo}/E_{st} = 12{,}392 \cdot 10^6 \text{ cm}^4$$

Querschnittsgrößen nach Herstellen des Spannstahlverbunds

$$K_z/E_{st} = 81{,}6 \frac{1{,}7}{2{,}1} = 66{,}1 \text{ cm}^2$$

$$K_{st}/E_{st} = 600 \text{ cm}^2 \qquad S_{bo}/E_{st} = 33\,330 \text{ cm}^4$$

$$K_{ST}/E_{st} = 666{,}1 \text{ cm}^2 \qquad S_{st}/E_{st} = 3{,}5673 \cdot 10^6 \text{ cm}^4$$

$$K_{vo}/E_{st} = 1666 \text{ cm}^2 \qquad S_{ST}/E_{st} = 4{,}9684 \cdot 10^6 \text{ cm}^4$$

$$\eta_{ST} = \frac{64{,}6 \cdot 600 + 66{,}1 \cdot 218{,}00}{666{,}1} = 79{,}82 \text{ cm}$$

$$\eta_b = 218{,}00 \text{ cm}$$

$$\eta_{vo} = \frac{666{,}1 \cdot 79{,}82 + 1000 \cdot 218{,}00}{1666} = 162{,}76 \text{ cm}$$

$$a = \eta_b - \eta_{ST} = 138{,}18 \text{ cm}$$

Mit diesen Querschnittswerten folgen nach Tab. 1, S. 49, die Kennwerte

$$\alpha = \frac{666{,}1}{1666} = 0{,}399\,80$$

$$\beta = \frac{4{,}9684}{12{,}602} = 0{,}394\,25$$

$$\gamma = \frac{7{,}6333}{12{,}602} = 0{,}605\,75$$

Kennzahl
$$\alpha\,\beta\,\varphi = 0{,}315$$

Bei den vorliegenden Verhältnissen ist die Vernachlässigung der Betonsteifigkeit S_b nach Abschn. b, S. 47, gerechtfertigt ($S_{bo}/S_{vo} = 0{,}0026$).
Bestimmung der Belastungsgrößen N_0 und M_0 (S. 39, Abschn. α_2).
Für den Sonderfall $S_z = 0$ nach (F 29a, b), (F 26a) und (F 27a)

$$N_o = V_o^* = V_o + \Delta V_o = \frac{K_{vo}\,S_{vo}}{K'_{vo}S'_{vo}} V_o$$

$$N_o = \frac{1666 \cdot 12{,}602}{1600 \cdot 12{,}392} \cdot 780 = 825{,}9 \text{ t} \qquad e^* = 0$$

(F 27b) mit $a_{zo} = a_{bo} = \alpha\,a$

$$M_o = a_{zo} V_o^* = \alpha\,a\,V_o^* = 0{,}399\,80 \cdot 1{,}3818 \cdot 825{,}9 = 456{,}3 \text{ tm}$$

Zeitpunkt $t = 0$
Schnittkräfte nach (F 14)

$$N_{bo} = +(1 - 0{,}399\,80) \cdot 825{,}9 + 0{,}605\,75 \cdot \frac{456{,}3}{1{,}3818} = +696{,}0 \text{ t}$$

$$N_{STo} = +0{,}399\,80 \cdot 825{,}9 - 0{,}605\,75 \cdot \frac{456{,}3}{1{,}3818} = +129{,}9 \text{ t}$$

$$M_{STo} = +0{,}394\,25 \cdot 456{,}3 = +179{,}9 \text{ tm}$$

Nach (F 46)

$$M_{bo} = + \frac{33\,330}{12{,}602 \cdot 10^6} \cdot 456{,}3 = +1{,}207 \text{ tm}$$

Randspannungen

$$\sigma_{bo}^{o/u} = + \frac{696\,000}{6000} \pm \frac{120\,700}{20\,000} = +116{,}0 \pm 6{,}0 \text{ kg/cm}^2$$

$$\sigma_{bo}^{o} = +122{,}0 \text{ kg/cm}^2$$

$$\sigma_{bo}^{u} = +110{,}0 \text{ kg/cm}^2$$

$$\sigma_{sto}^{(1)} = + \frac{129{,}9}{666{,}1} + \frac{17\,990}{38\,761} = +0{,}659 \text{ t/cm}^2$$

$$\sigma_{sto}^{(2)} = + \frac{129{,}9}{666{,}1} - \frac{17\,990}{62\,245} = -0{,}094 \text{ t/cm}^2$$

Es werden zusätzlich die Schnittkräfte der Einzelstahlquerschnitte nach (F 2), (F 8) bestimmt.

$$N_{zo} = -V_o - \Delta V_o + \Delta N_{zo}$$

$$= -825{,}9 + \frac{66{,}1}{1666} \cdot 825{,}9 + \frac{55{,}24 \cdot 66{,}1}{12{,}602 \cdot 10^6} \cdot 45\,630 = -780{,}0 \text{ t}$$

$$N_{sto} = + \frac{600}{1666} \cdot 825{,}9 - \frac{98{,}16 \cdot 600}{12{,}602 \cdot 10^6} \cdot 45\,630 = +84{,}07 \text{ t}$$

$$M_{sto} = + \frac{3{,}5673}{12{,}602} \cdot 456{,}3 = +129{,}2 \text{ tm}$$

Zeitpunkt $t = \infty$

Der Kennzahl $\alpha \beta \varphi = 0{,}315$ entsprechen nach Tab. III/2 die Werte

$$\psi_{FM} = \psi_{FN} = 1{,}175$$

Mit den ideellen Querschnittswerten der Tab. 2, S. 50, ergeben sich die Hilfswerte

$$\alpha_{\varphi M/N} = 0{,}6905 \qquad \beta_{\varphi M/N} = 0{,}558\,02 \qquad \gamma_{\varphi M/N} = 0{,}441\,98$$

Wegen $\gamma_{\varphi N} = \gamma_{\varphi M}$, $\beta_{\varphi N} = \beta_{\varphi M}$ und $e + e_\varphi = a_{b\varphi} = \alpha_\varphi a$ folgt mit (F 15).

$$N_{b\varphi} = [(1 - \alpha_\varphi) + \alpha_\varphi \gamma_\varphi] N$$

$$N_{ST\varphi} = (1 - \gamma_\varphi) \alpha_\varphi N$$

$$M_{ST\varphi} = \alpha_\varphi \beta_\varphi a N$$

$$N_{b\varphi} = +[(1 - 0{,}6905) + 0{,}6905 \cdot 0{,}441\,98] \cdot 825{,}9 = +507{,}7 \text{ t}$$

$$N_{ST\varphi} = +(1 - 0{,}441\,98) \cdot 0{,}6905 \cdot 825{,}9 = +318{,}2 \text{ t}$$

$$M_{ST\varphi} = +0{,}6905 \cdot 0{,}558\,02 \cdot 1{,}3818 \cdot 825{,}9 = +439{,}7 \text{ tm}$$

Bei einer Berechnung des Betonmoments müssen die Anteile aus Moment M_o und mittiger Normalkraft N_o (in $\mathfrak{S}_{vo}$) getrennt bestimmt werden, da sich die Kriechbeiwerte ψ_{JM} und ψ_{JN} unterscheiden.

Die Genauigkeit der ψ_J-Werte für die angenäherten Kennwerte

$$\alpha \cong 0{,}4 \qquad \beta \cong 0{,}4 \qquad \gamma \cong 0{,}6 \qquad \varphi = 2{,}0$$

ist ausreichend. Es ergibt sich aus Teil III/4, S. 145, durch Extrapolation

$$\psi_{JN} = 0{,}708 + 0{,}008 \cong 0{,}72$$

$$\psi_{JM} = 1{,}774 + 0{,}047 \cong 1{,}82$$

Verformungszahlen:

$$\frac{n_{JN}}{n_o} = 1 + 0{,}72 \cdot 2 = 2{,}44$$

$$\frac{n_{JM}}{n_o} = 1 + 1{,}82 \cdot 2 = 4{,}64$$

Ideelle Betonsteifigkeiten $S_{b\varphi}$

$$S_{b\varphi N}/E_{st} = \frac{33\,330}{2{,}44} = 13\,660 \ \text{cm}^4$$

$$S_{b\varphi M}/E_{st} = \frac{33\,330}{4{,}64} = \ \ 7185 \ \text{cm}^4$$

Nach Tab. 2, S. 50, $S_{v\varphi M/N}/E_{st} = 8{,}9036 \cdot 10^6$ cm^4. Entsprechend Gl. (F 15) bzw. (F 46) läßt sich anschreiben:

$$M_{b\varphi} = \frac{S_{b\varphi M}}{S_{v\varphi M}} M_o + \frac{S_{b\varphi N}}{S_{v\varphi N}} e_\varphi N_o$$

$$e_\varphi = (\alpha_\varphi - \alpha)\, a \quad \text{nach (F 10)}$$

$$M_{b\varphi} = 0{,}877 \ \text{tm}$$

Randspannungen

$$\sigma_{b\varphi}^{o/u} = + \frac{507\,700}{6000} \pm \frac{87\,700}{20\,000} = +84{,}6 \pm 4{,}4$$

$$\sigma_{b\varphi}^{o} = +89{,}0 \ \text{kg/cm}^2 \quad (88{,}9)$$

$$\sigma_{b\varphi}^{u} = +80{,}2 \ \text{kg/cm}^2 \quad (80{,}2)$$

Für die Einzelstahlquerschnitte berechnen sich die Schnittkräfte nach dem Kriechen aus den Ansätzen (F 5), (F 12), (F 28a) und den Querschnittswerten nach Tab. 2, S. 50

$$e_\varphi = (\alpha_\varphi - \alpha)\, a = (0{,}6905 - 0{,}3998) \cdot 138{,}18 = 40{,}17 \ \text{cm}$$

$$a_{z\varphi} = a_{zo} + e_\varphi = +55{,}24 + 40{,}17 = 95{,}41 \ \text{cm}$$

$$a_{st\varphi} = a_{sto} + e_\varphi = -98{,}16 + 40{,}17 = -57{,}99 \ \text{cm}$$

$$N_{z\varphi} = -825{,}9 + \frac{66{,}1}{964{,}6} \cdot 825{,}9 + \frac{95{,}41 \cdot 66{,}1}{8{,}9036 \cdot 10^6} \cdot (40{,}17 \cdot 825{,}9 + 45\,630)$$

$$= -713{,}5 \ \text{t}$$

$$N_{st\varphi} = + \frac{600}{964{,}6} \cdot 825{,}9 - \frac{57{,}99 \cdot 600}{8{,}9036 \cdot 10^6} \cdot (40{,}17 \cdot 825{,}9 + 45\,630) = +205{,}8 \ \text{t}$$

$$M_{st\varphi} = + \frac{3{,}5673}{8{,}9036 \cdot 10^6} \cdot (0{,}4017 \cdot 825{,}9 + 456{,}3) = +315{,}7 \ \text{tm}$$

Spannkraftabbau

$$N_{z\varphi} - N_{zo} = -713{,}5 + 780{,}0$$

$$= 66{,}5 \ \text{t}$$

$$\sigma_{st\varphi}^{(1)} = + \frac{318{,}2}{666{,}1} + \frac{43\,970}{38\,761}$$

$$= +1{,}612 \ \text{t/cm}^2 \quad (1{,}612)$$

$$\sigma_{st\varphi}^{(2)} = + \frac{318{,}2}{666{,}1} - \frac{43\,970}{62\,245}$$

$$= -0{,}228 \ \text{t/cm}^2 \quad (0{,}227)$$

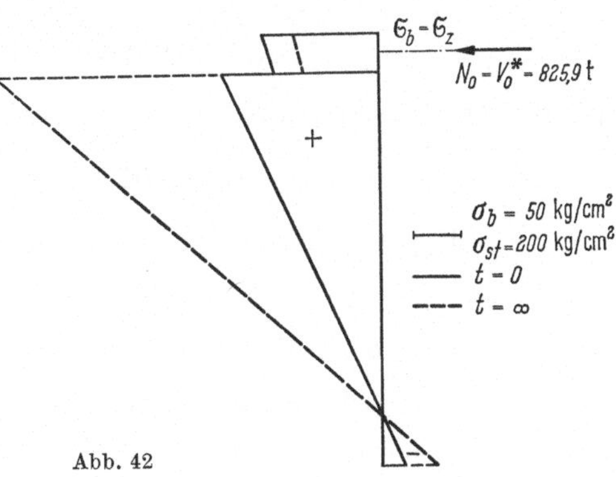

Abb. 42

Beispiel 4 [6]

$$E_{st} = 2\,100\,000 \ \text{kg/cm}^2$$
$$E_{bo} = 262\,500 \ \text{kg/cm}^2 \qquad n_o = 8$$

$$F_{ST} = 2 + 6 + 2 = 10 \ \text{cm}^2 \qquad\qquad F_b = 200 - 10 = 190 \ \text{cm}^2$$

$$\eta_{ST} = \frac{2 \cdot 17 + 6 \cdot 6 + 3 \cdot 2}{10} = 7{,}60 \ \text{cm} \qquad\qquad W_b^o = +645{,}28 \ \text{cm}^3$$

$$\eta_b = \frac{200 \cdot 10 - 10 \cdot 7{,}6}{190} = 10{,}1263 \ \text{cm} \qquad\qquad W_b^u = -629{,}22 \ \text{cm}^3$$

$$a = 10{,}1263 - 7{,}60 = 2{,}5263 \ \text{cm} \qquad\qquad W_{st}^{(1)} = -50{,}956 \ \text{cm}^3$$

$$J_{ST} = 2 \cdot 9{,}4^2 + 6 \cdot 1{,}6^2 + 2 \cdot 4{,}6^2 = 234{,}40 \ \text{cm}^4 \qquad W_{st}^{(2)} = +24{,}936 \ \text{cm}^3$$

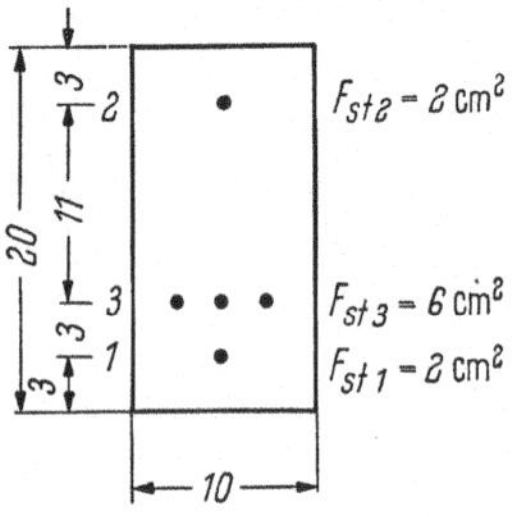

$$J_b = \frac{10 \cdot 20^3}{12} - 10 \cdot 2{,}5263^2 + 190 \cdot 0{,}1263^2 - 234{,}40$$
$$= 6371{,}48 \ \text{cm}^4$$

Querschnittsgrößen: Tab. 1, S. 49.
Querschnittskennwerte:

$$\alpha = 0{,}29630$$
$$\beta = 0{,}21789$$
$$\gamma = 0{,}04174$$

Abb. 43

Endkriechmaß $\varphi = 3{,}0$.

Beispiel 4a. Einwirkung eines konstanten Moments M.

$$M = 10\,000 \ \text{cmkg}$$

Zeitpunkt $t = 0$

Schnittkräfte nach (F 1)

$$N_{bo} = -N_{STo} = +0{,}04174 \cdot \frac{10000}{2{,}5263} = +165{,}2 \ \text{kg}$$

$$M_{bo} = +(1 - 0{,}21789 - 0{,}04174) \cdot 10000 = +7403{,}7 \ \text{cmkg}$$

$$M_{STo} = +0{,}21789 \cdot 10000 = +2178{,}9 \ \text{cmkg}$$

$$\sigma_{bo}^o = +12{,}34 \ \text{kg/cm}^2 \qquad \sigma_{sto}^{(2)} = +70{,}9 \ \text{kg/cm}^2$$

$$\sigma_{bo}^u = -10{,}90 \ \text{kg/cm}^2 \qquad \sigma_{sto}^{(1)} = -59{,}3 \ \text{kg/cm}^2$$

Zeitpunkt $t = \infty$

Aus (C 5), (C 6)

$$\psi_{FM} = 0{,}93106 \qquad \psi_{JM} = 1{,}44365$$

Mit den Werten der Tab. 2, S. 50, berechnen sich die Schnittgrößen nach (F 4).

$$N_{b\varphi} = -N_{ST\varphi} = +0{,}06018 \cdot \frac{10000}{2{,}5263} = +238{,}2 \ \text{kg} \quad (238{,}5)$$

$$M_{b\varphi} = +0{,}36584 \cdot 10000 = 3658{,}4 \ \text{cmkg} \quad (3658)$$

$$M_{ST\varphi} = +0{,}57398 \cdot 10000 = 5739{,}8 \ \text{cmkg} \quad (5742)$$

Die Ergebnisse nach HABEL [6] sind in Klammern angegeben.

$$\sigma_{b\varphi}^o = +6{,}92 \ \text{kg/cm}^2 \qquad \sigma_{st\varphi}^{(2)} = +206{,}4 \ \text{kg/cm}^2$$

$$\sigma_{b\varphi}^u = -4{,}56 \ \text{kg/cm}^2 \qquad \sigma_{st\varphi}^{(1)} = -136{,}4 \ \text{kg/cm}^2$$

Beispiel 4b. Schwinden mit Kriechen.

Endschwindmaß $\varepsilon_s = 35 \cdot 10^{-5}$

Aus (C 11), (C 12)

$$\psi_{FS} = 0{,}57523 \qquad \psi_{JS} = 0{,}66365$$

Mit den Hilfswerten (Tab. 2, S. 50)

$$\beta_{\varphi S} = 0{,}44193 \qquad \gamma_{\varphi S} = 0{,}05603 \qquad 1 - \gamma_{\varphi S} = 0{,}94397$$

$$\varepsilon_s K_{\varphi S} = 35 \cdot 10^{-5} \cdot 4{,}656 \cdot 2{,}1 \cdot 10^6 = 3422 \text{ kg}$$

(F 17) $\qquad M_{sch} = 3422 \cdot 2{,}5263 = 8645 \text{ cmkg}$

Nach (F 18)

$$N_{b\varphi} = -N_{ST\varphi} = -0{,}94397 \cdot 3422 = -3230 \text{ kg} \qquad (3231)$$

$$M_{b\varphi} = +0{,}50204 \cdot 8645 = +4340 \text{ cmkg} \qquad (4344)$$

$$M_{ST\varphi} = +0{,}44193 \cdot 8645 = +3820 \text{ cmkg} \qquad (3816)$$

$$\sigma_{b\varphi}^{o} = -10{,}27 \text{ kg/cm}^2 \qquad \sigma_{st\varphi}^{(2)} = +476 \text{ kg/cm}^2$$

$$\sigma_{b\varphi}^{u} = -23{,}90 \text{ kg/cm}^2 \qquad \sigma_{st\varphi}^{(1)} = +248 \text{ kg/cm}^2$$

Beispiel 5 [20]

Der Querschnitt soll mit einer Spannkraft $V_0 = 20{,}538$ t vorgespannt werden. Die Schnittkräfte sollen für ein Endkriechmaß $\varphi = 3{,}0$ berechnet werden.

Die Ermittlung der Schnittkräfte erfolgt nach Abschn. α_2, S. 39. Zur Bestimmung der Belastungsgrößen N_0 und M_0 benötigt man die Querschnittsgrößen vor und nach dem Injizieren.

$$E_{st} = 2100 \text{ t/cm}^2$$

$$E_z = 1600 \text{ t/cm}^2$$

$$E_{bo} = 400 \text{ t/cm}^2$$

$$n_o = 5{,}25$$

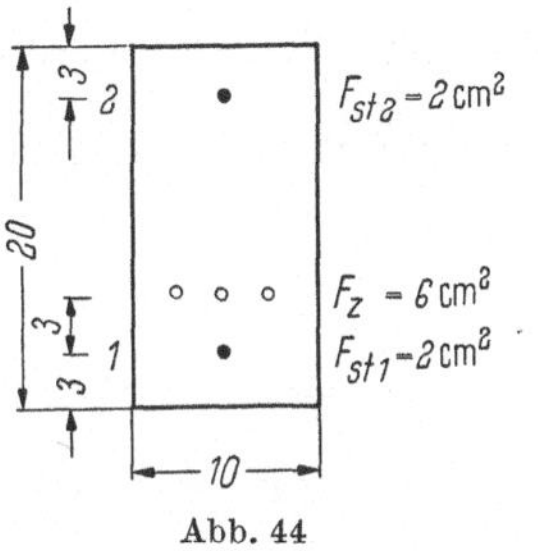

Abb. 44

Querschnittsgrößen vor Herstellen des Spannstahlverbunds.

$$K_{bo}/E_{st} = 190/5{,}25 = 36{,}190 \text{ cm}^2 \qquad (F_b = 190 \text{ cm}^2; \text{ Beispiel 4})$$

$$K_{st}/E_{st} = 4 \text{ cm}^2$$

$$K'_{vo}/E_{st} = K_{bo}/E_{st} + K_{st}/E_{st} = 40{,}190 \text{ cm}^2$$

$$S_{bo}/E_{st} = 6371{,}48/5{,}25 = 1213{,}6 \text{ cm}^4 \qquad (J_b = 6371{,}48 \text{ cm}^4; \text{ Beispiel 4})$$

$$S_{st}/E_{st} = 2 \cdot 2 \cdot 7^2 = 196{,}00 \text{ cm}^4$$

$$S'_{vo}/E_{st} = 1213{,}6 + 196{,}0 + (10{,}1263 - 10{,}0)^2 \cdot \frac{4 \cdot 36{,}190}{40{,}190} = 1409{,}7 \text{ cm}^4$$

$$\eta_{bo} = 10{,}1263 \text{ cm} \quad (\text{Beispiel 4})$$

$$\eta_{st} = 10{,}0000 \text{ cm}$$

Querschnittsgrößen nach Herstellen des Spannstahlverbunds.

$$F_z = 6 \text{ cm}^2 \qquad\qquad K_{ST}/E_{st} = K_{st}/E_{st} + K_z/E_{st} \;=\; 8,571 \text{ cm}^2$$

$$K_z/E_{st} = \frac{1,6}{2,1} \cdot 6 = 4,571 \text{ cm}^2 \qquad K_{vo}/E_{st} = K_{ST}/E_{st} + K_{bo}/E_{st} = 44,761 \text{ cm}^2$$

$$S_{vo}/E_{st} = 1479,1 \text{ cm}^4$$

$$\eta_{ST} = \frac{10 \cdot 4 + 6 \cdot 4,571}{8,571} = 7,8667 \text{ cm}$$

$$\eta_{vo} = \frac{36,190 \cdot 10,1263 + 8,571 \cdot 7,8667}{44,761} = 9,6936 \text{ cm}$$

$$a = \eta_{bo} - \eta_{ST} = \;\;2,2596 \text{ cm}$$

$$a_{sto} = \eta_{st} - \eta_{vo} = +\,0,3064 \text{ cm}$$

$$a_{zo} = \eta_z - \eta_{vo} = -\,3,6936 \text{ cm}$$

Querschnittskennwerte:

$$\alpha = 0,1915 \qquad \beta = 0,1556 \qquad \gamma = 0,0239$$

Bestimmung der Belastungsgrößen N_0 und M_0 (F 27a, b). Wegen $S_z = 0$ gilt (F 29 b)

$$N_o = V_0 + \Delta V_0 = \frac{1479,1 \cdot 44,761}{1409,7 \cdot 40,190} \cdot 20,538 = 24,00 \text{ t}$$

$$e^* = 0$$

$$M_0 = -\,3,6936 \cdot 24,00 = -\,88,646 \text{ tcm}$$

Nach ZACHER [20] wird dieser Querschnitt im Spannbett mit einer Spannbettkraft von 24,00 t vorgespannt. Nach dem Lösen der Verankerung beträgt die Vorspannkraft noch 20,538 t. Die Zahlenrechnung bestätigt damit die Feststellung des Abschn. e, S. 37, daß die Belastungsgrößen N_0 und M_0 die Einwirkungsgrößen der Spannbettvorspannung aus der Verankerungskraft V_o^* darstellen.

Zeitpunkt $t = 0$

Nach (F 14)

$$N_{bo} = +\,(1 - 0,1915) \cdot 24,00 - 0,0239 \cdot \frac{88,646}{2,2596} = +\,18,466 \text{ t} \quad (18,466)$$

$$M_{bo} = -\,(1 - 0,1556 - 0,0239) \cdot 88,646 = -\,72,73 \text{ tcm} \quad (72,73)$$

$$N_{STo} = +\,0,1915 \cdot 24,00 + 0,0239 \cdot \frac{88,646}{2,2596} = +\,5,534 \text{ t}$$

$$M_{STo} = -\,0,1556 \cdot 88,646 = -\,13,793 \text{ tcm}$$

$$\sigma_{bo}^o = +\,\frac{18466}{190} - \frac{72730}{645,28} = +\,15,52 \text{ kg/cm}^2$$

$$\sigma_{bo}^u = +\,\frac{18466}{190} + \frac{72730}{629,22} = +\,212,78 \text{ kg/cm}^2$$

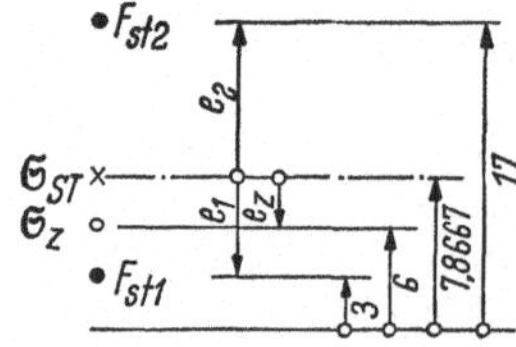

Abb. 45. Abmessungen des Gesamtstahlquerschnitts

Die Berechnung der Kräfte in den einzelnen Strängen erfolgt nach (F 0, a).

$$e_1 = -\,4,8667 \text{ cm} \qquad K_{st\,1}/E_{st} = 2 \text{ cm}^2$$

$$e_2 = +\,9,1333 \text{ cm} \qquad K_{st\,2}/E_{st} = 2 \text{ cm}^2$$

$$e_z = -\,1,8667 \text{ cm} \qquad K_z/E_{st} = 4,571 \text{ cm}^2$$

$$K_{ST}/E_{st} = 8,571 \text{ cm}^2$$

$$S_{ST}/E_{st} = 230,13 \text{ cm}^4$$

$$N_{st1,o} = + \frac{2}{8,571} \cdot 5,534 + \frac{4,8667 \cdot 2}{230,13} \cdot 13,793 = +1,875 \text{ t} \quad (1,875)$$

$$N_{st2,o} = + \frac{2}{8,571} \cdot 5,534 - \frac{9,1333 \cdot 2}{230,13} \cdot 13,793 = +0,196 \text{ t} \quad (0,196)$$

$$N_{zo} = -24,00 + \frac{4,571}{8,571} \cdot 5,534 + \frac{1,8667 \cdot 4,571}{230,13} \cdot 13,793 = -20,537 \text{ t} \quad (20,537)$$

Verdrehung eines Querschnittselements

$$\vartheta_o = \int \frac{M_o \overline{M}}{S_{vo}} \, ds = - \frac{88,646}{1479,1 \, E_{st}} \int ds = - \frac{0,0599}{E_{st}} \int ds$$

Zahlenergebnisse in Klammern nach ZACHER [20].

Zeitpunkt $t = \infty$

Für die Querschnittskennwerte

$$\alpha \cong 0,192 \qquad \beta \cong 0,156 \qquad \gamma \cong 0,024 \quad \text{und} \quad \varphi = 3,0$$

werden nach Teil III/4, S. 149/150, die ψ-Werte ermittelt. Die Interpolation erfolgt sorgfältig, um zum Vergleich mit den Zahlenwerten nach ZACHER genaue Ergebnisse zu erhalten. Bei der praktischen Berechnung würde eine **gröbere** Interpolation vollauf genügen (vgl. Teil III, Abschn. J, S. 122)

Nach S. 149   extrapoliert

$$\begin{array}{ll} \alpha = 0,1 \\ \beta = 0,1 \\ \gamma = 0,024 \end{array} \quad \begin{array}{l} \psi_{FN} = 1,152 \\ \psi_{JN} = 0,561 \\ \psi_{FM} = 0,728 \\ \psi_{JM} = 1,198 \end{array}$$

$$\begin{array}{ll} \alpha = 0,1 \\ \beta = 0,156 \\ \gamma = 0,024 \end{array} \quad \begin{array}{l} \psi_{FN} = 1,153 \\ \psi_{JN} = 0,577 \\ \psi_{FM} = 0,758 \\ \psi_{JM} = 1,310 \end{array}$$

$$\begin{array}{ll} \alpha = 0,1 \\ \beta = 0,2 \\ \gamma = 0,024 \end{array} \quad \begin{array}{l} \psi_{FN} = 1,153 \\ \psi_{JN} = 0,589 \\ \psi_{FM} = 0,782 \\ \psi_{JM} = 1,408 \end{array}$$

Nach S. 150

$$\begin{array}{ll} \alpha = 0,2 \\ \beta = 0,1 \\ \gamma = 0,024 \end{array} \quad \begin{array}{l} \psi_{FN} = 1,334 \\ \psi_{JN} = 0,587 \\ \psi_{FM} = 0,782 \\ \psi_{JM} = 1,189 \end{array}$$

$$\begin{array}{ll} \alpha = 0,2 \\ \beta = 0,156 \\ \gamma = 0,024 \end{array} \quad \begin{array}{l} \psi_{FN} = 1,337 \\ \psi_{JN} = 0,606 \\ \psi_{FM} = 0,819 \\ \psi_{JM} = 1,304 \end{array}$$

$$\begin{array}{ll} \alpha = 0,2 \\ \beta = 0,2 \\ \gamma = 0,024 \end{array} \quad \begin{array}{l} \psi_{FN} = 1,340 \\ \psi_{JN} = 0,621 \\ \psi_{FM} = 0,847 \\ \psi_{JM} = 1,397 \end{array}$$

$$\begin{array}{ll} \alpha = 0,192 \\ \beta = 0,156 \\ \gamma = 0,024 \end{array} \quad \begin{array}{l} \psi_{FN} = 1,153 + 0,92 \cdot 0,184 = 1,322 \quad (1,32) \\ \psi_{JN} = 0,577 + 0,92 \cdot 0,029 = 0,604 \quad (0,60) \\ \psi_{FM} = 0,758 + 0,92 \cdot 0,061 = 0,814 \quad (0,81) \\ \psi_{JM} = 1,310 - 0,92 \cdot 0,006 = 1,305 \quad (1,30) \end{array}$$

Die Berechnung wird mit den Klammerwerten durchgeführt. Damit folgen die Hilfswerte (Tab. 2, S. 50):

$$\beta_{\varphi M} = 0{,}4585 \qquad \gamma_{\varphi M} = 0{,}0481 \qquad 1 - \beta_{\varphi M} - \gamma_{\varphi M} = 0{,}4934$$

$$\alpha_{\varphi N} = 0{,}5402 \qquad \beta_{\varphi N} = 0{,}3366 \qquad \gamma_{\varphi N} = 0{,}0294$$

$$1 - \beta_{\varphi N} - \gamma_{\varphi N} = 0{,}6340$$

$$(1 - \alpha_{\varphi N}) + (\alpha_{\varphi N} - \alpha)\,\gamma_{\varphi N} = 0{,}4701$$

$$\alpha_{\varphi N} - (\alpha_{\varphi N} - \alpha)\,\gamma_{\varphi N} = 0{,}5299$$

$$(\alpha_{\varphi N} - \alpha)\,\beta_{q N} = 0{,}1174$$

$$(\alpha_{\varphi N} - \alpha)\,(1 - \beta_{\varphi N} - \gamma_{\varphi N}) = 0{,}2211$$

Schnittkräfte nach (F 4) und (F 11) bzw. (F 15)

$$N_{b\varphi} = +\,0{,}4701 \cdot 24{,}00 - 0{,}0481 \cdot \frac{88{,}646}{2{,}2596} = +\,9{,}395 \text{ t} \quad (9{,}384)$$

$$M_{b\varphi} = +\,0{,}2211 \cdot 2{,}2596 \cdot 24{,}00 - 0{,}4934 \cdot 88{,}646 = -\,31{,}75 \text{ tcm} \quad (31{,}69)$$

$$N_{ST\varphi} = +\,0{,}5299 \cdot 24{,}00 + 0{,}0481 \cdot \frac{88{,}646}{2{,}2596} = +\,14{,}605 \text{ t}$$

$$M_{ST\varphi} = +\,0{,}1174 \cdot 2{,}2596 \cdot 24{,}00 - 0{,}4585 \cdot 88{,}646 = -\,34{,}28 \text{ tcm}$$

Mit den Stahlquerschnitten der einzelnen Stränge berechnen sich die Einzelschnittkräfte (F 0, a):

$$N_{st\,1,\,\varphi} = +\,\frac{2}{8{,}571} \cdot 14{,}605 + \frac{4{,}8667 \cdot 2}{230{,}13} \cdot 34{,}28 = +\,4{,}858 \text{ t} \quad (4{,}858)$$

$$N_{st\,2,\,\varphi} = +\,\frac{2}{8{,}571} \cdot 14{,}605 - \frac{9{,}1333 \cdot 2}{230{,}13} \cdot 34{,}28 = +\,0{,}687 \text{ t} \quad (0{,}692)$$

mit (F 28 a) ergibt sich die Spannstahlkraft nach dem Kriechen

$$N_{z\varphi} = -\,24{,}00 + \frac{4{,}571}{8{,}571} \cdot 14{,}605 + \frac{1{,}8667 \cdot 4{,}571}{230{,}13} \cdot 34{,}28 = -\,14{,}940 \text{ t} \quad (14{,}934)$$

Verdrehung eines Querschnittselements nach (F 16)

$$\vartheta_\varphi = \int \left(\frac{M_o \overline{M}}{S_{v\varphi M}} + \frac{e_\varphi N_o \overline{M}}{S_{v\varphi N}} \right) ds$$

$$e_\varphi = (\alpha_{\varphi N} - \alpha)\,a = +\,0{,}7879 \text{ cm}$$

$$\vartheta_\varphi = \left(-\frac{88{,}646}{501{,}04} + \frac{0{,}7879 \cdot 24{,}0}{683{,}60} \right) \frac{1}{E_{st}} \int ds$$

$$= (-0{,}1766 + 0{,}0277) \cdot \frac{1}{E_{st}} \int ds = -\frac{0{,}1489}{E_{st}} \int ds$$

$$\sigma_{b\varphi}^{o} = +\,\frac{939{,}5}{190} - \frac{31\,750}{645{,}28} = +\,0{,}25 \text{ kg/cm}^2$$

$$\sigma_{b\varphi}^{u} = +\,\frac{939{,}5}{190} + \frac{31\,750}{629{,}22} = +\,99{,}91 \text{ kg/cm}^2$$

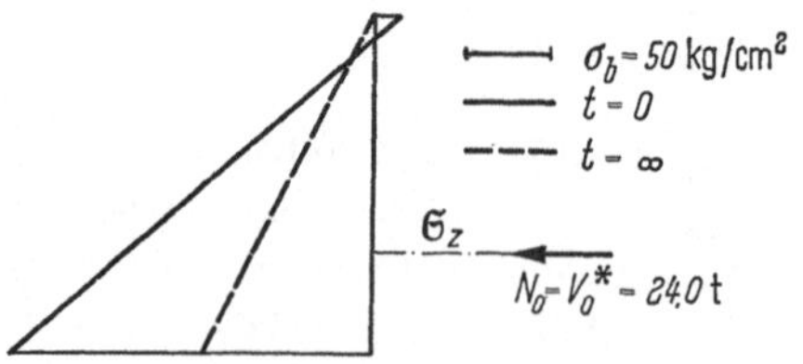

$\sigma_b = 50$ kg/cm²

$t = 0$

$t = \infty$

σ_z

$N_0 = V_0^* = 24{,}0$ t

Abb. 46

Beispiel 6. Bei dem Nachweis der Schnittkräfte des Querschnitts Beispiel 5 ist man geneigt, die schlaffen Querschnittsanteile F_{st1} und F_{st2} zu vernachlässigen. Nach Abschn. a, S. 44, ist eine derartige Vereinfachung unzulässig. Ebenso muß nach (F 45) die Biegesteifigkeit der Stahlanteile berücksichtigt werden.

Unter der Voraussetzung einer gleich großen Vorspannkraft $V_0 = 20{,}538$ t (vgl. Beispiel 5) sollen die Schnittkräfte vor und nach dem Kriechen bestimmt werden. Aus einem Vergleich der Zahlenergebnisse (Werte nach Beispiel 5 in Klammern) kann man erkennen, wie groß der Einfluß exzentrischer Stahlquerschnittsflächen auf die Schnittkraftverteilung ist.

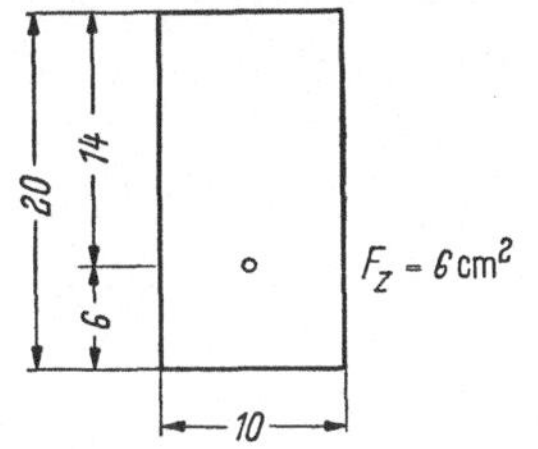

$$E_z = 1600 \text{ t/cm}^2 \qquad E_{bo} = 400 \text{ t/cm}^2$$

$$E_{st} = 2100 \text{ t/cm}^2 \quad \text{(Bezugselastizitätsmodul)}$$

$$F_b = 194 \text{ cm}^2$$

$$W_b^o = +\frac{6568}{9{,}876} = +665{,}04 \text{ cm}^3$$

$$W_b^u = -\frac{6568}{10{,}124} = -648{,}76 \text{ cm}^3$$

Abb. 47

Querschnittswerte vor und nach dem Herstellen des Spannstahlverbundes.

$$F_z = 6{,}00 \text{ cm}^2 \qquad\qquad \eta_z = 6{,}000 \text{ cm}$$

$$K_z/E_{st} = 6 \cdot \frac{1{,}6}{2{,}1} = 4{,}571 \text{ cm}^2$$

$$F_b = 200 - 6 = 194 \text{ cm}^2 \qquad \eta_b = 10{,}124 \text{ cm}$$

$$K_{bo}/E_{st} = 194 \cdot \frac{0{,}4}{2{,}1} = 36{,}95 \text{ cm}^2 = K'_{vo}/E_{st}$$

$$J_b = 6568 \text{ cm}^4$$

$$S_{bo}/E_{st} = 1251 \text{ cm}^4 = S'_{vo}/E_{st}$$

$$a = 4{,}124 \text{ cm}$$

$$a_{zo} = a_{STo} = -(1-\alpha)\,a = -0{,}88992 \cdot 4{,}124 = -3{,}670 \text{ cm}$$

$$K_{vo}/E_{st} = 41{,}52 \text{ cm}^2$$

$$S_{vo}/E_{st} = 1320 \text{ cm}^4$$

Querschnittskennwerte

$$\alpha = 0{,}11008 \qquad \beta = 0 \qquad \gamma = 0{,}05242$$

Belastungsgrößen N_0 und M_0 (F 26a), (F 27a, b), (F 29a, b)

$$N_0 = V_o^* = \frac{41{,}52 \cdot 1320}{36{,}95 \cdot 1251} \cdot 20{,}538 = 24{,}35 \text{ t}$$

$$M_0 = -3{,}670 \cdot 24{,}35 = -89{,}37 \text{ tcm}$$

Zeitpunkt $t = 0$

(F 1) und (F 7) bzw. (F 14)

$$N_{bo} = +0{,}88992 \cdot 24{,}35 - 0{,}05242 \cdot \frac{89{,}37}{4{,}124} = +20{,}54 \text{ t} \qquad (18{,}47)$$

$$M_{bo} = -0{,}94758 \cdot 89{,}37 = -84{,}68 \text{ tcm} \qquad (72{,}73)$$

$$N_{STo} = N_{zo} = -24{,}35 + 0{,}11008 \cdot 24{,}35 + 0{,}05242 \cdot \frac{89{,}37}{4{,}124} = -20{,}54 \text{ t} \qquad (20{,}54)$$

Verdrehung eines Querschnittselements

$$\vartheta_0 = -\frac{89{,}37}{1320\,E_{st}}\int ds = -\frac{0{,}0677}{E_{st}}\int ds \quad (0{,}0599)$$

$$\sigma_{bo}^{o} = +\frac{20540}{194} - \frac{84680}{665{,}04} = -21{,}45\,\text{kg/cm}^2 \quad (-15{,}52)$$

$$\sigma_{bo}^{u} = +\frac{20540}{194} + \frac{84680}{648{,}76} = +236{,}41\,\text{kg/cm}^2 \quad (+212{,}78)$$

Zeitpunkt $t = \infty$

Für die Kennwerte $\alpha \cong 0{,}110$; $\beta = 0$; $\gamma \cong 0{,}0525$ und $\varphi = 3$ ergeben sich nach Teil III/3

		ψ_{FN}	ψ_{JN}	ψ_{FM}	ψ_{JM}
S. 130	$\alpha = 0{,}100$ $\gamma = 0{,}0525$	1,138	0,536	0,687	1,060
S. 131	$\alpha = 0{,}150$ $\gamma = 0{,}0525$	1,215	0,548	0,708	1,050
Damit	$\alpha = 0{,}110$ $\gamma = 0{,}0525$	1,153	0,538	0,691	1,058

Hilfswerte (Tab. 2, S. 50)

$$\gamma_{\varphi M} = 0{,}1582 \qquad \alpha_{\varphi N} = 0{,}3554$$

$$1 - \beta_{\varphi M} - \gamma_{\varphi M} = 0{,}8418 \qquad \gamma_{\varphi N} = 0{,}0948$$

$$1 - \beta_{\varphi N} - \gamma_{\varphi N} = 0{,}9052$$

$$(1 - \alpha_{\varphi N}) + (\alpha_{\varphi N} - \alpha)\,\gamma_{\varphi N} = 0{,}6678$$

$$\alpha_{\varphi N} - (\alpha_{\varphi N} - \alpha)\,\gamma_{\varphi N} = 0{,}3322$$

$$(\alpha_{\psi N} - \alpha)\,(1 - \beta_{\varphi N} - \gamma_{\varphi N}) = 0{,}2221$$

Nach (F 4) und (F 11) bzw. (F 15)

$$N_{b\varphi} = +0{,}6678 \cdot 24{,}35 - 0{,}1582 \cdot \frac{89{,}37}{4{,}124} = +12{,}83\,\text{t} \quad (9{,}39)$$

$$M_{b\varphi} = +0{,}2221 \cdot 4{,}124 \cdot 24{,}35 - 0{,}8418 \cdot 89{,}37 = -52{,}93\,\text{tcm} \quad (31{,}7)$$

mit (F 28a) berechnet sich die Spannstahlkraft

$$N_{ST\varphi} = N_{z\varphi} = -24{,}35 + 0{,}3322 \cdot 24{,}35 + 0{,}1582 \cdot \frac{89{,}37}{4{,}124} = -12{,}83\,\text{t} \quad (14{,}93)$$

$$\sigma_{b\varphi}^{o} = +\frac{12830}{194} - \frac{52930}{665{,}04} = -13{,}46\,\text{kg/cm}^2 \quad (+0{,}25)$$

$$\sigma_{b\varphi}^{u} = +\frac{12830}{194} + \frac{52930}{648{,}76} = +147{,}72\,\text{kg/cm}^2 \quad (+99{,}91)$$

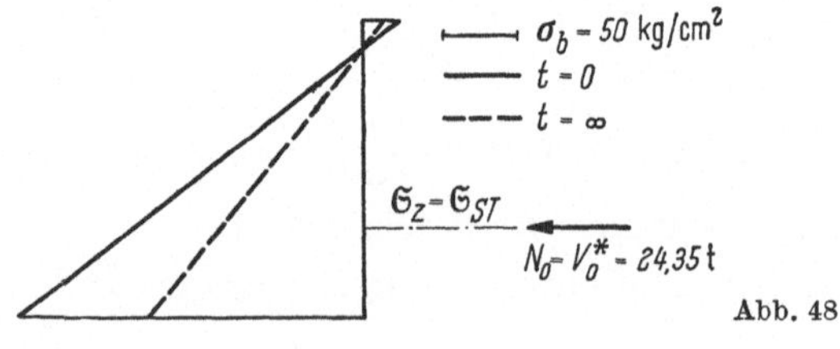

Abb. 48

Verdrehung eines Querschnittselements nach (F 16)

$$\vartheta_\varphi = \left(-\frac{89,37}{356,02} + \frac{0,2453 \cdot 4,124 \cdot 24,35}{528,68}\right)\frac{1}{E_{st}}\int ds$$

$$= (-0,2510 + 0,0466)\cdot\frac{1}{E_{st}}\int ds = -\frac{0,2044}{E_{st}}\int ds \quad (0,1489)$$

Beispiel 7 [6]. Die Spannglieder werden mit $\sigma_z = 3000\,\mathrm{kg/cm^2}$ vorgespannt. Die Kriechberechnung ist für $\varphi = 3$ durchzuführen. Abmessungen und Querschnittswerte entsprechen Beispiel 4.

Querschnittswerte vor Herstellen des Spannstahlverbundes (Tab. 1, S. 49)

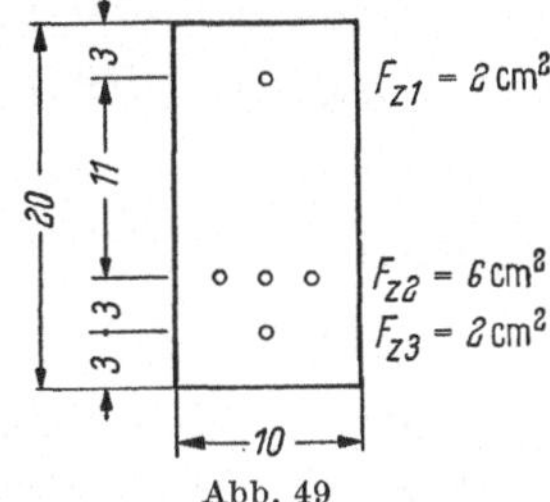

Abb. 49

$$E_z = E_{st} = 2100\,\mathrm{t/cm^2}$$

$$K_{bo}/E_{st} = 23,75\,\mathrm{cm^2} = K'_{vo}/E_{st}$$

$$S_{bo}/E_{st} = 796,43\,\mathrm{cm^4} = S'_{vo}/E_{st}$$

$$a'^{\,\cdot\cdot}_{zo} = -a = -2,5263\,\mathrm{cm}$$

Querschnittswerte nach Herstellen des Spannstahlverbundes (Tab. 1, S. 49)

$$K_z/E_{st} = 10,00\,\mathrm{cm^2} \qquad S_z/E_{st} = 234,40\,\mathrm{cm^4}$$

$$K_{vo}/E_{st} = 33,75\,\mathrm{cm^2} \qquad a^2 K_o/E_{st} = 44,92\,\mathrm{cm^4}$$

$$K_{st}/E_{st} = 0 \qquad S_{vo}/E_{st} = 1075,75\,\mathrm{cm^4}$$

$$\eta_b = 10,1263\,\mathrm{cm} \qquad \eta_{ST} = 7,60\,\mathrm{cm} \qquad a = 2,5263\,\mathrm{cm}$$

$$a_{zo} = a_{STo} = -(1-\alpha)\,a = -(1-0,29630)\cdot 2,5263 = -1,7778\,\mathrm{cm}$$

Um die Anwendung der beiden Berechnungsarten zu zeigen, erfolgt die Bestimmung der Belastungsgrößen N_o und M_o (F 27a, b) nach den im Abschn. e, S. 37, erläuterten Methoden.

a) Methode I (Abschn. α_2, S. 39)

Die resultierende Vorspannkraft fällt mit dem Spannstahlschwerpunkt (= Gesamtstahlschwerpunkt) zusammen.

(F 24a) $\qquad V_o = \sum_i V_{oi} = 3\cdot 2 + 3\cdot 6 + 3\cdot 2 = 30,0\,\mathrm{t}$

(F 24b) $\qquad e_o = 0$

(F 25a) $\qquad \Delta V_o = 30,00\cdot\left(\frac{33,75}{23,75}\,\frac{1075,75 - 234,40}{796,43} - 1\right) = 15,036\,\mathrm{t}$

(F 25b) $\qquad \bar{e}\,\Delta V_o = -\frac{234,40}{796,43}\cdot 2,5263\cdot 30,00 = -22,306\,\mathrm{tcm}$

(F 26a) $\qquad V_o^* = 45,036\,\mathrm{t}$

(F 26b) $\qquad e^* = -\frac{22,306}{45,036} = -0,4953\,\mathrm{cm}$

(F 27a) $\qquad N_o = +45,036\,\mathrm{t}$

(F 27b) $\qquad M_o = (-1,7778 - 0,4953)\cdot 45,036 = -102,37\,\mathrm{tcm}$

b) Methode II (Abschn. β, S. 42)

$$F_b = 190,0 \text{ cm}^2 \qquad J_b = 6371,48 \text{ cm}^4 \quad \text{(Beispiel 4)}$$

$$N' = V_o = 30,00 \text{ t}$$

$$M' = a_{zo} N' = -2,5263 \cdot 30,00 = -75,789 \text{ tcm}$$

$$\sigma_{bo,1} = \frac{30000}{190} + \frac{75789}{6371,48} \cdot (10,1263 - 17,00) = 76,13 \text{ kg/cm}^2$$

$$\sigma_{bo,2} = 157,89 + 11,895 \cdot (10,1263 - 6,000) = 206,97 \text{ kg/cm}^2$$

$$\sigma_{bo,3} = 157,89 + 11,895 \cdot (10,1263 - 3,000) = 242,66 \text{ kg/cm}^2$$

$$\begin{aligned}
\Delta V_{o1} &= 76,13 \cdot 8 \cdot 2 = 1218 \text{ kg} \\
\text{(F 37)} \qquad \Delta V_{o2} &= 206,97 \cdot 8 \cdot 6 = 9935 \text{ kg} \\
\Delta V_{o3} &= 242,66 \cdot 8 \cdot 2 = 3883 \text{ kg}
\end{aligned}$$

(F 38) $\Delta V_o = 15,036 \text{ t}$

(F 39a) $V_o^* = 45,036 \text{ t}$

$$e_1 = +9,40 \text{ cm} \qquad e_2 = -1,60 \text{ cm} \qquad e_3 = -4,60 \text{ cm}$$

(F 39b) $e^* = \dfrac{+9,40 \cdot 7,218 - 1,6 \cdot 27,935 - 4,60 \cdot 9,883}{45,036} = -0,4953 \text{ cm}$

(F 40a) $N_o = +\ 45,036 \text{ t}$

(F 40b) $M_o = -102,37 \text{ tcm}$

Aus (C 5, 6), (C 8, 9) mit

$$\alpha = 0,29630 \qquad \beta = 0,21789 \qquad \gamma = 0,04174 \quad \text{und} \quad \varphi = 3$$

$$\psi_{FM} = 0,93106 \qquad \psi_{FN} = 1,53022$$

$$\psi_{JM} = 1,44365 \qquad \psi_{JN} = 0,66365$$

Hilfswerte nach Tab. 2, S. 50

$$\beta_{\varphi M} = 0,57398; \qquad \gamma_{\varphi M} = 0,06018; \qquad 1 - \beta_{\varphi M} - \gamma_{\varphi M} = 0,36584$$

$$\alpha_{\varphi N} = 0,70185 \qquad\qquad\qquad\qquad \beta_{\varphi N} = 0,45102$$

$$\gamma_{\varphi N} = 0,03662 \qquad\qquad\qquad\qquad 1 - \beta_{\varphi N} - \gamma_{\varphi N} = 0,51236$$

$$(1 - \alpha_{\varphi N}) + (\alpha_{\varphi N} - \alpha)\,\gamma_{\varphi N} = 0,31300$$

$$\alpha_{\varphi N} - (\alpha_{\varphi N} - \alpha)\,\gamma_{\varphi N} = 0,68700$$

$$(\alpha_{\varphi N} - \alpha)\,\beta_{\varphi N} = 0,18291$$

$$(\alpha_{\varphi N} - \alpha)\,(1 - \beta_{\varphi N} - \gamma_{\varphi N}) = 0,20779$$

Schnittkräfte nach (F 4) und (F 11) bzw. (F 15)

$$N_{b\varphi} = +0,31300 \cdot 45,036 - 0,06018 \cdot \frac{102,37}{2,5263} = +11,658 \text{ t} \quad (11,657)$$

$$M_{b\varphi} = +0,20779 \cdot 2,5263 \cdot 45,036 - 0,36584 \cdot 102,37 = -13,810 \text{ tcm} \quad (13,765)$$

$$N_{ST\varphi} = N_{z\varphi M_o + N_o} = +0,68700 \cdot 45,036 + 0,06018 \cdot \frac{102,37}{2,5263} = +33,378 \text{ t}$$

$$M_{ST\varphi} = M_{z\varphi M_o + N_o} = +0,18291 \cdot 2,5263 \cdot 45,036 - 0,57398 \cdot 102,37 = -37,948 \text{ tcm}$$

Klammerwerte nach HABEL [6].

Wegen $F_{st} = 0$; $F_z = F_{ST}$ folgt nach (F 28a, b)

$$\Delta N_{z\varphi} = -15{,}036 + 33{,}378 \quad = +18{,}342 \text{ t}$$

$$\Delta M_{z\varphi} = -(-22{,}306) - 37{,}948 = -15{,}642 \text{ tcm}$$

Diese Schnittgrößen werden den Vorspannkräften in den einzelnen Spannsträngen überlagert. Für die Verteilung auf die Spannstahlquerschnitte ist (F 0, a) maßgebend.

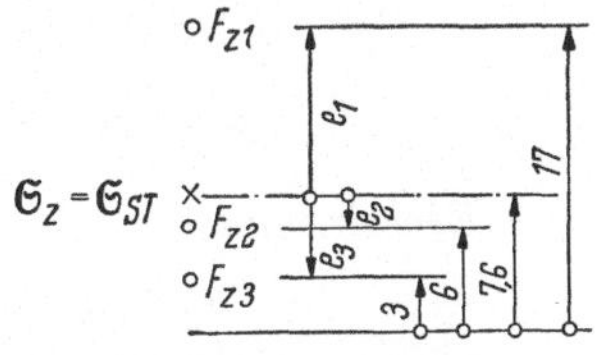

$$V_{o1} = 6 \text{ t} \qquad V_{o2} = 18 \text{ t} \qquad V_{o3} = 6 \text{ t}$$

$$e_1 = +9{,}40 \text{ cm} \qquad K_{z1}/E_{st} = 2 \text{ cm}^2$$

$$e_2 = -1{,}60 \text{ cm} \qquad K_{z2}/E_{st} = 6 \text{ cm}^2$$

$$e_3 = -4{,}60 \text{ cm} \qquad K_{z3}/E_{st} = 2 \text{ cm}^2$$

$$S_{ST}/E_{st} = S_z/E_{st} = 234{,}40 \text{ cm}^4$$

Abb. 50. Abmessungen des Gesamtstahlquerschnitts

$$N_{z1,\,\varphi} = -6{,}000 + \frac{2}{10} \cdot 18{,}342 - \frac{9{,}40 \cdot 2}{234{,}40} \cdot 15{,}642 = -3{,}586 \text{ t} \quad (3{,}584)$$

$$N_{z2,\,\varphi} = -18{,}000 + \frac{6}{10} \cdot 18{,}342 + \frac{1{,}60 \cdot 6}{234{,}40} \cdot 15{,}642 = -6{,}354 \text{ t} \quad (6{,}350)$$

$$N_{z3,\,\varphi} = -6{,}000 + \frac{2}{10} \cdot 18{,}342 + \frac{4{,}60 \cdot 2}{234{,}40} \cdot 15{,}642 = -1{,}718 \text{ t} \quad (1{,}716)$$

Beispiel 8 [*12*]

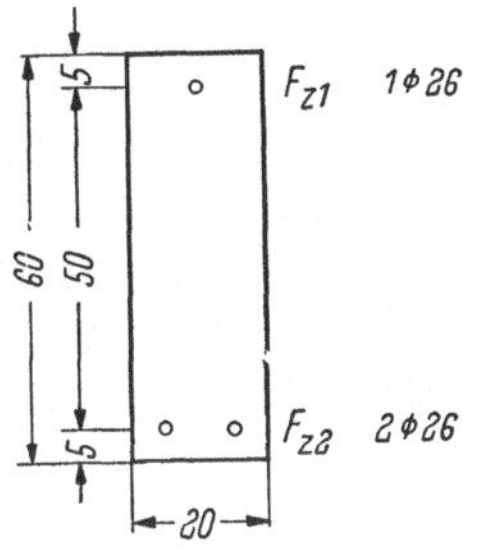

Moment aus Eigengewicht $\qquad M = +10{,}0 \text{ tm}$

Vorspannkraft je Spannglied $\qquad V_{oi} = 20{,}00 \text{ t}; \quad V_o = 3 \cdot 20{,}0 = 60{,}00 \text{ t}$

Endschwindmaß $\qquad \varepsilon_s = 15 \cdot 10^{-5}$

Endkriechmaß $\qquad \varphi = 3{,}0$

Bezugselastizitätsmodul $\qquad E_{st} = E_z = 2100 \text{ t/cm}^2 \qquad n_o = 6{,}2$

Abb. 51

Die Dauerlasten wirken *vor* Herstellen des Spannstahlverbundes auf den Querschnitt ein.

Es sollen die Schnittkräfte nach Kriechen und Schwinden bestimmt werden.

Nach Abschn. α_3; S. 41, ist es zweckmäßig, bei vorgespannten Konstruktionen mit nachträglichem Verbund ständig einwirkende Lasten in der Kriechberechnung zusammenzufassen. Wegen der gleich großen Spannungen in den Vorspannsträngen $\left(\sigma_{oi} = \dfrac{20}{5{,}31} = 3{,}766 \text{ t/cm}^2 \right)$ fällt der Angriffspunkt der resultierenden Vorspannkraft mit dem Stahlschwerpunkt zusammen ($e_o = 0$).

An diesem Beispiel soll gleichzeitig die Anwendung des Tabellenteils zur angenäherten Bestimmung der ψ-Werte nach Abschn. F 3a, S. 44, gezeigt werden. Wegen $\beta < 0{,}15$ können die Werte ψ_{FN} und ψ_{JN} nach Teil III/3 (s. Tab. A, S. 46), der Kriechbeiwert ψ_{JM} wegen $\gamma < 0{,}03$ nach Teil III/2 (s. Tab. B, S. 46) bestimmt werden. Der Wert ψ_{FM} muß aus dem allgemeinen Tabellenteil III/4 gewonnen werden.

Querschnittswerte vor Herstellen des Spannstahlverbundes.

$$K_{bo}/E_{st} = 193{,}55 \text{ cm}^2 = K'_{vo}/E_{st}$$

$$S_{bo}/E_{st} = 58064 \text{ cm}^4 = S'_{vo}/E_{st} \qquad a'_{zo} = -a$$

Querschnittswerte nach Herstellen des Spannstahlverbundes.

$$K_z/E_{st} = \ 15{,}93 \ \text{cm}^2 = K_{ST}/E_{st} \qquad S_z/E_{st} = \ 8850 \ \text{cm}^4 = S_{ST}/E_{st}$$

$$K_{vo}/E_{st} = 209{,}48 \ \text{cm}^2 \qquad\qquad a^2 K_o/E_{st} = \ 1022 \ \text{cm}^4$$

$$K_{st} = 0 \qquad\qquad\qquad S_{vo}/E_{st} = 67937 \ \text{cm}^4$$

$$\eta_b = 30{,}000 \ \text{cm} \qquad \eta_{ST} = 21{,}667 \ \text{cm} \qquad a = 8{,}333 \ \text{cm}$$

$$a_{zo} = a_{STo} = -(1 - 0{,}07605)\cdot 8{,}333 = -7{,}699 \ \text{cm}$$

Einwirkung des konstanten äußeren Moments und der Vorspannung

$$V_o = 60{,}00 \ \text{t} \qquad e_o = 0 \qquad M = +1000 \ \text{tcm}$$

Wegen $\quad K_{st} = 0; \quad S_{st} = 0 \quad$ folgt aus

(F 30a)
$$\Delta V_o = \frac{a^2 K_o}{S_{bo}} \frac{M}{a_{STo}} + V_o\left(\frac{K_{vo}}{K_{bo}} \frac{S_{vo} - S_{ST}}{S_{bo}} - 1\right)$$

(F 30b)
$$\bar{e}\,\Delta V_o = \frac{S_{ST}}{S_{bo}} M - \frac{S_{ST}}{S_{bo}} a V_o = \frac{S_{ST}}{S_{bo}}(M - a V_o)$$

$$\Delta V_o = -\frac{1022}{58064} \frac{1000}{7{,}699} + 60{,}00\cdot\left(\frac{209{,}48}{193{,}55} \frac{67937 - 8850}{58064} - 1\right)$$

$$= -2{,}286 + 6{,}082 = +3{,}796 \ \text{t}$$

$$\bar{e}\,\Delta V_o = +\frac{8850}{58064}\cdot(1000 - 8{,}333\cdot 60{,}00) = +76{,}21 \ \text{tcm}$$

(F 26a)
$$V_o^* = +63{,}796 \ \text{t}$$

(F 26b)
$$e^* = \frac{76{,}21}{63{,}796} = +1{,}195 \ \text{cm}$$

(F 31a)
$$N_o = +63{,}796 \ \text{t}$$

(F 31b)
$$M_o = 1000 + (-7{,}699 + 1{,}195)\cdot 63{,}796 = +585{,}07 \ \text{tcm}$$

Kennwerte

$$\alpha = 0{,}07605 \qquad \beta = 0{,}13027 \qquad \gamma = 0{,}01505$$

Kriechbeiwerte nach (C 5, 6), (C 8, 9)

für $\varphi = 2{,}0$

$$\psi_{FM} = 0{,}74632 \qquad \psi_{FN} = 1{,}07743$$
$$\psi_{JM} = 1{,}15731 \qquad \psi_{JN} = 0{,}53840$$

Werden die ψ-Werte nach Abschn. a, S. 44, bestimmt, so gilt

wegen $\beta < 0{,}15$ für ψ_{FN} und ψ_{JN} Teil III/3 (s. Tab. A, S. 46)

wegen $\gamma < 0{,}03$ für ψ_{JM} Teil III/2 (s. Tab. B, S. 46)

und für ψ_{FM} der allgemeine   Teil III/4 (s. Tab. A, S. 46)

maßgebende Kennwerte

$$\alpha \cong 0{,}075 \qquad\qquad \beta \cong 0{,}130 \qquad\qquad \gamma \cong 0{,}015 \qquad\qquad \varphi = 2{,}0$$

S. 128

	ψ_{FN}	ψ_{JN}			ψ_{FN}	ψ_{JN}
$\alpha = 0{,}060$ $\gamma = 0{,}015$	1,060	0,512		$\alpha = 0{,}080$ $\gamma = 0{,}015$	1,081	0,515

Damit

$$\begin{array}{ccc} & \psi_{FN} & \psi_{JN} \\ \alpha = 0,075 & & \\ & \underline{1,076} & \underline{0,514} \\ \gamma = 0,015 & & \end{array}$$

Mit $\beta\,\varphi = 0,260$ nach S. 124

$$\psi_{JM} = \underline{1,142}$$

Nach S. 141

$$\begin{array}{ccc} \psi_{FM} & \psi_{FM} & \psi_{FM} \end{array}$$

$$\begin{array}{cccccc} \alpha = 0,05 & & \alpha = 0,05 & & \alpha = 0,05 & \\ \beta = 0,10 & 0,725 & \beta = 0,20 & 0,762 & \beta = 0,130 & 0,736 \\ \gamma = 0,015 & & \gamma = 0,015 & & \gamma = 0,015 & \end{array}$$

Nach S. 142

$$\begin{array}{cccccc} \alpha = 0,10 & & \alpha = 0,10 & & \alpha = 0,10 & \\ \beta = 0,10 & 0,743 & \beta = 0,20 & 0,784 & \beta = 0,130 & 0,755 \\ \gamma = 0,015 & & \gamma = 0,015 & & \gamma = 0,015 & \end{array}$$

Damit

$$\begin{array}{cc} \alpha = 0,075 & \\ \beta = 0,130 & \underline{0,745} \\ \gamma = 0,015 & \end{array}$$

Die mit den Kriechbeiwerten

$$\psi_{FM} = 0,745 \qquad \psi_{FN} = 1,076$$

$$\psi_{JM} = 1,142 \qquad \psi_{JN} = 0,514$$

berechneten Schnittgrößen werden vergleichsweise in Klammern angegeben. Mit den exakten ψ-Werten folgen nach Tab. 2, S. 50, die Hilfswerte

$$\beta_{\varphi M} = 0,32435; \qquad \gamma_{\varphi M} = 0,03364; \qquad 1 - \beta_{\varphi M} - \gamma_{\varphi M} = 0,64201$$

$$\alpha_{\varphi N} = 0,20614; \qquad \beta_{\varphi N} = 0,23483; \qquad \gamma_{\varphi N} = 0,02330$$

$$1 - \beta_{\varphi N} - \gamma_{\varphi N} = 0,74187$$

$$(1 - \alpha_{\varphi N}) + (\alpha_{\varphi N} - \alpha)\,\gamma_{\varphi N} = 0,79689$$

$$\alpha_{\varphi N} - (\alpha_{\varphi N} - \alpha)\,\gamma_{\varphi N} = 0,20311$$

$$(\alpha_{\varphi N} - \alpha)\,\beta_{\varphi N} = 0,03055$$

$$(\alpha_{\varphi N} - \alpha)\,(1 - \beta_{\varphi N} - \gamma_{\varphi N}) = 0,09651$$

$$N_{b\varphi} = +0,79689 \cdot 63,796 + 0,03364 \cdot \frac{585,07}{8,333} = +53,200\ \text{t} \qquad (53,20)$$

$$M_{b\varphi} = +0,09651 \cdot 8,333 \cdot 63,796 + 0,64201 \cdot 585,07$$
$$= +426,93\ \text{tcm} \qquad (428,4)$$

(F 32)
$$N_{ST\varphi} = N_{z\varphi\ M_o + N_o} = +0,20311 \cdot 63,796 - 0,03364 \cdot \frac{585,07}{8,333}$$
$$= +10,596\ \text{t} \qquad (10,60)$$

$$M_{ST\varphi} = M_{z\varphi\ M_o + N_o} = +0,03055 \cdot 8,333 \cdot 63,796 + 0,32435 \cdot 585,07$$
$$= +206,01\ \text{tcm} \qquad (204,6)$$

(F 33 a) $\qquad \Delta N_{z\varphi} = -3{,}796 + 10{,}596 = +\ 6{,}800\text{ t} \qquad (6{,}80)$

(F 33 b) $\qquad \Delta M_{z\varphi} = -76{,}21 + 206{,}01 = +129{,}80\text{ tcm} \qquad (128{,}4)$

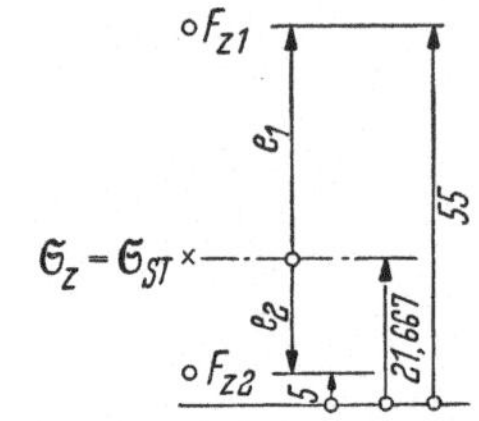

Abb. 52. Abmessungen des Gesamtstahlquerschnitts

$$e_1 = +\ 33{,}333\text{ cm}$$
$$e_2 = -\ 16{,}667\text{ cm}$$
$$K_{z1}/E_{st} = \quad 5{,}31\ \text{cm}^2$$
$$K_{z2}/E_{st} = \quad 10{,}62\ \text{cm}^2$$
$$S_z/E_{st} = S_{ST}/E_{st} = 8850\ \text{cm}^4$$

Einzelspannkräfte

$$V_{o1} = 20{,}00\text{ t} \qquad V_{o2} = 40{,}00\text{ t}$$

Nach (F 0, a)

$$N_{z1,\varphi} = -20{,}00 + \frac{5{,}31}{15{,}93} \cdot 6{,}800 + 33{,}333 \cdot \frac{5{,}31 \cdot 129{,}80}{8850} = -15{,}137\text{ t} \qquad (15{,}16)$$

$$N_{z2,\varphi} = -40{,}00 + \frac{10{,}62}{15{,}93} \cdot 6{,}800 - 16{,}667 \cdot \frac{10{,}62 \cdot 129{,}80}{8850} = -38{,}063\text{ t} \qquad (38{,}04)$$

Schwinden mit Kriechen

Endschwindmaß $\varepsilon_s = 15 \cdot 10^{-5}$

Nach Teil III/3 wegen $\beta < 0{,}15$ (s. Tab. A, S. 46)

$$\psi_{FS} = 0{,}514 \qquad \psi_{JS} = 0{,}514$$

Die Zahlenergebnisse mit diesen Werten sind in Klammern gesetzt.
Mit den exakten Kriechbeiwerten aus (C 11, 12)

$$\psi_{FS} = 0{,}51437 \qquad \psi_{JS} = 0{,}53840$$

berechnen sich die Hilfswerte (Tab. 2 S. 50)

$$\varepsilon_s K_{\varphi S} = 15 \cdot 10^{-5} \cdot 2{,}1 \cdot 10^3 \cdot 13{,}651 = 4{,}300\text{ t} \qquad (4{,}30)$$

$$\beta_{\varphi S} = 0{,}23439; \qquad 1 - \gamma_{\varphi S} = 0{,}97489; \qquad 1 - \beta_{\varphi S} - \gamma_{\varphi S} = 0{,}74050$$

$$N_{b\varphi} = -0{,}97489 \cdot 4{,}300 = -4{,}192\text{ t} \qquad (4{,}19)$$

$$M_{b\varphi} = +0{,}74050 \cdot 8{,}333 \cdot 4{,}300 = +26{,}53\text{ tcm} \qquad (26{,}7)$$

(F 18) $\qquad N_{ST\varphi} = N_{z\varphi} = +4{,}192\text{ t}$

$$M_{ST\varphi} = M_{z\varphi} = +0{,}23439 \cdot 8{,}333 \cdot 4{,}300 = +8{,}40\text{ tcm} \qquad (8{,}25)$$

$$N_{z1,\varphi} = +\frac{5{,}31}{15{,}93} \cdot 4{,}192 + 33{,}333 \cdot \frac{5{,}31 \cdot 8{,}40}{8850} = +1{,}565\text{ t} \qquad (1{,}56)$$

$$N_{z2,\varphi} = +\frac{10{,}62}{15{,}93} \cdot 4{,}192 - 16{,}667 \cdot \frac{10{,}62 \cdot 8{,}40}{8850} = +2{,}627\text{ t} \qquad (2{,}63)$$

Schnittkräfte nach Kriechen und Schwinden

$$N_{b\varphi} = +\ 53{,}200 - \ 4{,}192 = +\ 49{,}008\text{ t} \qquad (49{,}01)$$

$$M_{b\varphi} = +426{,}93 + 26{,}53 = +453{,}46\text{ tcm} \qquad (455{,}1)$$

$$N_{z1,\varphi} = -\ 15{,}137 + 1{,}565 = -\ 13{,}572\text{ t} \qquad (13{,}60) \qquad (N\ 13{,}568)$$

$$N_{z2,\varphi} = -\ 38{,}063 + 2{,}627 = -\ 35{,}436\text{ t} \qquad (35{,}41) \qquad (N\ 35{,}426)$$

Kriechen und Schwinden wurde von NEUNERT [12] zusammengefaßt behandelt. Die Spannstahlkräfte nach NEUNERT sind mit N bezeichnet.

Beispiel 9 [20]. Der Querschnitt des Beispiels 7 soll mit verschieden großen Spannungen in den einzelnen Spanngliedern vorgespannt werden. Sie betragen

im Spannstrang 1 $\sigma_{z1} = 5{,}015 \ \text{t/cm}^2$

in der Spannstrangreihe 2 $\sigma_{z2} = 2{,}469 \ \text{t/cm}^2$

im Spannstrang 3 $\sigma_{z3} = 3{,}320 \ \text{t/cm}^2$

Diesen Spannungen entsprechen die Spannkräfte

$$V_{o1} = 2 \cdot 5{,}015 = 10{,}030 \ \text{t}$$

$$V_{o2} = 6 \cdot 2{,}469 = 14{,}814 \ \text{t}$$

$$V_{o3} = 2 \cdot 3{,}320 = \ \ 6{,}640 \ \text{t}$$

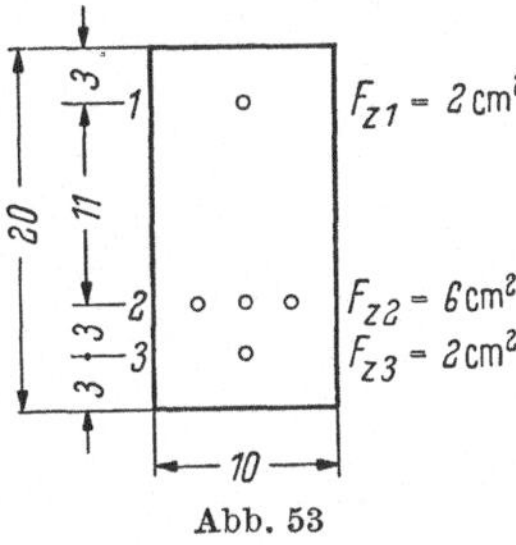

Abb. 53

Es sind die Schnittkräfte nach Abschluß des Kriechens für ein Endkriechmaß $\varphi = 3{,}0$ zu bestimmen.

Querschnittswerte vor Herstellen des Spannstahlverbundes.

$$K_{bo}/E_{st} = \ \ 23{,}75 \ \text{cm}^2 = K'_{vo}/E_{st} \qquad E_z = E_{st} = 2100 \ \text{t/cm}^2$$

$$S_{bo}/E_{st} = 796{,}43 \ \text{cm}^4 = S'_{vo}/E_{st} \qquad a'_{zo} = -a$$

Querschnittswerte nach Herstellen des Spannstahlverbundes.

$$K_z/E_{st} = 10{,}00 \ \text{cm}^2 = K_{ST}/E_{st} \qquad S_z/E_{st} = \ \ 234{,}40 \ \text{cm}^4$$

$$K_{vo}/E_{st} = 33{,}75 \ \text{cm}^2 \qquad a^2 K_o/E_{st} = \ \ 44{,}92 \ \text{cm}^4$$

$$K_{st} = 0 \qquad S_{vo}/E_{st} = 1075{,}75 \ \text{cm}^4$$

$$\eta_b = 10{,}1263 \ \text{cm} \qquad \eta_{ST} = 7{,}60 \ \text{cm} \qquad a = 2{,}5263 \ \text{cm}$$

$$a_{zo} = a_{STo} = -(1 - 0{,}29630) \cdot 2{,}5263 = -1{,}7778 \ \text{cm}$$

Bestimmung der Belastungsgrößen N_o und M_o (Abschn. α_2, S. 39)

(F 24a)   Gesamtvorspannkraft $V_o = \sum\limits_i V_{oi} = 31{,}484 \ \text{t}$

Exzentrizität e_0 der Gesamtvorspannkraft V_0

(F 24b) $e_0 = \dfrac{\sum\limits_i e_i V_{oi}}{V_o} = \dfrac{+9{,}40 \cdot 10{,}030 - 4{,}60 \cdot 6{,}640 - 1{,}60 \cdot 14{,}814}{31{,}484} = +1{,}2716 \ \text{cm}$

(F 25a)
$$\Delta V_o = 31{,}484 \cdot \left(\frac{33{,}75}{23{,}75} \ \frac{1075{,}75 - 234{,}40}{796{,}43} - 1 \right) +$$
$$+ \frac{1{,}2716 \cdot 31{,}484}{(-1{,}7778)} \ \frac{44{,}92}{796{,}43} = +14{,}510 \ \text{t}$$

(F 25b) $\bar{e} \, \Delta V_o = \dfrac{234{,}40}{796{,}43} \cdot (-2{,}5263 + 1{,}2716) \cdot 31{,}484 = -11{,}63 \ \text{tcm}$

(F 26a) $V_o^* = 31{,}484 + 14{,}510 = 45{,}994 \ \text{t} \cong 46{,}000 \ \text{t}$

(Spannbettkraft nach ZACHER [20] 46,00 t)

(F 26b) $e^* = \dfrac{1{,}2716 \cdot 31{,}484 - 11{,}63}{46{,}00} = +0{,}6175 \ \text{cm}$

(F 27a) $N_0 = +46{,}000 \ \text{t}$

(F 27b) $M_o = (-1{,}7778 + 0{,}6175) \cdot 46{,}00 = -53{,}37 \ \text{tcm}$

Die ideellen Querschnittswerte stimmen mit denen des Beispiels 7 überein und können übernommen werden.

Hilfswerte

$$\beta_{\varphi M} = 0,57398; \qquad \gamma_{\varphi M} = 0,06018; \qquad 1 - \beta_{\varphi M} - \gamma_{\varphi M} = 0,36584$$

$$(1 - \alpha_{\varphi N}) + (\alpha_{\varphi N} - \alpha)\, \gamma_{\varphi N} = 0,31300$$

$$\alpha_{\varphi N} - (\alpha_{\varphi N} - \alpha)\, \gamma_{\varphi N} = 0,68700$$

$$(\alpha_{\varphi N} - \alpha)\, \beta_{\varphi N} = 0,18291$$

$$(\alpha_{\varphi N} - \alpha)\, (1 - \beta_{\varphi N} - \gamma_{\varphi N}) = 0,20779$$

(F 4) $\qquad N_{b\varphi} = +0,31300 \cdot 46,00 - 0,06018 \cdot \dfrac{53,37}{2,5263} = +13,127 \text{ t} \quad (13,116)$

(F 11) $\qquad M_{b\varphi} = +0,20779 \cdot 2,5263 \cdot 46,00 - 0,36584 \cdot 53,37 = +4,62 \text{ tcm} \;(4,64)$

bzw. $\qquad N_{ST\varphi} = N_{z\varphi\, M_o + N_o} = +0,68700 \cdot 46,00 + 0,06018 \cdot \dfrac{53,37}{2,5263} = +32,873 \text{ t}$

(F 15) $\qquad M_{ST\varphi} = M_{z\varphi\, M_o + N_o} = +0,18291 \cdot 2,5263 \cdot 46,00 - 0,57398 \cdot 53,37$

$\qquad\qquad\qquad\qquad = -9,38 \text{ tcm}$

(F 28a) $\qquad\qquad \Delta N_{z\varphi} = -14,510 + 32,873 = +18,363 \text{ t}$

(F 28b) $\qquad\qquad \Delta M_{z\varphi} = +11,63 - 9,38 = +2,25 \text{ tcm}$

Mit den Querschnittswerten des Beispiels 7

$$N_{z1,\varphi} = -10,030 + \frac{2}{10} \cdot 18,363 + 9,40 \cdot \frac{2 \cdot 2,25}{234,40} = -6,177 \text{ t} \quad (6,178)$$

$$N_{z2,\varphi} = -14,814 + \frac{6}{10} \cdot 18,363 - 1,60 \cdot \frac{6 \cdot 2,25}{234,40} = -3,888 \text{ t} \quad (3,876)$$

$$N_{z3,\varphi} = -6,640 + \frac{2}{10} \cdot 18,363 - 4,60 \cdot \frac{2 \cdot 2,25}{234,40} = -3,056 \text{ t} \quad (3,052)$$

Die in Klammern angegebenen Zahlenwerte ergeben sich nach der Berechnung von ZACHER [20].

Beispiel 10. *Verformungsablauf.* Die allgemeinen Beziehungen des Abschn. f, S. 43, zur Berechnung des zeitabhängigen Verformungsablaufs werden getrennt nach Einwirkungsgrößen wiedergegeben.

Einwirkungsgröße	Verdrehung	Verkürzung in Höhe der Verbundschwerachse $\mathfrak{S}_{v\varphi_t}$
Konstantes Moment M	$\vartheta_{\varphi_t M} = \int \dfrac{M\,\overline{M}}{S_{v\varphi_t M}}\,ds$	$\Delta_{\varphi_t M} = 0$
Konstante Normalkraft in $\mathfrak{S}_{vo}$ $M_{N\varphi_t} = e_{\varphi_t N}\, N = (\alpha_{\varphi_t N} - \alpha)\, a\, N$	$\vartheta_{\varphi_t N} = \int \dfrac{M_{N\varphi_t}\,\overline{M}}{S_{v\varphi_t N}}\,ds$	$\Delta_{\varphi_t N} = \int \dfrac{N\,\overline{N}}{K_{v\varphi_t N}}\,ds$
Schwinden $M_{sch\varphi_t} = \varepsilon_{s,t}\, K_{\varphi_t S} = \dfrac{\varphi_t}{\varphi}\, \varepsilon_s\, K_{\varphi_t S}$ $N_{sch\varphi_t} = \varepsilon_{s,t}\, K_{b\varphi_t S} = \dfrac{\varphi_t}{\varphi}\, \varepsilon_s\, K_{b\varphi_t S}$	$\vartheta_{\varphi_t S} = \int \dfrac{M_{sch\varphi_t}\,\overline{M}}{S_{v\varphi_t S}}\,ds$	$\Delta_{\varphi_t S} = \int \dfrac{N_{sch\varphi_t}\,\overline{N}}{K_{v\varphi_t S}}\,ds$

Einwirkungsgröße	Verdrehung	Verkürzung in Höhe der Verbundschwerachse $\mathfrak{S}_{v\varphi_t}$
Zeitabhängiges Moment $M_{X_M\varphi_t}$ $\qquad M_{X_M\varphi_t} = f(\varphi_t)\,M_{X_M}$ $f(\varphi_t)$ nach Abschn. α, S. 17, oder entsprechender Abschnitt der Sonderfälle, Abschn. D, S. 19, $\qquad M_{X_M} =$ Endwert	$\vartheta_{\varphi_t X_M} = \int \dfrac{M_{X_M\varphi_t}\,\overline{M}}{S_{v\varphi_t X_M}}\,ds$	$\varDelta_{\varphi_t X_M} = 0$
auf den Endwert bezogener Verformungszuwachs	$\dfrac{\vartheta_{\varphi_t X_M}}{\vartheta_{\varphi X_M}} = \dfrac{\vartheta_{\varphi_t M} - \vartheta_{oM}}{\vartheta_{\varphi M} - \vartheta_{oM}}$	
Zeitabhängiges Moment $M_{X_N\varphi_t}$ $\qquad M_{X_N\varphi_t} = f(\varphi_t)\,M_{X_N}$ $f(\varphi_t)$ nach Abschn. β, S. 18, oder entsprechender Abschnitt der Sonderfälle, Abschn. D, S. 19, $\qquad M_{X_N} =$ Endwert	$\vartheta_{\varphi_t X_N} = \int \dfrac{M_{X_N\varphi_t}\,\overline{M}}{S_{v\varphi_t X_N}}\,ds$	$\varDelta_{\varphi_t X_N} = 0$
auf den Endwert bezogener Verformungszuwachs	$\dfrac{\vartheta_{\varphi_t X_N}}{\vartheta_{\varphi X_N}} = \dfrac{\vartheta_{\varphi_t N}}{\vartheta_{\varphi N}} = \dfrac{\vartheta_{\varphi_t S}}{\vartheta_{\varphi S}}$	

Für den Querschnitt des Beispiels 4 soll der zeitliche Verlauf der auf ihren Endwert bezogenen Verformung für die Einwirkung eines konstanten Moments M, eines zeitabhängigen Moments M_{X_M} und für Schwinden nach den angegebenen Beziehungen ermittelt werden. Die auf ihren Endwert bezogene Verformung infolge eines zeitabhängigen Moments M_{X_N} stimmt mit der infolge Schwinden überein (s. Abschn. β, S. 18).

$$\varphi = 3$$

Querschnittswerte Tab. 1, S. 49. Kriechbeiwerte ψ_F und ψ_J für die Querschnittskennwerte

$$\alpha = 0{,}3 \qquad \beta = 0{,}2 \qquad \gamma = 0{,}05$$

Ideelle Querschnittswerte Tab. 3, S. 78.

Allgemein

$$\vartheta_{\varphi_t L} = \frac{p_{\varphi_t L}}{E_{st}} \int ds \qquad p_{\varphi_t L} = \frac{L}{S_{v\varphi_t L}/E_{st}} \qquad \vartheta_{\varphi_t L}/\vartheta_{\varphi L} = p_{\varphi_t L}/p_{\varphi L}$$

$$\varDelta_{\varphi_t S} = \frac{q_{\varphi_t L}}{E_{st}} \int ds \qquad q_{\varphi_t S} = \frac{N_{sch\varphi_t}}{K_{v\varphi_t S}/E_{st}} \qquad \varDelta_{\varphi_t S}/\varDelta_{\varphi S} = q_{\varphi_t S}/q_{\varphi S}$$

konstantes Moment $L = M = 1000\ \text{tcm}$			zeitabhängiges Moment $L = M_{X_M} = k\,M$ $k = $ Proportionalitätsfaktor		
φ_t	$p_{\varphi_t M}$	$\vartheta_{\varphi_t M}/\vartheta_{\varphi M}$	φ_t	$p_{\varphi_t M X_M} = p_{\varphi_t M} - p_{oM}$	$\dfrac{\vartheta_{\varphi_t X_M}}{\vartheta_{\varphi X_M}}$
0	0,929	0,382	0	0	0
1	1,550	0,638	1	0,621	0,414
2	2,039	0,839	2	1,110	0,740
3	2,429	1,000	3	1,500	1,000

Tabelle 3. *Ideelle Querschnittswerte des Beispiels 10 (Index φ)*[1]

Beispiel	Einwirkung L	K_{bo}/E_{st}	K_{ST}/E_{st}	S_{bo}/E_{st}	S_{ST}/E_{st}	S_{vo}/E_{st}	a	α	β	γ	φ_t	ψ_{FL}	ψ_{JL}
10	Moment M	23,75	10,00	796,4	234,4	1075,8	2,526	(0,296)	(0,218)	(0,042)	1	0,891	1,123
								0,30	0,20	0,05	2	0,886	1,258
											3	0,921	1,407
10	Schwinden										1	0,526	0,547
											2	0,552	0,600
											3	0,576	0,659

Beispiel	Einwirkung L	n_{FL}/n_o	n_{JL}/n_o	$K_{b\varphi L}/E_{st}$	$K_{v\varphi L}/E_{st}$	$K_{\varphi L}/E_{st}$	$S_{b\varphi L}/E_{st}$	$a^2 K_{\varphi L}/E_{st}$	$S_{v\varphi L}/E_{st}$	$\alpha_{\varphi L}$	$\beta_{\varphi L}$	$\gamma_{\varphi L}$	$1-\beta_{\varphi L}-\gamma_{\varphi L}$
10	Moment M	1,891	2,123	12,56	22,56	5,567	375,1	35,52	645,0	—	—	—	—
		2,772	3,516	8,57	18,57	4,615	226,5	29,45	490,3	—	—	—	—
		3,763	5,221	6,31	16,31	3,869	152,5	24,69	411,6	—	0,570	0,060	0,370
10	Schwinden	1,526	1,547	15,56	25,56	6,09	514,8	38,9	788,1	0,391	—	—	—
		2,104	2,200	11,29	21,29	5,30	362,0	33,8	630,2	0,470	—	—	—
		2,728	2,977	8,71	18,71	4,65	267,5	29,7	531,6	0,534	0,441	0,056	0,503

[1] Die Werte für $\varphi = 3$ zeigen beim Vergleich mit den entsprechenden Werten des Beispiels 4, Tab. 2, S. 50, den Fehlereinfluß ungenauer Kriechbeiwerte auf die ideellen Querschnittswerte und auf die Schnittkraftverteilung.

Schwinden $L = M_{sch\varphi_t}$ $\varepsilon_s = 35 \cdot 10^{-5}$

φ_t	$a_{b\varphi_t}S = \alpha_{\varphi_t}S\,a$	$M_{sch\varphi_t}$ [tcm]	$p_{\varphi_t}S\,10^{-2}$	$\vartheta_{\varphi_t}S/\vartheta_{\varphi}S$
0	0,748	0	0	0
1	0,988	3,769	0,478	0,294
2	1,186	6,560	1,041	0,641
3	1,349	8,633	1,625	1,000

φ_t	$N_{sch\varphi_t}$ [t]	$q_{\varphi_t}S\,10^{-1}$	$\Delta_{\varphi_t}S/\Delta_{\varphi}S$
0	0	0	0
1	3,81	1,491	0,436
2	5,53	2,597	0,759
3	6,40	3,421	1,000

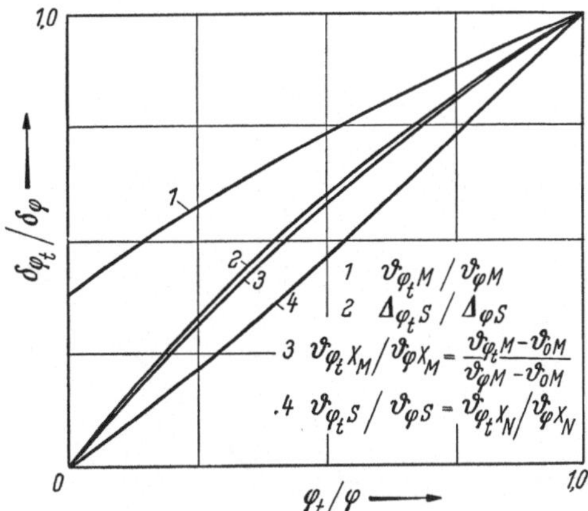

Abb. 54. Verformungsablauf in Abhängigkeit des bezogenen Kriechmaßes φ_t/φ

G. Statisch unbestimmte Verbundkonstruktionen

1. Über das Wachstumsgesetz der zeitabhängigen Zwängungen

Die Berechnung beliebig statisch unbestimmter Verbundtragwerke läßt sich unter Berücksichtigung der materialbedingten Eigenarten des Stahl-Beton-Verbundes nach den üblichen baustatischen Methoden durchführen.

Bei der Beurteilung der die Zwängungen hervorrufenden zeitabhängigen Verformungen muß nach der Ursache unterschieden werden; denn die Einwirkungsgröße ist von Einfluß auf den Verformungsablauf und damit auf das Wachstumsgesetz und die Endgröße der Zwängung (Abschn. α, S. 17; β, S. 18). Für zwei charakteristische Verbundquerschnittstypen ist der Verlauf der Kriechver-

drehung aus den Abb. 55a, das Wachstumsgesetz der entsprechenden zeitabhängigen Momente aus den Abb. 55b zu ersehen.

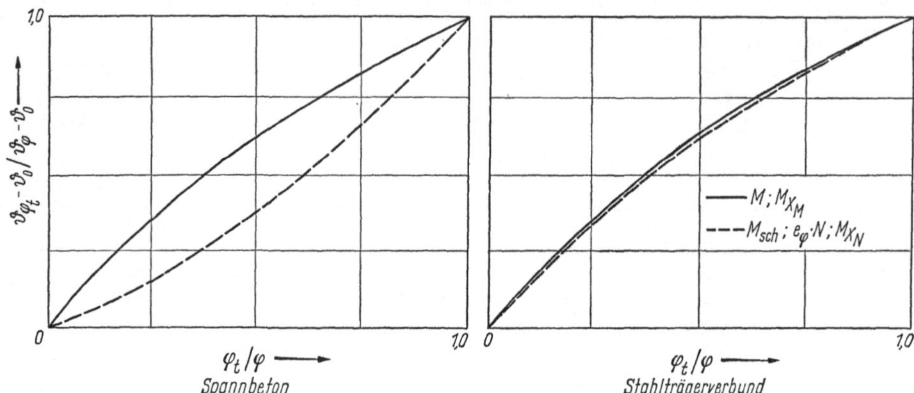

Abb. 55a. Verformungsablauf in Abhängigkeit des bezogenen Kriechmaßes φ_t/φ (qualitativ)

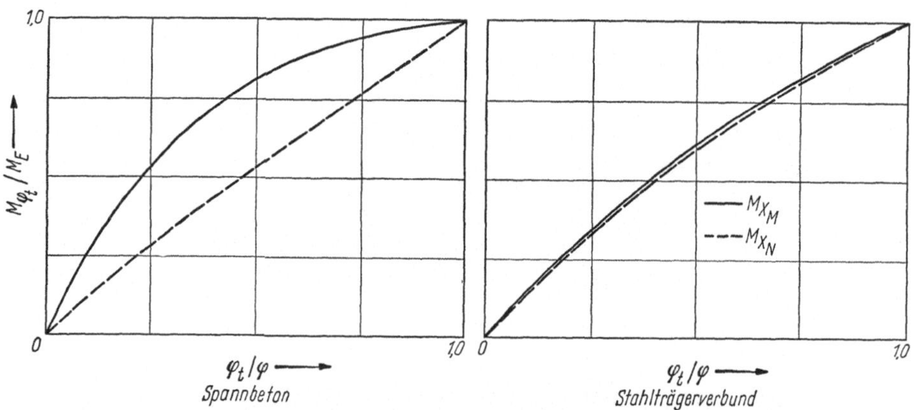

Abb. 55b. Wachstumsgesetz der zeitabhängigen Momente
in Abhängigkeit des bezogenen Kriechmaßes φ_t/φ (qualitativ)

Die von SATTLER [15] angegebenen Näherungen stellen für extreme Querschnittsverhältnisse Grenzwerte der strengen Lösungen dar. Für die Einwirkungsgröße *mittige Normalkraft bzw. Schwinden* lautet mit den Bedingungen

$$\varphi_t = 0 \qquad M_{tX_N} = 0; \qquad \varphi_t = \varphi \qquad M_{tX_N} = M_{EX_N}$$

Gl. (C 30a) umgeformt

$$M_{tX_N} = \frac{1 - e^{-\alpha \varphi_t}}{1 - e^{-\alpha \varphi}} M_{EX_N}$$

1. Grenzwert $\alpha \to 0$ (reiner Betonquerschnitt, näherungsweise Spannbeton)

$$\lim_{\alpha \to 0} M_{tX_N} = \lim_{\alpha \to 0} \frac{\dfrac{d(1 - e^{-\alpha \varphi_t})}{d\alpha}}{\dfrac{d(1 - e^{-\alpha \varphi})}{d\alpha}} M_{EX_N} = \lim_{\alpha \to 0} \frac{\varphi_t \, e^{-\alpha \varphi_t}}{\varphi \, e^{-\alpha \varphi}} M_{EX_N} = \underline{\frac{\varphi_t}{\varphi} M_{EX_N}}$$

2. Grenzwert $\alpha \to 1,0$ (bei Stahlträgerverbundquerschnitten $\alpha \leqq 0,5$)

$$\lim_{\alpha \to 1,0} M_{tX_N} = \frac{1 - e^{-\varphi t}}{1 - e^{-\varphi}}\, M_{EX_N}$$

Bei der Einwirkungsgröße *konstantes Moment* folgt aus der exakten Lösung (C 24) mit (C 27) für die Grenzwerte

$\alpha \to 0$ (reiner Betonquerschnitt, Gl. (D 8); näherungsweise Spannbeton) und

$\gamma \to 0$ (symmetrischer Verbundquerschnitt, Gl. (D 45 c); näherungsweise Spannbeton)

die zeitliche Abhängigkeit der Unbekannten

$$M_{tX_M} = \frac{1 - e^{-\varphi t}}{1 - e^{-\varphi}}\, M_{EX_M}$$

Die in Abschn. 7, S. 15, am Querschnittselement abgeleiteten strengen Lösungen für gleichen Verlauf der Verdrehung aus Dauerlast und zeitabhängiger Momenteneinwirkung sind nicht nur von der Größe des Endkriechmaßes, sondern auch von den Kennwerten α, β und γ abhängig. Demnach streben bei veränderlichen Querschnittsverhältnissen die zeitabhängigen Schnittgrößen nach unterschiedlichen Wachstumsgesetzen ihrem Endwert zu.

Bei Übertragung dieser Berechnungsmethode auf Stabwerke ist diese Unschärfe im Ansatz auf das Ergebnis der Zahlenrechnung von untergeordneter Bedeutung. Das geht bereits aus einer kritischen Betrachtung der Kriechbeiwerte hervor. Querschnittsverhältnisse und damit das unterschiedliche Wachstumsgesetz der Einwirkungsgröße X beeinflussen lediglich die entsprechenden Kriechbeiwerte ψ_{FX} und ψ_{JX}. Innerhalb der bei einer Konstruktion möglichen Querschnittsänderungen schwanken die Kriechbeiwerte ψ_{FX_M}, ψ_{JX_M} bzw. ψ_{FX_N}, ψ_{JX_N} nur sehr wenig (vgl. Teil III). Daraus folgt, daß sich die Auswirkungen des von den Querschnittsverhältnissen abhängigen Wachstumsgesetzes auf das Verformungsverhalten und den Spannungszustand im Verbundquerschnitt in engen Grenzen halten.

Neben den Zwängungen infolge von Kriechverdrehungen können, insbesondere bei Rahmenkonstruktionen, auch Zwängungen durch nachträgliche Kriech- und Schwindverkürzungen geweckt werden. Um ein Wachstumsgesetz der Zwängungen zum Ausgleich dieser Verformungen anzugeben, ist es erforderlich, näher auf die Ursachen der bei der Berechnung statisch unbestimmter Verbundkonstruktionen zu ermittelnden Formänderungen einzugehen.

Entstehen infolge der Kriech- und Schwindverkürzungen an den Wirkungsstellen der zeitabhängigen Unbekannten Formänderungen, so werden in dem System durch die Zwängungen zeitabhängige Momente und Normalkräfte hervorgerufen. Die Verformungsanteile der zeitabhängigen Normalkräfte sind gegenüber denen der zeitabhängigen Momente im allgemeinen derart gering, daß sie, wie bei baustatischen Berechnungen üblich, vernachlässigt werden können. Die Klaffungen an den Wirkungsstellen der Unbekannten infolge der Kriech- und Schwindverkürzungen werden daher hauptsächlich durch die Formänderungen zeitabhängiger *Momente* ausgeglichen. Es ist notwendig, daß diese Momente einen den Kriech- und Schwindverkürzungen ähnlichen Verformungsablauf an den Stellen der gelösten Verträglichkeiten hervorrufen. Auf Grund vergleichender Zahlenbeispiele wurde erkannt, daß das Anwachsen der Zwängungen durch das Gesetz nach Abschn. α, S. 17 (Zwängung X_M), erfaßt werden kann. Liefern die *Schwind*verkürzungen nur einen geringen Anteil an der Gesamtzwängung, so kann angenommen werden — um den Rechenaufwand nicht unnötig auszudehnen —, daß die hierdurch hervorgerufenen statisch Unbestimmten dem Wachstumsgesetz nach Abschn. β, S. 18 (Zwängung X_N), folgen.

Zusammenfassend wird festgestellt, daß zur Berechnung der zeitabhängig statisch Unbestimmten selbst bei sich stark ändernden Querschnittsverhältnissen die der Querschnittseigenart und der Ursache der Zwängung angepaßten Kriechbeiwerte maßgebend sind (Abschn. G 2, Tab. C, S. 83). Für die zu untersuchende Kriechperiode werden die zeitabhängigen Zwängungen aus den Endverformungen bestimmt.

2. Berechnungsansätze zur Ermittlung der zeitabhängigen Zwängungen bei statisch unbestimmten Verbundtragwerken

a) Berechnung der Schnittgrößen vor dem Kriechen. Die Bestimmung der statisch Unbestimmten zum Zeitpunkt $t = 0$ bereitet keine Schwierigkeiten. Aus den Formänderungsgrößen an den Schnittstellen der Unbekannten nach (F 3) und (F 9)

$$\delta_{io} = \int \frac{M\,\overline{M}_i}{S_{vo}}\,ds + \int \frac{N\,\overline{N}_i}{K_{vo}}\,ds \tag{G 1a}$$

$$\delta_{ik} = \int \frac{\overline{M}_i\,\overline{M}_k}{S_{vo}}\,ds + \int \frac{\overline{N}_i\,\overline{N}_k}{K_{vo}}\,ds \tag{G 1b}$$

folgen nach der Auflösung des linearen Gleichungssystems

$$\left.\begin{aligned}
\delta_{11}\,X_1 + \delta_{12}\,X_2 + \cdots \delta_{1n}\,X_n + \delta_{10} &= 0\\
\delta_{21}\,X_1 + \delta_{22}\,X_2 + \cdots \delta_{2n}\,X_n + \delta_{20} &= 0\\
\vdots\qquad\qquad\qquad &\\
\delta_{n1}\,X_1 + \delta_{n2}\,X_2 + \cdots \delta_{nn}\,X_n + \delta_{n0} &= 0
\end{aligned}\right\} \tag{G 2}$$

die n Zwängungen X_i.

Die zum Zeitpunkt $t = 0$ aus allen äußeren Lasten, einschließlich der Zwängungen, auf den Schwerpunkt $\mathfrak{S}_{vo}$ des Verbundquerschnitts bezogenen Schnittkräfte werden als Belastungsgrößen M_o und N_o bezeichnet.

b) Berechnung der Schnittgrößen nach dem Kriechen. Nach Abschluß des Kriechens ergeben sich im statisch bestimmten Grundsystem an den Wirkungsstellen der Zwängungen die Endverformungen durch sinngemäße Anwendung der Beziehungen (G 1).

Es folgt nach den Ansätzen

(F 6) $$\delta_{i\varphi} = \int \frac{M_o\,\overline{M}_i}{S_{v\varphi M}}\,ds \tag{G 3a}$$

(F 13) $$\delta_{i\varphi} = \int \frac{N_o\,\overline{N}_i}{K_{v\varphi N}}\,ds \tag{G 3b}$$

(F 13) $$\delta_{i\varphi} = \int \frac{e_\varphi N_o\,\overline{M}_i}{S_{v\varphi N}}\,ds \tag{G 3c}$$

Die Formänderungen nach Abschluß des Schwindens berechnen sich aus

(F 19) $$\delta_{i\varphi} = \int \frac{M_{sch}\,\overline{M}_i}{S_{v\varphi S}}\,ds$$ (G 3d)

(F 19) $$\delta_{i\varphi} = \int \frac{N_{sch}\,\overline{N}_i}{K_{v\varphi S}}\,ds$$ (G 3e)

(F 17) $$M_{sch} = \varepsilon_s\,K_{\varphi S}\,a$$
$$N_{sch} = \varepsilon_s\,K_{b\varphi S}$$

Die Gesamtverformung infolge der zeitabhängig anwachsenden Unbekannten ergeben sich nach Abschn. b, S. 34, aus

$$\boxed{\;\delta_{ik\varphi} = \int \frac{\overline{M}_i\,\overline{M}_k}{S_{v\varphi L}}\,ds + \int \frac{\overline{N}_i\,\overline{N}_k}{K_{v\varphi L}}\,ds\;}$$ (G 3f)

Der Index L steht für die zeitabhängige Einwirkungsgröße X_M bzw. X_N. Der Verformungsanteil $\int \frac{\overline{N}_i\,\overline{N}_k}{K_{v\varphi L}}\,ds$ kann bei Rahmenkonstruktionen in der Regel gegenüber $\int \frac{\overline{M}_i\,\overline{M}_k}{S_{v\varphi L}}\,ds$ vernachlässigt werden.

Bei der Bestimmung der Zwängungen muß nach der Ursache der Verformungsbestrebungen unterschieden werden (s. Abschn. G 1, S. 79). Die Zuordnung der Einwirkungsgröße L zu den einzelnen Verformungsanteilen ist in Tab. C zusammengestellt.

Tabelle C. *Zusammenhang Verformungsanteil — zeitabhängige Zwängung*

Endverformungsanteil	Verformungsbedingung wird erfüllt durch	
	das Wachstumsgesetz nach Abschnitt	$L =$
$\delta_\varphi = \int \dfrac{M_o\,\overline{M}}{S_{v\varphi M}}\,ds$		
$\delta_\varphi = \int \dfrac{N_o\,\overline{N}}{K_{v\varphi N}}\,ds$	α, S. 17 bzw. entsprechender Abschnitt der Sonderfälle Abschn. D	X_M
$\delta_\varphi = \int \dfrac{N_{sch}\,\overline{N}}{K_{v\varphi S}}\,ds = \int \dfrac{\varepsilon_s\,K_{b\varphi S}\,\overline{N}}{K_{v\varphi S}}\,ds$		
$\delta_\varphi = \int \dfrac{e_\varphi\,N_o\,\overline{M}}{S_{v\varphi N}}\,ds = \int \dfrac{(\alpha_{\varphi N} - \alpha)\,a\,N_o\,\overline{M}}{S_{v\varphi N}}\,ds$		
$\delta_\varphi = \int \dfrac{M_{sch}\,\overline{M}}{S_{v\varphi S}}\,ds = \int \dfrac{\varepsilon_s\,K_{\varphi S}\,a\,\overline{M}}{S_{v\varphi S}}\,ds$	β, S. 18 bzw. entsprechender Abschnitt der Sonderfälle Abschn. D	X_N
$\left(\delta_\varphi = \int \dfrac{N_{sch}\,\overline{N}}{K_{v\varphi S}}\,ds\right)^{*}$		

---

* Vergleiche hierzu Abschn. G 1, S. 82.

Danach lassen sich die Endverformungen nach ihren Verformungsbedingungen zusammenfassen.

$$\delta_{i\varphi} = \int \frac{M_o \overline{M}_i}{S_{v\varphi M}} \, ds + \int \frac{N_o \overline{N}_i}{K_{v\varphi N}} \, ds + \int \frac{N_{sch} \overline{N}_i}{K_{v\varphi S}} \, ds$$
$$\delta_{ik\varphi} \text{ nach (G 3f) mit } L = X_M$$

(G 4a)

$$\delta_{i\varphi} = \int \frac{e_\varphi N_o \overline{M}_i}{S_{v\varphi N}} \, ds + \int \frac{M_{sch} \overline{M}_i}{S_{v\varphi S}} \, ds \left(+ \int \frac{N_{sch} \overline{N}_i}{K_{v\varphi S.}} \, ds \right)^{*}$$
$$\delta_{ik\varphi} \text{ nach (G 3f) mit } L = X_N$$

(G 4b)

Die Belastungsgrößen M_o und N_o bzw. die $\overline{M}_i$ und $\overline{N}_i$ der Arbeitspläne sind beide auf die durch die Einwirkungsgröße bestimmten Systemlinien zu beziehen (unterschiedliche Höhenlage des von der Einwirkungsgröße abhängigen ideellen Schwerpunkts $\mathfrak{S}_{v\varphi}$). Im allgemeinen wird es genügen, zur Berechnung der Formänderungswerte für alle Einwirkungsgrößen eine mittlere Lage von $\mathfrak{S}_{v\varphi}$ zu wählen.

Aus den Verträglichkeitsbedingungen des Systems erhält man getrennt nach den Verformungsarten ein lineares Gleichungssystem für die Unbekannten $X_{i\varphi}$ (G 5).

$$\left.\begin{aligned}
\delta_{11\varphi} X_{1\varphi} + \delta_{12\varphi} X_{2\varphi} + \cdots \delta_{1n\varphi} X_{n\varphi} + \delta_{1\varphi} &= \delta_1 \\
\delta_{21\varphi} X_{1\varphi} + \delta_{22\varphi} X_{2\varphi} + \cdots \delta_{2n\varphi} X_{n\varphi} + \delta_{2\varphi} &= \delta_2 \\
\vdots \qquad\qquad\qquad\qquad & \\
\delta_{n1\varphi} X_{1\varphi} + \delta_{n2\varphi} X_{2\varphi} + \cdots \delta_{nn\varphi} X_n + \delta_{n\varphi} &= \delta_n
\end{aligned}\right\}$$

(G 5)

Die Werte δ_i ergeben sich aus den Anfangsbedingungen (vgl. Abschn. α, S. 85 u. β, S. 87).

3. Die Anwendung von Iterationsverfahren zur Ermittlung der zeitabhängigen Zwängungen

Die bei der Berechnung vielfach statisch unbestimmter Systeme angewendeten Ausgleichsverfahren können auch zur Ermittlung der zeitabhängigen Zwängungskräfte herangezogen werden. Die Starrknotenstabmomente als Ausgangswerte aller Momentenausgleichsverfahren werden stabweise für die betreffende Belastung (für Dauerlast mit den Belastungsgrößen M_o, vgl. S. 82) und die für diesen Stab maßgebenden ideellen Biegesteifigkeiten $S_{v\varphi L}$ mit Hilfe der allgemeinen Ansätze nach Abschn. b, S. 82, ermittelt. Anstelle der Stabsteifigkeit $s_r = k_r \dfrac{J_r}{l_r}$ wird die ideelle Stabsteifigkeit $s_{rL} = k_r \dfrac{S_{v\varphi L}}{l_r}$ berechnet, wobei die Lagerungsart des Stabes durch den in den einzelnen Verfahren vorgeschriebenen Wert k_r berücksichtigt wird. Da die Stabsteifigkeiten s_{rL} als Systemwerte von der Einwirkungsgröße L abhängen, müssen die einzelnen Ausgleiche im allgemeinen getrennt nach den Belastungsarten L durchgeführt werden. Die Iteration erfolgt nun nach den in den einzelnen Verfahren angegebenen Methoden.

---

* Vergleiche hierzu Abschn. G 1, S. 82.

Nach Beendigung des Ausgleichs werden wie üblich getrennt nach den verschiedenen Einwirkungsgrößen die auf die Einzelquerschnitte entfallenden Teilschnittkräfte berechnet (vgl. Abschn. G 5, S. 90).

4. Der Einfluß der verschiedenen Verformungsanteile auf die Größe der zeitabhängigen Zwängungen

a) Zeitabhängige Zwängungen infolge der von einem Anfangswert auf einen Endwert anwachsenden Verformungen. Zu dieser Gruppe Formänderungen gehören Teilverformungen nach den Gln. (G 3a) und (G 3b). Bei reinen Spannbetonkonstruktionen kann eine Abschätzung der infolge dieser Verformungsgrößen geweckten Zwängungen nach Abschn. H vorgenommen werden.

Die durch das Kriechen und Schwinden hervorgerufenen, von Null auf ihre Endgröße anwachsenden Formänderungsanteile (G 3c), (G 3d), (G 3e) bleiben von den folgenden Betrachtungen ausgeschlossen. Ihre Bedeutung für die zeitabhängig statisch Unbestimmten wird in Abschn. 4b, S. 87, behandelt.

Es wird unterschieden nach Verbundkonstruktionen mit stabweise gleichen und solchen mit stabweise unterschiedlichen Verformungseigenschaften. Beispielsweise ist — unabhängig von geringen Querschnittsschwankungen — unter Momenteneinwirkung bei allen Tragwerkselementen einer reinen Stahlträgerverbundkonstruktion dieselbe Verformungstendenz festzustellen. Besteht andrerseits ein Tragwerk aus verschiedenartigen Konstruktionsgliedern, zum Beispiel aus einem Stahlträger und einem Verbundträger, so zeigen beide grundsätzlich verschiedene Verformungsbestrebungen: nach dem Aufbringen der ständig wirkenden Lasten zeigt der Stahlträger keine Bereitschaft zur Änderung seiner Verformungen, jedoch werden beim Verbundträger unter dem Einfluß des Betonkriechens die Formänderungen zunehmen.

Für diese beiden Konstruktionstypen werden die Auswirkungen der Kriechverformungen auf die zeitabhängigen Zwängungskräfte untersucht.

α) *Nach dem Aufbringen aller Belastungen erfolgt keine Änderung des statischen Systems.* Die allgemeingültigen Beziehungen nach Abschn. G 2b lassen sich unter bestimmten Voraussetzungen vereinfachen. Die Belastungsgröße M_o (vgl. Abschn. G 2a, S. 82) wird aufgegliedert in $M_o = M_M + M_N$.

Vor und nach dem Kriechen gelten dieselben Verträglichkeitsbedingungen. Damit wird in (G 5)

$$\delta_i = 0$$

Einwirkungsgröße Moment $M = $ const. Die Momente M_M infolge konstanter Momenteneinwirkung, exzentrischer Vorspannung und der daraus entstehenden Zwängungen erfüllen zum Zeitpunkt $t = 0$ voraussetzungsgemäß die Verträglichkeitsbedingungen des Systems. Die Verformungsanteile der Normalkräfte aus diesen Momenten M_M sollen vernachläßigbar klein sein.

$$\left. \begin{aligned} \bar{S}_{vo}\, \delta_{io} &= \int \frac{M_M \bar{M}_i}{m_{so}}\, ds = 0 \\[2mm] m_{so} &= \frac{S_{vo}}{\bar{S}_{vo}} \end{aligned} \right\} \tag{G 6}$$

Bezeichnungen:

$$\overline{K}_{vo}; \ \overline{S}_{vo}; \ \overline{K}_{v\varphi N}; \ \overline{S}_{v\varphi M} \quad \text{Steifigkeiten eines Bezugsquerschnitts}$$

Die Endverformungen nach abgeschlossenem Kriechen berechnen sich aus dem Ansatz (G 3a)

$$\left.\begin{aligned} \overline{S}_{v\varphi M}\,\delta_{i\varphi} &= \int \frac{M_M\,\overline{M}_i}{m_{s\varphi M}}\,ds \\[2mm] m_{s\varphi M} &= \frac{S_{v\varphi M}}{\overline{S}_{v\varphi M}} \end{aligned}\right\} \tag{G 7}$$

Die Verformungsgrößen $\overline{S}_{vo}\,\delta_{io}$ und $\overline{S}_{v\varphi M}\,\delta_{i\varphi}$ unterscheiden sich nur durch den verschiedenartigen Verlauf der bezogenen Steifigkeiten m_{so} und $m_{s\varphi M}$. Unter der Voraussetzung einer Verbundkonstruktion mit stabweise ähnlichen Verformungsbestrebungen ändert sich der Verlauf von $m_{s\varphi M}$ gegenüber m_{so} derart unbedeutend, daß die Endverformung $\overline{S}_{v\varphi M}\,\delta_{i\varphi} \cong \overline{S}_{vo}\,\delta_{io} = 0$ wird und damit unter der Einwirkung konstanter Momente durch das Kriechen *keine* oder nur *geringe* Zwängungen aufgebaut werden. Nach Abschluß des Kriechens sind die Verformungen zwängungsfrei auf den $\overline{S}_{v\varphi M}/\overline{S}_{vo}$-fachen Betrag der elastischen Formänderungen angestiegen.

Andrerseits werden in Verbundkonstruktionen aus Tragteilen grundsätzlich verschiedener Verformungseigenschaften wegen des unterschiedlichen Verlaufs von $m_{s\varphi M}$ und m_{so} zeitabhängige Zwängungen geweckt $(\delta_{i\varphi} \neq 0)$.

Einwirkungsgröße mittige Normalkraft $N_o = $ const. Die Verformungen infolge der Momente aus exzentrischer Vorspannung sind bereits in (G 6) bzw. (G 7) enthalten. Mit den durch die Normalkraftverkürzungen $\int \dfrac{N_o\,\overline{N}_i}{K_{vo}}\,ds$ hervorgerufenen Momenten M_N werden zum Zeitpunkt $t = 0$ an den Wirkungsstellen der Unbekannten die Verformungsbedingungen erfüllt $(M_M + M_N = M_o)$. Diese Momente M_N werden im allgemeinen nur bei Rahmenkonstruktionen auftreten, da bei Tragwerken ohne horizontale Zwängungen (Durchlaufträger) die Normalkraftverkürzungen zwängungsfrei erfolgen können. Die Verformungsanteile der Normalkräfte aus den Momenten M_N sollen gegenüber denen aus der Normalkraft N_o vernachlässigbar klein sein.

$$\delta_{io} = \int \frac{N_o\,\overline{N}_i}{K_{vo}}\,ds + \int \frac{M_N\,\overline{M}_i}{S_{vo}}\,ds = 0$$

Mit

$$m_{ko} = \frac{K_{vo}}{\overline{K}_{vo}} \quad \text{und} \quad m_{so} = \frac{S_{vo}}{\overline{S}_{vo}}$$

$$\overline{S}_{vo}\,\delta_{io} = \frac{\overline{S}_{vo}}{\overline{K}_{vo}} \int \frac{N_o\,N_i}{m_{ko}}\,ds + \int \frac{M_N\,\overline{M}_i}{m_{so}}\,ds = 0 \tag{G 8}$$

Sinngemäß berechnen sich die Formänderungen nach dem Kriechen.

$$\overline{S}_{v\varphi M}\,\delta_{i\varphi} = \frac{\overline{S}_{v\varphi M}}{\overline{K}_{v\varphi N}} \int \frac{N_o\,\overline{N}_i}{m_{k\varphi N}}\,ds + \int \frac{M_N\,\overline{M}_i}{m_{s\varphi M}}\,ds \tag{G 9}$$

mit

$$m_{k\varphi N} = \frac{K_{v\varphi N}}{\overline{K}_{v\varphi N}} \quad \text{und} \quad m_{s\varphi M} = \frac{S_{v\varphi M}}{\overline{S}_{v\varphi M}}$$

Aus einer Gegenüberstellung der Verformungswerte (G 8) und (G 9) erkennt man, daß neben dem Verlauf der bezogenen Steifigkeiten m_{ko}, $m_{k\varphi N}$ und m_{so}, $m_{s_\varphi M}$ die Verhältnisse der Bezugssteifigkeiten $\overline{S}_{vo}/\overline{K}_{vo}$ und $\overline{S}_{v\varphi M}/\overline{K}_{v\varphi N}$ von Bedeutung sind. Bei Verbundtragwerken aus Konstruktionsgliedern des gleichen Querschnittstyps wird sich der Verlauf der $m_{k\varphi N}$ bzw. $m_{s_\varphi M}$ gegenüber m_{ko} bzw. m_{so} nur geringfügig unterscheiden. Ebenso wird bei den meisten Verbundquerschnittsarten die Beziehung

$$\frac{\overline{S}_{vo}}{\overline{K}_{vo}} \cong \frac{\overline{S}_{v\varphi M}}{\overline{K}_{v\varphi N}}$$

zutreffen. Damit folgt über (G 8) und (G 9) $\delta_{i\varphi} \cong 0$. Bei diesen Verbundsystemen entstehen durch Kriechverkürzungen infolge mittiger Normalkraft *keine* oder nur *geringe* zeitabhängigen Zwängungen. Die Endverformungen wachsen auf das $\overline{S}_{v\varphi M}/\overline{S}_{vo} \cong \overline{K}_{v\varphi N}/\overline{K}_{vo}$-fache der elastischen Formänderungen.

Auf Grund dieser Erfahrungen beschränkt sich die Kriechberechnung von Verbundkonstruktionen aus Tragwerksteilen *gleicher Verformungseigenschaften* auf die Ermittlung der statisch Unbestimmten $X_{i\varphi}$, die durch die von Null auf ihren Endwert anwachsenden Verformungen nach (G 3c), (G 3d) und (G 3e) hervorgerufen werden (Abschn. 4b, S. 87).

β) *Nach dem Aufbringen aller Belastungen erfolgt eine Änderung des statischen Systems durch zusätzliche Auflagerbedingungen.* Die Kriechverformungen

$$\left(\int \frac{M_o \overline{M}_i}{S_{v\varphi M}}\, ds - \int \frac{M_o \overline{M}_i}{S_{vo}}\, ds \right) \quad \text{und} \quad \left(\int \frac{N_o \overline{N}_i}{K_{v\varphi N}}\, ds - \int \frac{N_o \overline{N}_i}{K_{vo}}\, ds \right)$$

werden an den Stellen der zusätzlichen Lagerungsbedingungen verhindert. Zur Berechnung der durch diese Eingriffe in das statische System hervorgerufenen, sehr erheblichen zeitabhängigen Zwängungen müssen die Verformungen nach (G 4a) und (G 4b) herangezogen werden. Der Formänderungswert δ_i des Gleichungssystems (G 5) entspricht der Verformungsgröße an der Schnittstelle i vor Beginn des Kriechens.

$$\delta_i = \delta_{io} \tag{G 10}$$

Als zusätzliche Auflagerbedingungen gelten z. B. Stützenverschiebungen, Schließen von Arbeitsfugen, Unterbauen zusätzlicher Lager. Ein Entfernen von Auflagern (Stützjoche) ist keine Änderung der Lagerungsbedingungen im Sinne dieses Abschnitts.

b) Zeitabhängige Zwängungen infolge der von Null auf ihren Endwert anwachsenden Verformungen. Der Einfluß der Schwindverkürzungen (G 3e) auf die Schnittkraftverteilung muß bei *allen* Systemen mit horizontalen Zwängungen verfolgt werden. Die Berechnung der Unbekannten wird nach Abschn. 2b, S. 82, durchgeführt.

Die infolge der exzentrischen Stahlquerschnittsflächen durch das Schwinden und durch die im Verbundquerschnitt $\mathfrak{S}_{vo}$ angreifende Normalkraft verursachten, mit Beginn des Kriechens einsetzenden Verdrehungen (G 3c), (G 3d) wirken sich bei Spannbeton- bzw. Stahlträgerverbundkonstruktionen unterschiedlich aus. Die folgenden Überlegungen gelten sowohl für Tragwerke mit, als auch für solche ohne horizontale Zwängungen.

α) *Spannbetonkonstruktionen. Mittige Normalkraft, Verformungsanteil* (G 3 c).
Für die weiteren Betrachtungen ist der Begriff der „formtreuen Linie" einzuführen.
Greifen in Höhe einer formtreuen Linie im Abstand e_x von der Verbundschwer-
achse $\mathfrak{S}_{vo}$ Normalkräfte „1" an, so dürfen infolge der Momente „1" e_x an den
Wirkungsstellen der Unbekannten keine Klaffungen entstehen (Zwängungen
$X_{„1"} = 0$).

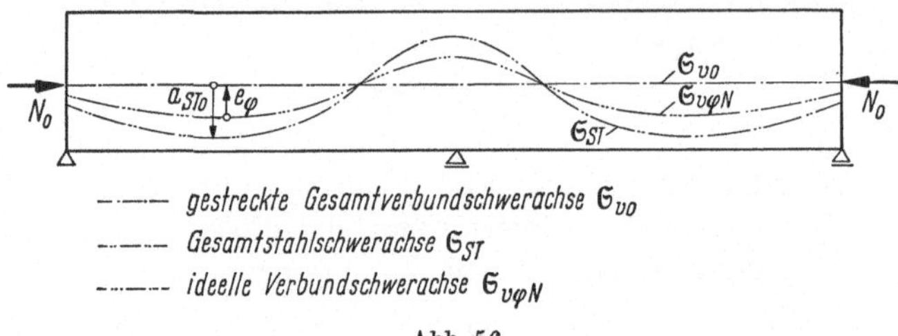

—·—·— gestreckte Gesamtverbundschwerachse $\mathfrak{S}_{vo}$

—··—··— Gesamtstahlschwerachse $\mathfrak{S}_{ST}$

—···—···— ideelle Verbundschwerachse $\mathfrak{S}_{v\varphi N}$

Abb. 56

Fällt die Gesamtstahlschwerachse $\mathfrak{S}_{ST}$ bezüglich der Verbundschwerachse $\mathfrak{S}_{vo}$
mit einer formtreuen Linie zusammen, so gilt nach den Voraussetzungen die Be-
ziehung

$$\bar{S}_{vo}\,\delta'_{io} = \int \frac{„1"\,a_{STo}\,\overline{M}_i}{m_{so}}\,ds = 0 \qquad (G\ 11)$$

$$m_{so} = \frac{S_{vo}}{\bar{S}_{vo}} \quad \text{bezogene Steifigkeit}$$

Nach dem Kriechen werden infolge der im Schwerpunkt $\mathfrak{S}_{vo}$ angreifenden Normalkräfte N_o Querschnittsverdrehungen auftreten (G 3 c).

$$\bar{S}_{v\varphi N}\,\delta_{i\varphi} = \int \frac{e_\varphi\,N_o\,\overline{M}_i}{m_{s\varphi N}}\,ds \qquad (G\ 12)$$

$$m_{s\varphi N} = \frac{S_{v\varphi N}}{\bar{S}_{v\varphi N}} \quad \text{bezogene ideelle Steifigkeit}$$

Bei wenig veränderlichen Querschnittsverhältnissen werden die Werte m_{so} und
$m_{s\varphi N}$ ähnlich verlaufen (vgl. Abschn. a, S. 85), die Differenz $(\alpha_{\varphi N} - \alpha)$ wird sich
nur wenig ändern. Wegen (F 10) $e_\varphi = (\alpha_{\varphi N} - \alpha)\,a$ folgt bei annähernd konstanter
Normalkraft N_o

$$\bar{S}_{v\varphi N}\,\delta_{i\varphi} \cong \frac{(\alpha_{\varphi N} - \alpha)}{\alpha}\,N_o \int \frac{a_{STo}\,\overline{M}_i}{m_{s\varphi N}}\,ds$$

Damit kann die ideelle Verbundschwerachse nur unbedeutend von einer formtreuen Linie abweichen, da die Bedingung (G 11) annähernd erfüllt ist. Durch die
Verformungsanteile

$$\vartheta_\varphi = \int \frac{e_\varphi\,N_o\,\overline{M}}{S_{v\varphi N}}\,ds$$

werden *keine* oder nur *geringe* Zwängungen entstehen.

Für den Sonderfall, daß die Spannstahlschwerachse $\mathfrak{S}_z \equiv \mathfrak{S}_{ST}$ mit einer
formtreuen Linie zusammenfällt, ist die Spanngliedführung mit der bei „formtreuer Vorspannung" identisch.

Bei allen Konstruktionen, auf die die Voraussetzungen der formtreuen Gesamtstahlschwerlinie, annähernd gleicher Querschnittsverhältnisse und konstanter Normalkraft N_o nicht zutreffen, werden zeitabhängige Unbekannte geweckt.

Schwinden, Verformungsanteil (G 3d). Bei formtreuer Schwerachse $\mathfrak{S}_{ST}$ und wenig veränderlicher Querschnitte gilt auch

$$\bar{S}_{vo}\,\delta''_{io} = \int \frac{\text{„1"}\,a_{bo}\,\overline{M}_i}{m_{so}}\,ds \cong 0 \qquad\qquad (\text{G 13})$$

Mit den Beziehungen (G 11) und (G 13) wird ebenfalls der gegenseitige Abstand a von Betonschwerachse $\mathfrak{S}_b$ und Stahlschwerachse $\mathfrak{S}_{ST}$ die Bedingung einer formtreuen Linie erfüllen.

$$\bar{S}_{vo}\,\delta'''_{io} = \int \frac{\text{„1"}\,a\,\overline{M}_i}{m_{so}}\,ds = 0 \qquad\qquad (\text{G 14})$$

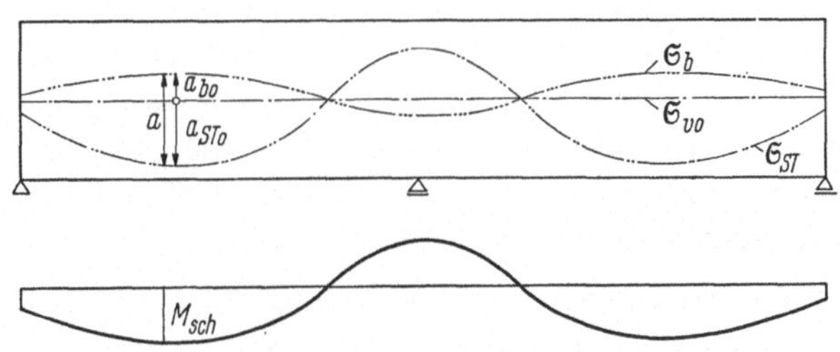

Abb. 57

Die Schwindmomente (F 17)

$$M_{sch} = \varepsilon_s\,K_{\varphi S}\,a$$

verursachen die Verformungen (G 3d)

$$\bar{S}_{v\varphi S}\,\delta_{i\varphi} = \int \frac{M_{sch}\,\overline{M}_i}{m_{s\varphi S}}\,ds \cong \varepsilon_s\,K_{\varphi S}\int \frac{a\,\overline{M}_i}{m_{s\varphi S}}\,ds \qquad (\text{G 15})$$

$$m_{s\varphi S} = \frac{S_{v\varphi S}}{\bar{S}_{v\varphi S}} \qquad \text{bezogene ideelle Steifigkeit}$$

Aus einem Vergleich der Gleichungen (G 14) und (G 15) ist zu erkennen, daß die Verformungen infolge M_{sch} zwängungsfrei anwachsen können.

Sind die Voraussetzungen formtreuer Stahlschwerachse und ähnlicher Querschnittswerte nicht erfüllt, muß der Einfluß auf die Unbekannten untersucht werden.

β) Stahlträgerverbundkonstruktionen. Die Gesamtstahlschwerachse $\mathfrak{S}_{ST}$ weicht sehr stark von einer formtreuen Linie ab. Die Auswirkungen der Verformungsgrößen infolge Schwindens (G 3 d) und mittiger Normalkraft (G 3 c) müssen grundsätzlich verfolgt werden, da im allgemeinen bedeutende Zwängungen hervorgerufen werden.

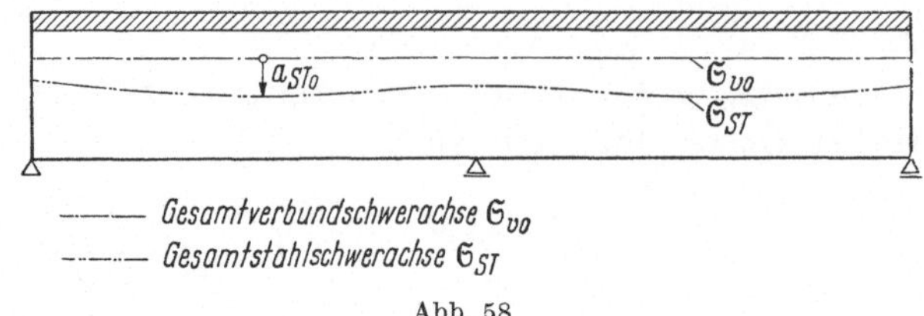

Abb. 58

c) Zusammenfassung

1. Verbundkonstruktionen mit stabweise sehr unterschiedlichen Verformungseigenschaften oder mit stark veränderlichen Querschnittsverhältnissen

Infolge der Einwirkungsgrößen M_0, N_0 und Schwinden werden grundsätzlich zeitabhängige Unbekannte hervorgerufen.

2. Verbundkonstruktionen mit stabweise annähernd gleichen Verformungseigenschaften und mit wenig veränderlichen Querschnittsverhältnissen

Durch Veränderungen des statischen Systems nach Aufbringen der Belastungen werden bedeutende Zwängungskräfte geweckt (s. S. 87, Abschn. β).

Bei Rahmenkonstruktionen ist der Einfluß der Schwindverkürzungen auf die horizontalen Zwängungen zu untersuchen (s. S. 87, Abschn. b).

a) Spannbetonkonstruktionen (s. S. 85, Abschn. a α, s. S. 88, Abschn. b α).

Konstruktiv bedingt wird im allgemeinen die Schwerachse $\mathfrak{S}_{ST}$ des Gesamtstahlquerschnitts wenig von einer formtreuen Linie abweichen. Die Einwirkungsgrößen M_0, N_0 und Schwinden verursachen daher nur geringfügige Zwängungskräfte.

b) Stahlträgerverbundkonstruktionen (s. S. 85, Abschn. a α, s. S. 89, Abschn. b β).

Die Einwirkungsgrößen N_0 und Schwinden sind von wesentlichem Einfluß auf die Größe der statisch Unbestimmten, während die Einwirkungsgröße M_0 von untergeordneter Bedeutung für die Zwängungen ist.

5. Teilschnittkräfte nach Abschluß des Kriechens

Nach der Ermittlung der zeitabhängigen Unbekannten werden alle auf den zu untersuchenden Gesamtquerschnitt einwirkenden Schnittkräfte getrennt nach den Einwirkungsgrößen zusammengestellt. Die Verteilung der einzelnen Belastungen (konstante Belastungsgrößen M_0 und N_0, Schwinden, zeitabhängige Schnittgrößen) auf die Teilquerschnitte erfolgt anschließend nach Abschn. F, die Spannungsverteilung muß mit Hilfe der zweigliedrigen Spannungsgleichung (F 0, e) ermittelt werden.

6. Berechnungsbeispiele

Beispiel 11. *Stahlträgerverbund* [5]. Durch Stützensenkung soll zum Zeitpunkt $t = 0$ an der Mittelstütze des in Abb. 59 dargestellten Zweifelträgers ein

Moment $M_o = +1105$ tm hervorgerufen werden. Die Querschnittsverhältnisse entsprechen Beispiel 2.

Es sind die Einflüsse des Kriechens und Schwindens auf die Schnittgrößen zu untersuchen. Die vor und nach dem Kriechen auf die Teilquerschnitte des Stützenquerschnitts entfallenden Schnittkräfte sollen getrennt nach den Einwirkungsgrößen berechnet werden (Klammerwerte nach FRITZ [5]).

Abb. 59. System und Stützweiten

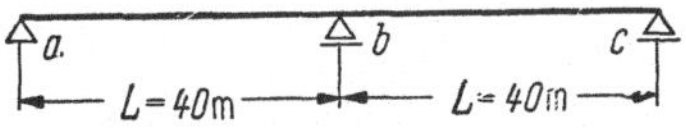

$$\varphi = 2 \qquad \varepsilon_s = 25 \cdot 10^{-5}$$

Nach Beispiel 2, Tab. 1, S. 49 $\left.\begin{aligned} \alpha &= 0{,}37500 \\ \beta &= 0{,}28787 \\ \gamma &= 0{,}71213 \end{aligned}\right\}$ nach Teil III/2, S. 124/125 $\qquad \begin{aligned} \psi_{FM} &= 1{,}116 \\ \psi_{FS} &= 0{,}518 \\ \psi_{FX_M} &= 0{,}587 \end{aligned}$

Für diese Kriechbeiwerte sind die ideellen Querschnittswerte in Tab. 2, S. 50, berechnet.

Beispiel 11a. *Stützenabsenkung.* Durch das Unterbauen des Lagers b liegt eine Systemveränderung gem. Abschn. β, S. 87, vor, da die Verformungsbestrebungen infolge der konstant einwirkenden Momente M_o an der Stelle b verhindert werden. Die Verformungsbedingungen werden nach Tab. C, S. 83, durch das Moment X_M [s. S. 24, Abschn. d (D 31a)] erfüllt. Wegen der über die ganze Trägerlänge konstanten Querschnittsverhältnisse stellt das Wachstumsgesetz der Zwängung (D 31a) die exakte Lösung dar (vgl. S. 79, Abschn. 1).

Nach Tab. 2, S. 50

$S_{vo}/E_{st} = 12{,}392 \cdot 10^6\ \text{cm}^4$

$S_{v\varphi M}/E_{st} = 8{,}3701 \cdot 10^6\ \text{cm}^4$

$S_{v\varphi X_M}/E_{st} = 9{,}6949 \cdot 10^6\ \text{cm}^4$

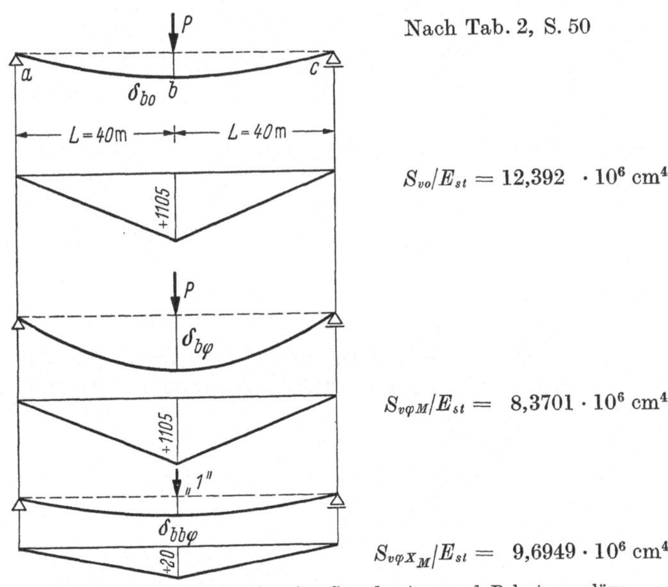

Abb. 60a. Statisch bestimmtes Grundsystem und Belastungspläne

Verschiebung δ_{bo} $\qquad M_o = +1105$ tm

(G 1a) $\qquad \delta_{bo} = \frac{1}{48} \frac{P(2L)^3}{S_{vo}} = \frac{M_o(2L)^2}{12 S_{vo}}$

$$\delta_{bo} = \frac{110500 \cdot 8000^2}{12 \cdot 12{,}392 \cdot 2{,}1 \cdot 10^9} = 22{,}65\ \text{cm}$$

Berechnung der Zwängung $X_{M\varphi}$

$$12 \cdot 10^6 \, E_{st} \, \delta_{bo} = \frac{110\,500}{12,392} \, L^2 = + \; 8917 \, L^2$$

(G 3a)
$$12 \cdot 10^6 \, E_{st} \, \delta_{b\varphi} = \frac{110\,500}{8,3701} \, L^2 = +\,13\,201 \, L^2$$

$$\delta_{b\varphi} = 33,53 \text{ cm}$$

(G 3f)
(G 4a)
$$12 \cdot 10^6 \, E_{st} \, \delta_{bb\varphi} = \frac{2000}{9,6949} \, L^2 = +\,206,29 \, L^2$$

Abschnitt β, S. 87   (G 10) $\delta_b = \delta_{bo}$

$$12 \cdot 10^6 \, E_{st} \, \delta_b = +\,8917 \, L^2$$

(G 5)
$$13\,201 + 206,29 \, X_{M\varphi} = 8917$$

$$X_{M\varphi} = -\,20,767 \text{ t}$$

$$M_{X_{M\varphi}} = -\,20,767 \cdot 20 = -\,415,34 \text{ tm} \quad (-418,1)$$

Schnittkräfte nach den Abschn. a, S. 32, b, S. 34 (Tab. 2, S. 50)

vor dem Kriechen

$$N_{bo} = +\,0,712\,13 \cdot \frac{1105}{1,5340} = +\,513,0 \text{ t} \quad (511,6)$$

(F 1) $N_{STo} = -\,513,0 \text{ t}$

$$M_{STo} = +\,0,287\,87 \cdot 1105 = +\,318,1 \text{ tm} \quad (317,3)$$

nach dem Kriechen

$$N_{b\varphi} = +\,0,5738 \cdot \frac{1105}{1,5340} - 0,632\,04 \cdot \frac{415,34}{1,5340} = +\,242,2 \text{ t} \quad (240,5)$$

(F 4) $N_{ST\varphi} = -\,242,2 \text{ t}$

$$M_{ST\varphi} = +\,0,4262 \cdot 1105 - 0,367\,96 \cdot 415,34 \;\;= +\,318,1 \text{ tm} \quad (317,3)$$

Kontrolle: Während des Kriechens muß bei konstanten Querschnittsverhältnissen die Biegelinie des Systems und damit die Krümmung an jeder Stelle
erhalten bleiben.

Bedingung: $M_{ST\varphi} = M_{STo}$

Beispiel 11b. *Schwinden.* Die infolge des Schwindens von Null auf ihren
Endwert anwachsenden Verformungen rufen Zwängungen hervor, deren Wachs-

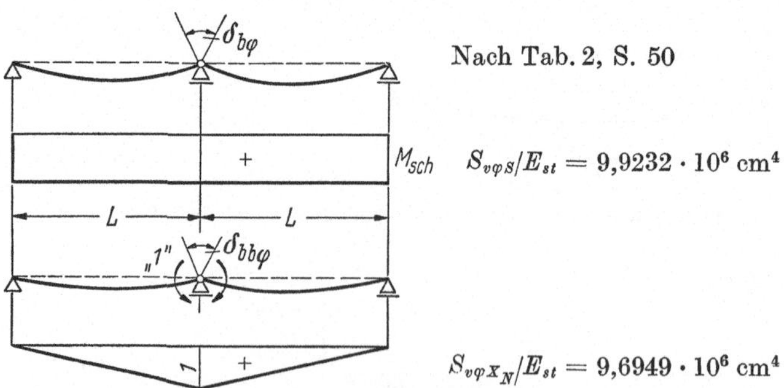

Abb. 60b. Statisch bestimmtes Grundsystem und Belastungspläne

tumsgesetz (D 31 a) (nach Tab. C, S. 83, Zwängung X_N) wegen gleichbleibender Querschnitte die Bedingung des gleichen Verformungsablaufs exakt erfüllt.

(F 17) $M_{sch} = \varepsilon_s K_\varphi S\, a = 25 \cdot 10^{-5} \cdot 2{,}1 \cdot 10^6 \cdot 270{,}1 \cdot 153{,}40 \text{ kgcm} = +217{,}53 \text{ tm}$

(G 3 d) $\dfrac{1}{2} \cdot 10^6 E_{st}\, \delta_{b\varphi} = +217{,}53 \cdot \dfrac{1}{2 \cdot 9{,}9232} L = +10{,}961\, L$

(G 3 f)
(G 4 b) $\dfrac{1}{2} \cdot 10^6 E_{st}\, \delta_{bb\varphi} = \dfrac{1}{3 \cdot 9{,}6949} L = +0{,}034382\, L$

Abschn. α, S. 85, $\delta_b = 0$

(G 5) $\qquad\qquad 10{,}961 + 0{,}034382\, X_{N\varphi} = 0$

$$X_{N\varphi} = -318{,}8 \text{ tm}\quad (-319{,}7)$$

Schnittkräfte zum Zeitpunkt $t = \infty$ (Tab. 2, S. 50)

$\varepsilon_s K_\varphi S = 141{,}8 \text{ t}$

nach den Abschn. b, S. 34 und d, S. 36, mit (F 4), (F 18)

$$N_{b\varphi} = -0{,}35949 \cdot 141{,}8 - 0{,}63204 \cdot \dfrac{318{,}8}{1{,}534} = -182{,}3 \text{ t}\quad (182{,}8)$$

$$N_{ST\varphi} = +182{,}3 \text{ t}$$

$$M_{ST\varphi} = +0{,}35949 \cdot 217{,}53 - 0{,}36796 \cdot 318{,}8 = +78{,}2 - 117{,}3$$

$$= -39{,}1 \text{ tm}\quad (39{,}0)$$

Beispiel 12. *Stahlträgerverbund.* Der Zweifeldträger des Beispiels 11 soll über der Stütze durch Spannglieder vorgespannt werden. Die Verankerung der Spannglieder erfolgt, nachdem eine Kraft von 780 t erreicht ist. Im Bereich I entsprechen die Querschnittsverhältnisse Beispiel 2, im Bereich II Beispiel 3.

Für den Stützenquerschnitt soll die Verteilung der Schnittkräfte vor und nach dem Kriechen berechnet werden.

$$V_o = 780 \text{ t}$$
$$\varphi = 2$$

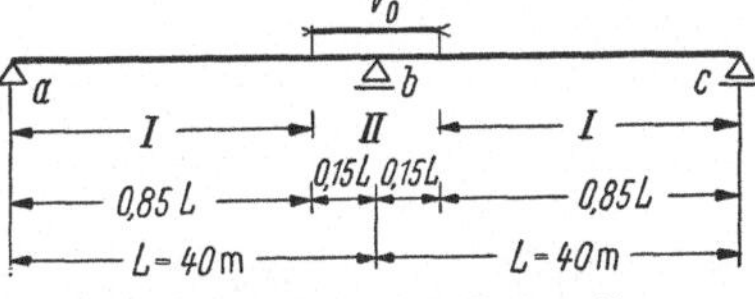

Abb. 61. System und Stützweiten

Bereich I

Nach Beispiel 2, $\alpha = 0{,}37500$ nach Teil III/2, $\psi_{FM_{IN}} = 1{,}116$
Tab. 1, S. 49 $\beta = 0{,}28787$ S. 124/125 $\psi_{FX_{M_{IN}}} = 0{,}587$

$\gamma = 0{,}71213$

Bereich II

Nach Beispiel 3, $\alpha = 0{,}39980$ nach Teil III/2, $\psi_{FM_{IN}} = 1{,}175$
Tab. 1, S. 49 $\beta = 0{,}39425$ S. 124/125 $\psi_{FX_{M_{IN}}} = 0{,}604$

$\gamma = 0{,}60575$

Die ideellen Querschnittswerte können der Tab. 2, S. 50, entnommen werden. Berechnung der Zwängung X_o *vor* Herstellen des Spannstahlverbunds

Bereich I $S'_{vo}/E_{st} = 12{,}392 \cdot 10^6 \text{ cm}^4$

$$a'_{zo} = a'_{bo} = 0{,}375 \cdot 1{,}534 = 0{,}5753 \text{ m}$$

Bereich II $S_{vo}/E_{st} = 12{,}392 \cdot 10^6 \text{ cm}^4$

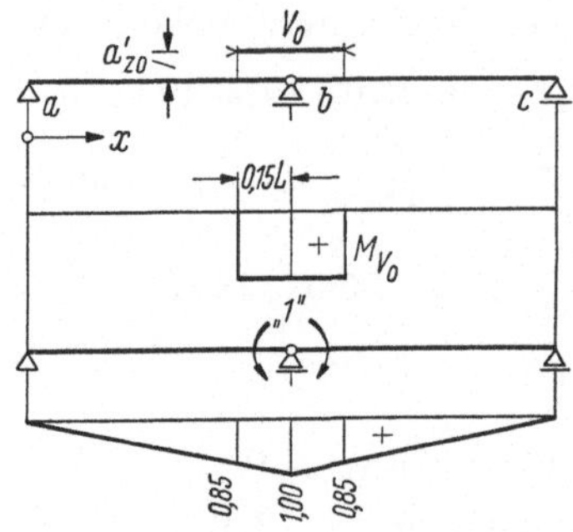

$$M_{V_0} = +0{,}5753 \cdot 780 = +448{,}7 \text{ tm}$$

Abb. 62. Statisch bestimmtes Grundsystem und Belastungspläne

(G 1 a) $S_{vo}\,\delta_{bo} = \dfrac{1}{2} \cdot 0{,}15L\,(1 + 0{,}85) \cdot 448{,}7 = +62{,}257\,L$

(G 1 b) $S_{vo}\,\delta_{bb} = \dfrac{1}{3}\,L$

$$x = 1{,}0\,L \qquad \underline{X_0 = -186{,}8 \text{ tm}}$$

$$x = 0{,}85\,L \qquad M_{X_0} = -0{,}85 \cdot 186{,}8 = -158{,}8 \text{ tm}$$

Berechnung der Belastungsgrößen N_0 und M_0 (s. S. 38, Abschn. e, α).

Die Querschnittswerte vor und nach Herstellen des Spannstahlverbunds werden von Beispiel 3, S. 58, übernommen.

$$K_{vo}/E_{st} = 1666 \text{ cm}^2 \qquad S_{vo}/E_{st} = 12{,}602 \cdot 10^6 \text{ cm}^4$$

$$K'_{vo}/E_{st} = 1600 \text{ cm}^2 \qquad S'_{vo}/E_{st} = 12{,}392 \cdot 10^6 \text{ cm}^4$$

$$a_{z0} = a_{bo} = \alpha\,a = 0{,}399\,80 \cdot 1{,}3818 = +0{,}5524 \text{ m}$$

Nach Abschn. α_3, S. 41 (F 31 a, b), (F 26 a), (F 36 a, b)

$$N_0 = V_0 + \Delta V_0 = \frac{K_{vo}\,S_{vo}}{K'_{vo}\,S'_{vo}}\,V_0 + \left(\frac{S_{vo}}{S'_{vo}} - 1\right)\frac{M}{a_{z0}}$$

$$M_0 = M + a_{z0}\,N_0$$

$x = 1{,}0\,L$ $N_0 = \dfrac{1666 \cdot 12{,}602}{1600 \cdot 12{,}392} \cdot 780 - \left(\dfrac{12{,}602}{12{,}392} - 1\right)\dfrac{186{,}8}{0{,}5524}$

$M = -186{,}8 \text{ tm}$ $= +825{,}9 - 5{,}7 = 820{,}2 \text{ t}$

$$M_0 = +820{,}2 \cdot 0{,}5524 - 186{,}8 = +453{,}1 - 186{,}8$$

$$= +266{,}3 \text{ tm}$$

$x = 0{,}85\,L$ $N_{0\,I} = 0 \qquad M_{0\,I} = -158{,}8 \text{ tm}$

$M = -158{,}8 \text{ tm}$ $N_{0\,II} = +825{,}9 - \left(\dfrac{12{,}602}{12{,}392} - 1\right)\dfrac{158{,}8}{0{,}5524}$

$$= +825{,}9 - 4{,}9 = 821{,}0 \text{ t}$$

$$M_{0\,II} = +821{,}0 \cdot 0{,}5524 - 158{,}8 = +453{,}5 - 158{,}8$$

$$= +294{,}7 \text{ tm}$$

Voraussetzungsgemäß werden die Verträglichkeitsbedingungen durch die Belastungsgrößen N_0 und M_0 erfüllt (Zeitpunkt $t = 0$).

Die Zwängungen nach abgeschlossenem Kriechen können durch die Belastungsgrößen N_o, M_o und $e_\varphi N_o$ hervorgerufen werden.

Belastungswerte $e_\varphi N_o$

(F 10) $\qquad e_\varphi = (\alpha_{\varphi N} - \alpha)\, a = (0{,}6905 - 0{,}3998) \cdot 1{,}3818 = +0{,}4017 \text{ m}$

$x = 1{,}0\,L \qquad e_\varphi N_o = +0{,}4017 \cdot 820{,}2 = +329{,}5 \text{ tm}$

$x = 0{,}85\,L \qquad e_\varphi N_o = +0{,}4017 \cdot 821{,}0 = +329{,}8 \text{ tm}$

Nach Abschn. b, S. 47, kann die Ermittlung der Zwängung in einem Berechnungsgang erfolgen. Da jedoch gleichzeitig gezeigt werden soll, daß durch die Belastungsgrößen M_o nur geringfügige Zwängungen aufgebaut werden (vgl. S. 85, Abschn. α), wird zusätzlich die Berechnung der zeitabhängig Unbekannten getrennt nach den Einwirkungen „äußeres Moment, Verformungsanteil nach (G 3a)" und „mittige Normalkraft, Verformungsanteil nach (G 3c)" durchgeführt.

Tab. 2, S. 50

Bereich I
$$S_{vo}/E_{st} = 12{,}392 \ \cdot 10^6\,\text{cm}^4$$
$$S_{v\varphi M}/E_{st} = \ 8{,}3701 \cdot 10^6\,\text{cm}^4$$

Bereich II
$$S_{vo}/E_{st} = 12{,}602 \ \cdot 10^6\,\text{cm}^4$$
$$S_{v\varphi M}/E_{st} = \ 8{,}9036 \cdot 10^6\,\text{cm}^4$$

Bereich I
$$S_{v\varphi N}/E_{st} = \ 8{,}3701 \cdot 10^6\,\text{cm}^4$$

Bereich II
$$S_{v\varphi N}/E_{st} = \ 8{,}9036 \cdot 10^6\,\text{cm}^4$$

Bereich I
$$S_{v\varphi X_{M/N}}/E_{st} = \ 9{,}6949 \cdot 10^6\,\text{cm}^4$$

Bereich II
$$S_{v\varphi X_{M/N}}/E_{st} = 10{,}116 \ \cdot 10^6\,\text{cm}^4$$

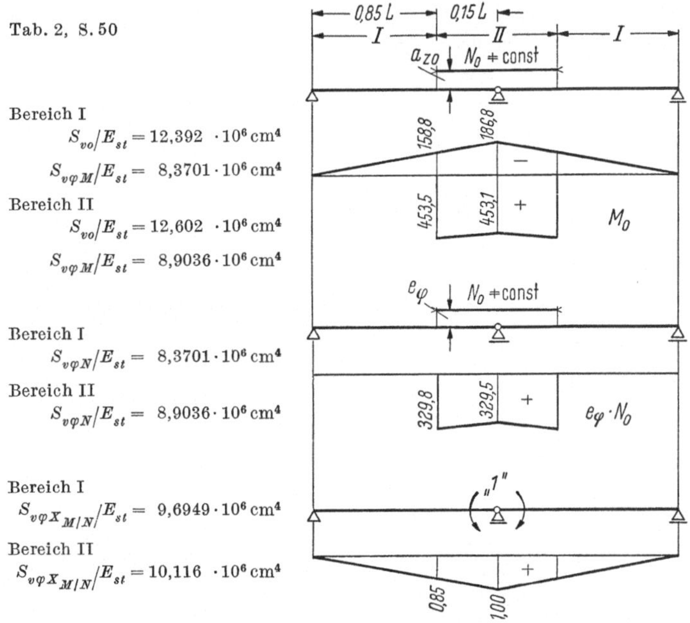

Abb. 63. Statisch bestimmtes Grundsystem und Belastungspläne

Kontrolle:

Zwängung zum Zeitpunkt $t = 0$ unter der Einwirkung der Belastungsgröße $N_o = \text{const}$

(G 1a) $\qquad 10^6\, E_{st}\, \delta_{bo} = \dfrac{1}{6}\ \dfrac{0{,}15\,L}{12{,}602} \cdot (2 \cdot 0{,}85 \cdot 453{,}5 + 2 \cdot 1{,}0 \cdot 453{,}1 +$

$\qquad\qquad\qquad\qquad + 0{,}85 \cdot 453{,}1 + 1{,}0 \cdot 453{,}5) = 4{,}9908\,L$

(G 1b) $\qquad 10^6\, E_{st}\, \delta_{bb} = \dfrac{1}{3}\ \dfrac{0{,}15\,L}{12{,}602} \cdot (0{,}85^2 + 0{,}85 + 1{,}00) + \dfrac{1}{3}\ \dfrac{0{,}85\,L}{12{,}392} \cdot 0{,}85^2$

$\qquad\qquad\qquad\qquad = 0{,}01021\,L + 0{,}01652\,L = 0{,}02673\,L$

$$\underline{X_o = -\ \frac{4{,}9908}{0{,}02673} = -186{,}8 \text{ tm}}$$

1. *Zeitabhängige Zwängung* zum Zeitpunkt $t = \infty$ nach den Abschn. α, S. 85 u. β, S. 89

a) infolge M_o

(G 4 a) $\qquad \dfrac{10^6}{L}\,E_{st}\,\delta_{b\varphi} = +\,4{,}9908 \cdot \dfrac{12{,}602}{8{,}9036}\,-$

$$- 186{,}8 \cdot \left(0{,}01021 \cdot \frac{12{,}602}{8{,}9036} + 0{,}01652 \cdot \frac{12{,}392}{8{,}3701}\right)$$

$$= +\,7{,}0639 - 7{,}2643 = -\,0{,}2004$$

(G 4 a) $\qquad \dfrac{10^6}{L}\,E_{st}\,\delta_{bb\varphi} = +\,0{,}01021 \cdot \dfrac{12{,}602}{10{,}116} + 0{,}01652 \cdot \dfrac{12{,}392}{9{,}6949} = +\,0{,}033830$

Nach (G 5) mit $\delta_i = 0$

$$\underline{X_{M\varphi} = +\,\frac{0{,}2004}{0{,}03383} = +\,5{,}9 \text{ tm}}$$

b) infolge $e_\varphi\,N_o$

(G 4 b) $\qquad \dfrac{10^6}{L}\,E_{st}\,\delta_{b\varphi} = \dfrac{1}{6}\,\dfrac{0{,}15}{8{,}9036} \cdot (2 \cdot 0{,}85 \cdot 329{,}8 + 2 \cdot 329{,}5 \,+$

$$+\,329{,}8 + 0{,}85 \cdot 329{,}5) = +\,5{,}1371$$

(G 4 b) $\qquad \dfrac{10^6}{L}\,E_{st}\,\delta_{bb\varphi} = +\,0{,}03383$

$$\underline{X_{N\varphi} = -\,\frac{5{,}1371}{0{,}03383} = -\,151{,}8 \text{ tm}}$$

c) Gesamtzwängung

$$\underline{X_\varphi = -\,151{,}8 + 5{,}9 = -\,145{,}9 \text{ tm}}$$

Die praktische Berechnung könnte sich somit auf die Ermittlung von $X_{N\varphi}$ infolge $e_\varphi\,N_o$ beschränken.

2. *Zeitabhängige Zwängung* zum Zeitpunkt $t = \infty$ in einem Berechnungsgang nach S. 47, Abschn. b.

Belastungsmomente $(a_{z\varphi} = a_{b\varphi})$

$x = 1{,}0L \qquad M = a_{z\varphi}\,N_o + X_o = 0{,}6905 \cdot 1{,}3818 \cdot 820{,}2 - 186{,}8 = +\,595{,}8 \text{ tm}$

$x = 0{,}85L \qquad M_{\mathrm{I}} = -\,158{,}8 \text{ tm}$

$$M_{\mathrm{II}} = +\,0{,}6905 \cdot 1{,}3818 \cdot 821{,}0 - 158{,}8 = +\,624{,}6 \text{ tm}$$

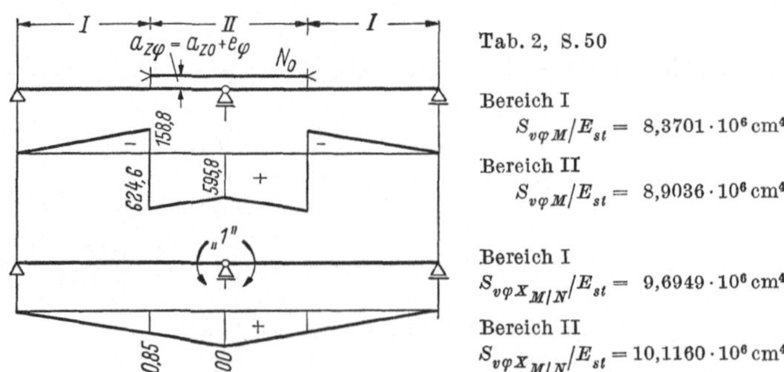

Abb. 64. Statisch bestimmtes Grundsystem und Belastungspläne

Tab. 2, S. 50

Bereich I
$$S_{v\varphi M}/E_{st} = 8{,}3701 \cdot 10^6\,\text{cm}^4$$

Bereich II
$$S_{v\varphi M}/E_{st} = 8{,}9036 \cdot 10^6\,\text{cm}^4$$

Bereich I
$$S_{v\varphi X_{M|N}}/E_{st} = 9{,}6949 \cdot 10^6\,\text{cm}^4$$

Bereich II
$$S_{v\varphi X_{M|N}}/E_{st} = 10{,}1160 \cdot 10^6\,\text{cm}^4$$

$$10^6 E_{st}\, \delta_{b\varphi} = \frac{1}{6}\,\frac{0{,}15\,L}{8{,}9036}\cdot (2\cdot 0{,}85\cdot 624{,}6 + 2\cdot 595{,}8 + 0{,}85\cdot 595{,}8 + 624{,}6) -$$

$$-\,\frac{1}{3}\,\frac{0{,}85\,L}{8{,}3701}\cdot 0{,}85\cdot 158{,}8 = +4{,}9367\,L$$

$$10^6 E_{st}\, \delta_{bb\varphi} = 0{,}03383\,L$$

$$\underline{X_\varphi = -145{,}9\ \text{tm}}$$

Schnittkräfte. Querschnittswerte nach Tab. 2, S. 50, bzw. Beispiel 3
vor dem Kriechen

$$N_0 = +820{,}2\ \text{t} \qquad M_0 = +266{,}3\ \text{tm}$$

(F 1)
(F 7)
$$N_{bo} = +(1 - 0{,}3998)\cdot 820{,}2 + 0{,}60575\,\frac{266{,}3}{1{,}3818} = \underline{+609{,}1\ \text{t}}$$

(F 2)
(F 8)
$$N_{sto} = +\frac{600}{1666}\cdot 820{,}2 - \frac{98{,}16\cdot 600}{12{,}602\cdot 10^6}\cdot 26630 \quad = \underline{+170{,}9\ \text{t}}$$

(F 2)
(F 8)
$$M_{sto} = +\frac{3{,}5673}{12{,}602}\cdot 266{,}3 = \underline{+75{,}4\ \text{tm}}$$

(F 2)
(F 8)
$$N_{zo} = -820{,}2 + \frac{66{,}1}{1666}\cdot 820{,}2 + \frac{55{,}24\cdot 66{,}1}{12{,}602\cdot 10^6}\cdot 26630 = \underline{-780{,}0\ \text{t}}$$

nach dem Kriechen

Wegen $\gamma_{\varphi M} = \gamma_{\varphi N}$ können die Belastungswerte M_0 und $e_\varphi N_0$ zusammengefaßt auf die Einzelquerschnitte verteilt werden.

$$N_0 = +820{,}2\ \text{t} \qquad M_0 + e_\varphi N_0 = +595{,}8\ \text{tm} \qquad X_\varphi = -145{,}9\ \text{tm}$$

$$a_{b\varphi} X_{M/N} = a_{z\varphi} X_{M/N} = \frac{666{,}1}{1119}\cdot 1{,}3818 = +0{,}8226\ \text{m}$$

$$a_{st\varphi} X_{M/N} = -1{,}5340 + 0{,}8226 = -0{,}7114\ \text{m}$$

(F 4)
(F 11)
bzw.
(F 32)
$$N_{b\varphi} = +0{,}3095\cdot 820{,}2 + \frac{0{,}44198}{1{,}3818}\cdot 595{,}8 - 0{,}50886\cdot\frac{145{,}9}{1{,}3818}$$
$$= \underline{+390{,}7\ \text{t}}$$

(F 5)
(F 12)
bzw.
(F 34)
$$N_{st\varphi} = +\frac{600}{964{,}6}\cdot 820{,}2 - \frac{57{,}99\cdot 600}{8{,}9036\cdot 10^6}\cdot 59580 + \frac{71{,}14\cdot 600}{10{,}116\cdot 10^6}\cdot 14590$$
$$= \underline{+338{,}9\ \text{t}}$$

(F 5)
(F 12)
bzw.
(F 34)
$$M_{st\varphi} = +\frac{3{,}5673}{8{,}9036}\cdot 595{,}8 - \frac{3{,}5673}{10{,}116}\cdot 145{,}9 = \underline{+187{,}3\ \text{tm}}$$

$$N_{z\varphi} = -820 + \frac{66{,}1}{964{,}6}\cdot 820{,}2 + \frac{95{,}41\cdot 66{,}1}{8{,}9036\cdot 10^6}\cdot 59580 - \frac{82{,}26\cdot 66{,}1}{10{,}116\cdot 10^6}\cdot 14590$$

$$= \underline{-729{,}6\ \text{t}}$$

Beispiel 13. *Spannbetonverbund [12, 18].*

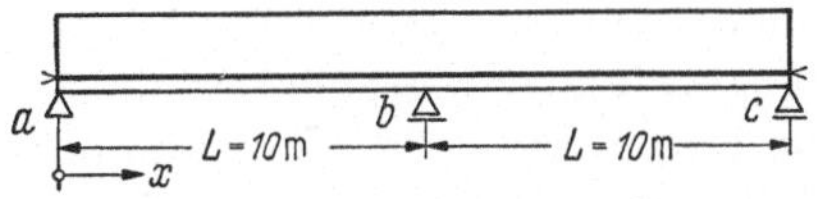

Abb. 65. System und Stützweiten

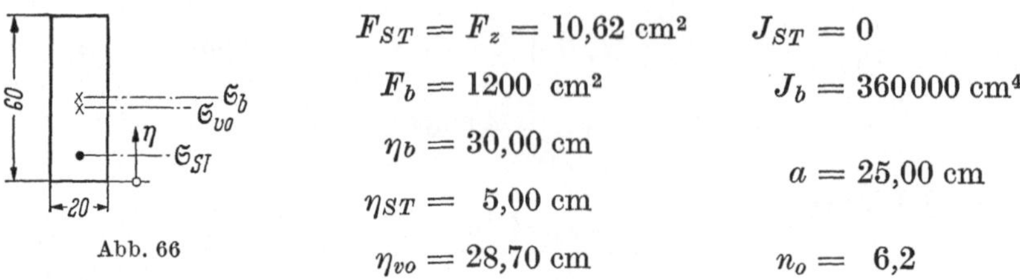

Abb. 66

$$F_{ST} = F_z = 10{,}62 \text{ cm}^2 \qquad J_{ST} = 0$$

$$F_b = 1200 \text{ cm}^2 \qquad J_b = 360\,000 \text{ cm}^4$$

$$\eta_b = 30{,}00 \text{ cm}$$

$$\eta_{ST} = 5{,}00 \text{ cm} \qquad a = 25{,}00 \text{ cm}$$

$$\eta_{vo} = 28{,}70 \text{ cm} \qquad n_o = 6{,}2$$

Weitere Querschnittswerte s. Tab. 1, S. 49 (wegen der Berechnung der Querschnittswerte vgl. S. 49, Abschn. F 4, Allgemeines).

Belastungen:

Eigengewicht	$g = 0{,}8 \text{ t/m}$
verankerte Vorspannkraft	$V_o = 40{,}0 \text{ t}$
Endkriechmaß	$\varphi = 2{,}0$
Endschwindmaß	$\varepsilon_s = 15 \cdot 10^{-5}$

Schnittkräfte der Einzelquerschnitte vor und nach Kriechen und Schwinden sollen für die Schnitte $x = 0$; $x = 0{,}5L$; $x = 1{,}0L$ berechnet werden. Querschnittsgrößen Tab. 1, S. 49, u. 4, S. 99

$$\alpha = 0{,}05201 \qquad \beta = 0 \qquad \gamma = 0{,}09777$$

nach (D 10) $\quad \psi_{FM} = 0{,}71557 \qquad$ nach (D 11) $\quad \psi_{JM} = 1{,}09129$

nach (D 12) $\quad \psi_{FN} = 1{,}04222 \qquad$ nach (D 13) $\quad \psi_{JN} = 0{,}52408$

nach (D 14) $\quad \psi_{FS} = 0{,}52408 \qquad$ nach (D 14) $\quad \psi_{JS} = 0{,}52408$

nach (D 21) $\quad \psi_{FX_N} = 0{,}43564 \qquad$ nach (D 22) $\quad \psi_{JX_N} = 0{,}52408$

(vgl. mit Tabellenwerten Teil III/3 für $\varphi = 2$, $\beta = 0$, $\alpha = 0{,}050$, $\gamma = 0{,}100$).

Die Kriechbeiwerte wurden nicht nach Teil III/3 bestimmt, sondern aus den Beziehungen des Abschn. D 2, gewonnen, da wegen der unterschiedlichen Ergebnisse von NEUNERT und WAGNITZ auf größere Genauigkeit Wert gelegt wurde.

Wegen der konstanten Querschnittverhältnisse können die Zwängungen und die dadurch hervorgerufenen Spannungszustände in den Einzelquerschnitten exakt ermittelt werden.

a) *Eigengewicht und Vorspannung*

Berechnung des Stützmoments X_o zum Zeitpunkt $t = 0$

$$X_o = -\frac{g L^2}{8} - \frac{3}{2} a'_{zo} V_o$$

$$g = 0{,}8 \text{ t/m} \qquad L = 10{,}0 \text{ m} \qquad a'_{zo} = -a = -0{,}25 \text{ m} \qquad V_o = 40{,}0 \text{ t}$$

$$X_o = -10{,}00 + 15{,}00 = \underline{+5{,}00 \text{ tm}}$$

Berechnung der Belastungsgrößen N_o und M_o (s. S. 37, Abschn. e).

Die Belastungsgrößen werden nach S. 41, Abschn. α_3, berechnet. Als äußeres Moment M ist die Schnittkraft aus Eigengewicht und Zwängung infolge Vorspannung anzusehen. Die Exzentrizität der Vorspannung selbst ist bereits in der Gleichung für ΔV_o berücksichtigt [vgl. Gl. (F 29b)].

Tabelle 4. *Ideelle Querschnittswerte der Berechnungsbeispiele 13 und 14 (Index φ)*

Beispiel	Einwirkung L	K_{bo}/E_{st}	K_{ST}/E_{st}	S_{bo}/E_{st}	S_{ST}/E_{st}	S_{vo}/E_{st}	a	α	β	γ	φ	ψ_{FL}	ψ_{JL}
13	$M = $ const	193,55	10,62	58064	0	64356	25,00	0,05201	0	0,09777	2	0,71557	1,09129
13	$N = $ const										2	1,04222	0,52408
13	Schwinden										2	0,52408	0,52408
13	X_N										2	0,43564	0,52408
14	$M = $ const	259,59	42,48	139316	0	154716	20,541	0,14063	0	0,09955	4	0,714	1,124
14	X_M										4	0,570	0,826

Beispiel	Einwirkung L	n_{FL}/n_o	n_{JL}/n_o	$K_{b\varphi L}/E_{st}$	$K_{v\varphi L}/E_{st}$	$K_{\varphi L}/E_{st}$	$S_{b\varphi L}/E_{st}$	$a^2 K_{\varphi L}/E_{st}$	$S_{v\varphi L}/E_{st}$	$\alpha_{\varphi L}$	$\beta_{\varphi L}$	$\gamma_{\varphi L}$	$1-\beta_{\varphi L}-\gamma_{\varphi L}$
13	$M = $ const	2,43114	3,18258	79,61	90,23	9,370	18244	5856,3	24100	—	0	0,24299	0,75701
13	$N = $ const	3,08444	2,04816	62,75	73,37	9,083	28350	5676,8	34027	0,14475	0	0,16683	0,83317
13	Schwinden	2,04816	2,04816	94,50	105,12	9,547	28350	5966,9	34317	—	0	0,17388	0,82612
13	X_N	1,87128	2,04816	103,43	114,05	9,631	28350	6019,4	34369	—	0	0,17514	0,82486
14	$M = $ const	3,856	5,496	67,321	109,80	26,045	25349	10989	36338	—	0	0,30241	**0,69759**
14	X_M	3,280	4,304	79,143	121,62	27,643	32369	11663	44032	—	0	0,26488	0,73512

Momentenverlauf infolge *Eigengewicht und Zwängung* aus Vorspannung

$$x = 0 \qquad M = 0$$

$$x = 0,5\,L \qquad M = +\frac{g\,L^2}{8} + \frac{1}{2}\,X_o = +10,00 + \frac{1}{2}\cdot 5,00 = +12,5 \text{ tm}$$

$$x = 1,0\,L \qquad M = +X_o = +5,00 \text{ tm}$$

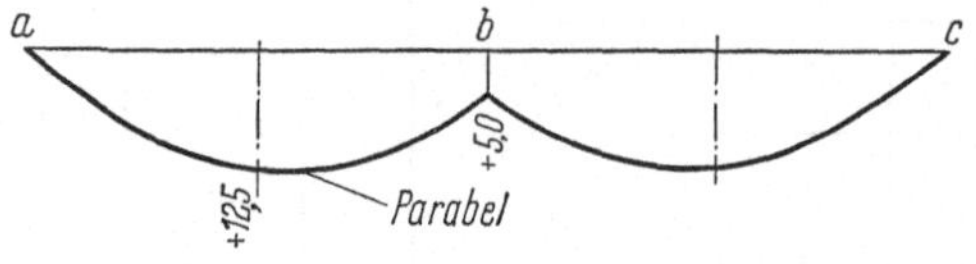

Abb. 67. Momentenverlauf infolge Eigengewicht und Zwängung aus Vorspannung

$$K_{vo}/E_{st} = 204,17 \text{ cm}^2 \qquad\qquad S_{vo}/E_{st} = 64356 \text{ cm}^4$$

$$K'_{vo}/E_{st} = K_{bo}/E_{st} = 193,55 \text{ cm}^2 \qquad S'_{vo}/E_{st} = S_{bo}/E_{st} = 58064 \text{ cm}^4$$

$$a^2\,K_o/E_{st} = 6292 \text{ cm}^4 = S_{vo}/E_{st} - S'_{vo}/E_{st}$$

$$a_{zo} = a_{STo} = -(1-\alpha)\,a = -0,94799 \cdot 25,00 = -23,70 \text{ cm}$$

Nach Abschn. F 2 e α_3, Sonderfälle a, b, S. 42 und (F 31 a, b), (F 26 a), (F 36 a, b)

$$N_o = V_o^* = V_o + \Delta V_o = \frac{K_{vo}\,S_{vo}}{K_{bo}\,S_{bo}}\,V_o + \frac{a^2\,K_o\,M}{S_{bo}\,a_{STo}}$$

$$M_o = M + a_{zo}\,N_o$$

$$x = 0 \qquad N_o = +\frac{204,17\cdot 64356}{193,55\cdot 58064}\cdot 40,00 = \underline{+46,767 \text{ t}}$$

$$M_o = 0 - 0,237\cdot 46,767 \qquad = \underline{-11,084 \text{ tm}}$$

$$x = 0,5\,L \qquad N_o = +\frac{204,17\cdot 64356}{193,55\cdot 58064}\cdot 40,00 - \frac{6292}{58064}\,\frac{12,5}{0,237} = \underline{+41,052 \text{ t}}$$

$$M_o = +12,500 - 0,237\cdot 41,052 \qquad = \underline{+\ 2,771 \text{ tm}}$$

$$x = 1,0\,L \qquad N_o = +\frac{204,17\cdot 64356}{193,55\cdot 58064}\cdot 40,00 - \frac{6292}{58064}\,\frac{5,00}{0,237} = \underline{+44,481 \text{ t}}$$

$$M_o = +5,000 - 0,237\cdot 44,481 \qquad = \underline{-\ 5,542 \text{ tm}}$$

Berechnung des zeitabhängigen Stützmoments $X_{N\varphi}$ zum Zeitpunkt $t = \infty$ nach Abschn. α, S. 88.

Die zeitabhängigen Zwängungen werden ausschließlich durch die Belastungsgröße $e_\varphi\,N_o$ hervorgerufen, da nach Abschn. α, S. 85, durch die Momente M_o keine Klaffungen an der Wirkungsstelle der Unbekannten entstehen. Nach Tab. C, S. 83, werden die Verträglichkeitsbedingungen durch X_N erfüllt.

$$\text{(F 10)} \qquad e_\varphi = (\alpha_{\varphi N} - \alpha)\,a = (0,14475 - 0,05201)\cdot 0,25 = 0,02318 \text{ m}$$

$$x = 0 \qquad\qquad e_\varphi\,N_o = +0,02318\cdot 46,767 = +1,0843 \text{ tm}$$

$$x = 0,5\,L \qquad\qquad e_\varphi\,N_o = +0,02318\cdot 41,052 = +0,9518 \text{ tm}$$

$$x = 1,0\,L \qquad\qquad e_\varphi\,N_o = +0,02318\cdot 44,481 = +1,0313 \text{ tm}$$

(G 4 b)
$$\frac{1}{2} E_{st}\, \delta_{b\varphi} = + \frac{L}{6 \cdot 34\,027} \cdot (1{,}0843 + 2 \cdot 1{,}0313) - $$
$$- \frac{L}{3 \cdot 34\,027} \cdot 0{,}1060 = + 0{,}489\,22\, \frac{L}{34\,027}$$

(G 4 b)
$$\frac{1}{2} E_{st}\, \delta_{bb\varphi} = + \frac{L}{3}\, \frac{1}{34\,369}$$

Tab. 4, S. 99

$S_{v\varphi N}/E_{st} = 34\,027$ cm^4

$S_{v\varphi X_N}/E_{st} = 34\,369$ cm^4

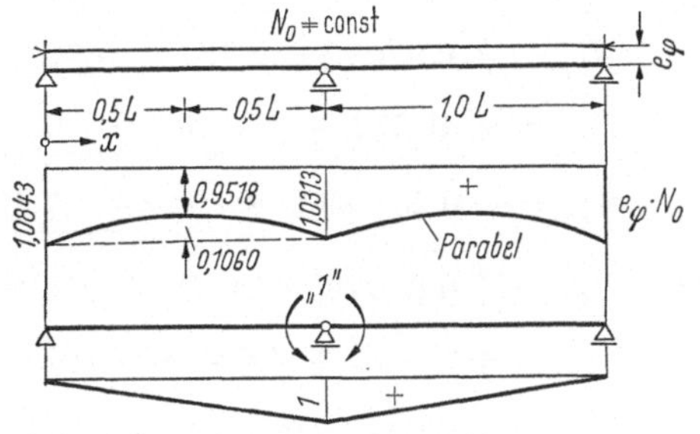

Abb. 68. Statisch bestimmtes Grundsystem und Belastungspläne

Nach (G 5) mit $\delta_b = 0$

$$\frac{0{,}489\,22}{34\,027} + \frac{1}{3 \cdot 34\,369}\, X_{N\varphi} = 0$$

$$\underline{X_{N\varphi} = -\,1{,}4824 \text{ tm}}$$

Schnittkräfte. Querschnittswerte nach Tab. 4, S. 99

vor dem Kriechen

N_{bo} nach (F 1), (F 7). $M_{bo} = M_o - a\,N_{bo}$ (Gleichgewichtsbedingung!)

$N_{zo} = -N_{bo}$ bzw. zur Kontrolle nach (F 1), (F 7) mit $\Delta N_{zo} = \Delta V_o$

(Abschn. e, S. 37) $N_{zo} = -V_o^* + \Delta N_{zo}$

Werte N_o und M_o nach S. 100

$x = 0 \qquad N_{bo} = +(1 - 0{,}052\,01) \cdot 46{,}767 - 0{,}097\,77 \cdot \dfrac{11{,}084}{0{,}25} \qquad = \underline{+\,40{,}00 \text{ t}}$

$\qquad\qquad M_{bo} = 0 - 0{,}25 \cdot 40{,}0 = \underline{-\,10{,}00 \text{ tm}}$

$\qquad\qquad N_{zo} = -46{,}767 + 0{,}052\,01 \cdot 46{,}767 + 0{,}097\,77 \cdot \dfrac{11{,}084}{0{,}25} = \underline{-\,40{,}00 \text{ t}}$

$x = 0{,}5\,L \quad N_{bo} = -N_{zo} = +(1 - 0{,}052\,01) \cdot 41{,}052 + 0{,}097\,77 \cdot \dfrac{2{,}771}{0{,}25}$

$\qquad\qquad\qquad = \underline{+\,40{,}00 \text{ t}}$

$\qquad\qquad M_{bo} = +12{,}50 - 0{,}25 \cdot 40{,}00 = \underline{+\,2{,}50 \text{ tm}}$

$x = 1{,}0\,L \quad N_{bo} = -N_{zo} = +(1 - 0{,}052\,01) \cdot 44{,}481 - 0{,}097\,77\, \dfrac{5{,}542}{0{,}25}$

$\qquad\qquad\qquad = \underline{+\,40{,}00 \text{ t}}$

$\qquad\qquad M_{bo} = +5{,}00 - 0{,}25 \cdot 40{,}00 = \underline{-\,5{,}00 \text{ tm}}$

nach dem Kriechen

$N_{b\varphi}$, $\Delta N_{z\varphi}$ nach (F 4), (F 11) $\qquad N_{b\varphi} = N_{b\varphi N_o} + N_{b\varphi M_o} + N_{b\varphi M_{X_N}}$

mit (F 33a) allgemein

$$N_{z\varphi} = -V_o - \Delta V_o + N_{z\varphi M_o + N_o} + N_{z\varphi M_{X_N}} = -N_o + N_{z\varphi M_o + N_o} + N_{z\varphi M_{X_N}}$$

Aus Gleichgewichtsgründen:

$$M_{bo} = M_o + \frac{x}{L} X_{N\varphi} - a\, N_{b\varphi} \qquad N_{z\varphi} = -N_{b\varphi}$$

Werte N_o und M_o nach S. 100 Zwängung $X_{N\varphi} = -1{,}4824$ tm.

Hilfswert $\qquad (1 - \alpha_{\varphi N}) + (\alpha_{\varphi N} - \alpha)\,\gamma_{\varphi N} = 0{,}87072$

$$x = 0 \qquad N_{b\varphi} = +0{,}87072 \cdot 46{,}767 - 0{,}24299 \cdot \frac{11{,}084}{0{,}25}$$

$$= +40{,}721 - 10{,}773 = \underline{+29{,}948\ \text{t}}$$

$$M_{b\varphi} = -0{,}25 \cdot 29{,}948 \qquad = \underline{-\ 7{,}49\ \ \text{tm}}$$

$$x = 0{,}5L \quad N_{b\varphi} = +0{,}87072 \cdot 41{,}052 + 0{,}24299\,\frac{2{,}771}{0{,}25} - 0{,}17514 \cdot \frac{0{,}5 \cdot 1{,}4824}{0{,}25}$$

$$= +35{,}745 + 2{,}693 - 0{,}519 \qquad = \underline{+37{,}919\ \text{t}}$$

$$M_{b\varphi} = +12{,}50 - 0{,}50 \cdot 1{,}4824 - 0{,}25 \cdot 37{,}919 = \underline{+\ 2{,}28\ \ \text{tm}}$$

$$x = 1{,}0L \quad N_{b\varphi} = +0{,}87072 \cdot 44{,}481 - 0{,}24299\,\frac{5{,}542}{0{,}25} - 0{,}17514 \cdot \frac{1{,}4824}{0{,}25}$$

$$= +38{,}730 - 5{,}387 - 1{,}039 \qquad = \underline{+32{,}304\ \text{t}}$$

$$M_{b\varphi} = +5{,}00 - 1{,}4824 - 0{,}25 \cdot 32{,}304 = \underline{-\ 4{,}56\ \ \text{tm}}$$

b) *Schwinden.* Zeitabhängige Zwängung X_N nach Tab. C, S. 83 Tab. 4, S. 99

(F 17) $\qquad M_{sch} = \varepsilon_s K_{\varphi S}\, a = 15 \cdot 10^{-5} \cdot 9{,}547 \cdot 2{,}1 \cdot 10^6 \cdot 25\ \text{kgcm} = 0{,}7518\ \text{tm}$

Tab. 4, S. 99

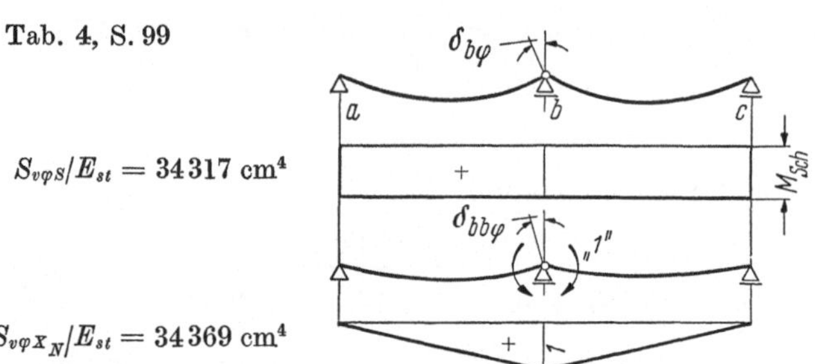

Abb. 69. Statisch bestimmtes Grundsystem und Belastungspläne

(G 3d) $\qquad\qquad \delta_{b\varphi} E_{st} = +\dfrac{1}{2} \cdot 0{,}7518 \cdot \dfrac{L}{34317}$

(G 4b) $\qquad\qquad \delta_{bb\varphi} E_{st} = +\dfrac{L}{3}\,\dfrac{1}{34369}$

(G 5) $\qquad\qquad \dfrac{0{,}7518}{2}\,\dfrac{1}{34317} + \dfrac{1}{3}\,\dfrac{1}{34369}\,X_{N\varphi} = 0$

$$\underline{X_{N\varphi} = -1{,}1294\ \text{tm}}$$

Schnittkräfte nach abgeschlossenem Schwinden

$N_{b\varphi}$ nach (F 18), (F 4). $\qquad \varepsilon_s K_{\varphi S} = +3{,}007$ t $\qquad N_{b\varphi} = N_{b\varphi S} + N_{b\varphi M_{X_N}}$

Aus Gleichgewichtsgründen:

$$M_{b\varphi} = + \frac{x}{L} X_{N\varphi} - a\,N_{b\varphi} \qquad N_{z\varphi} = -N_{b\varphi}$$

$x = 0$ $N_{b\varphi} = -(1 - 0{,}17388) \cdot 3{,}007 = \underline{-2{,}484\ \text{t}}$

$\qquad\qquad M_{b\varphi} = +0{,}25 \cdot 2{,}484\ \text{t} \qquad = \underline{+0{,}62\ \ \text{tm}}$

$x = 0{,}5L$ $N_{b\varphi} = -(1 - 0{,}17388) \cdot 3{,}007 - 0{,}17514 \cdot \dfrac{0{,}5 \cdot 1{,}1294}{0{,}25}$

$\qquad\qquad\qquad = -2{,}484 - 0{,}396 \qquad = \underline{-2{,}880\ \text{t}}$

$\qquad\qquad M_{b\varphi} = -0{,}5 \cdot 1{,}1294 + 0{,}25 \cdot 2{,}880 = \underline{+0{,}16\ \ \text{tm}}$

$x = 1{,}0L$ $N_{b\varphi} = -(1 - 0{,}17388) \cdot 3{,}007 - 0{,}17514 \cdot \dfrac{1{,}1294}{0{,}25}$

$\qquad\qquad\qquad = -2{,}484 - 0{,}791 \qquad = \underline{-3{,}275\ \text{t}}$

$\qquad\qquad M_{b\varphi} = -1{,}129 + 0{,}25 \cdot 3{,}275 = \underline{-0{,}31\ \ \text{tm}}$

c) *Zeitabhängige Zwängung und Teilschnittkräfte* für die Einwirkungen Eigengewicht, Vorspannung und Schwinden nach abgeschlossenem Kriechen.

Zahlenwerte nach NEUNERT [*12*]: (N . . .).
Zahlenwerte nach WAGNITZ [*18*]: (W . . .).

$$X_{\varphi} = -1{,}4828 - 1{,}1294 = \underline{-\ 2{,}6118\ \text{tm}} \qquad (\text{N} - 2{,}867)$$
$$(\text{W} - 2{,}616)$$

$x = 0$ $N_{b\varphi} = +29{,}948 - 2{,}484 \quad = \underline{+27{,}464\ \ \text{t}} \qquad (\text{N} + 27{,}46)$

$\qquad\qquad M_{b\varphi} = -\ 7{,}49\ \ + 0{,}62 \quad = \underline{-\ 6{,}87\ \ \ \text{tm}}$

$x = 0{,}5L$ $N_{b\varphi} = +37{,}919 - 2{,}880 \quad = \underline{+35{,}039\ \ \text{t}} \qquad (\text{N} + 35{,}09)$

$\qquad\qquad M_{b\varphi} = +\ 2{,}28\ \ + 0{,}16 \quad = \underline{+\ 2{,}44\ \ \ \text{tm}}$

$x = 1{,}0L$ $N_{b\varphi} = +32{,}304 - 3{,}275 \quad = \underline{+29{,}029\ \ \text{t}} \qquad (\text{N} + 29{,}14)$
$$(\text{W} + 29{,}02)$$

$\qquad\qquad M_{b\varphi} = -\ 4{,}56\ \ - 0{,}31 \quad = \underline{-\ 4{,}87\ \ \ \text{tm}}$

Beispiel 14. *Spannbetonverbund* [*18*]. (Vgl. Abschn. H, S. 105, Beispiel 18, S. 110.) Nach Herstellen des Verbundes soll die Mittelstütze eines Zweifeldträgers um δ_{bo} abgesenkt werden. Es sind die Auswirkungen des Betonkriechens auf die Schnittkräfte zu untersuchen.

$$F_{ST} = F_z = 42{,}48\ \text{cm}^2$$
$$F_b = 1557{,}52\ \ \text{cm}^2$$
$$\eta_b = \quad 40{,}541\ \text{cm}$$
$$a = \quad 20{,}541\ \text{cm}$$
$$\eta_{vo} = \quad 37{,}187\ \text{cm}$$
$$n_o = \quad 6{,}0$$

Aufgabenstellung und Durchführung der Berechnung entspricht Beispiel 11a.

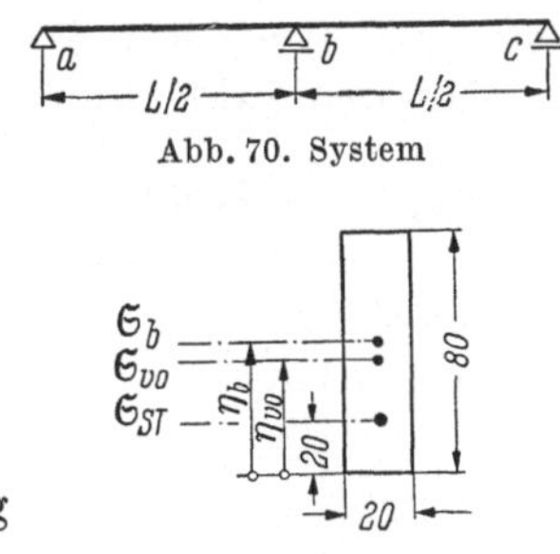

Abb. 70. System

Abb. 71

Mit den Querschnittswerten Tab. 1, S. 49

$$\alpha = 0{,}14063$$
$$\beta = 0 \qquad\qquad \varphi = 4{,}0$$
$$\gamma = 0{,}09955$$

ergeben sich die Kriechbeiwerte nach Teil III/3, S. 133

$$\psi_{FM} = 0{,}714 \qquad \psi_{JM} = 1{,}124$$
$$\psi_{FX_M} = 0{,}570 \qquad \psi_{JX_M} = 0{,}826$$

Tab. 4. S. 99

$$S_{vo}/E_{st} = 154\,716 \ \text{cm}^4$$

$$S_{v\varphi M}/E_{st} = \ \ 36\,338 \ \text{cm}^4$$

$$S_{v\varphi X_M}/E_{st} = \ \ 44\,032 \ \text{cm}^4$$

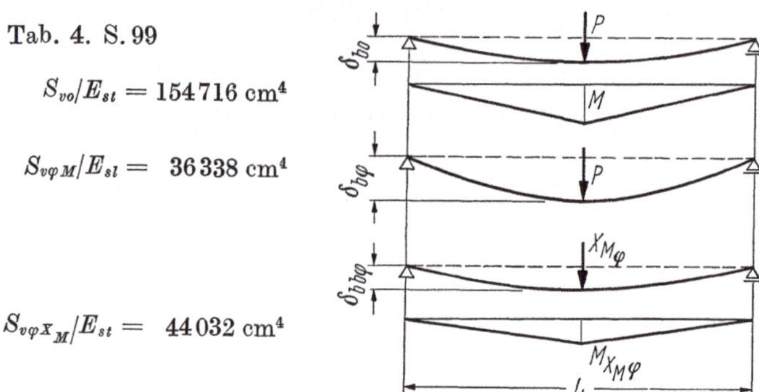

Abb. 72. Statisch bestimmtes Grundsystem und Belastungspläne

$$\delta = \frac{P\,L^3}{48\,E\,J} = \frac{M\,L^2}{12\,E\,J}$$

(G 1 a), (G 4 a)
$$\delta_{bo} = \frac{M\,L^2}{12\,S_{vo}} \qquad \delta_{b\varphi} = \frac{M\,L^2}{12\,S_{v\varphi M}}$$

$$\delta_{bb\varphi} = \frac{M_{X_{M\varphi}}\,L^2}{12\,S_{v\varphi X_M}}$$

(G 5) mit $\delta_b = \delta_{bo}$

$$\frac{M}{S_{v\varphi M}} + \frac{M_{X_{M\varphi}}}{S_{v\varphi X_M}} = \frac{M}{S_{vo}}$$

$$M_{X_{M\varphi}} = -S_{v\varphi X_M}\left(\frac{1}{S_{v\varphi M}} - \frac{1}{S_{vo}}\right) M$$

Diese Beziehung für die Größe der durch Stützensenkung geweckten Momente ist unter gleichen Verhältnissen für alle Verbundquerschnittstypen gültig.

Mit den Zahlenwerten erhält man

$$M_{X_{M\varphi}} = -44\,032 \cdot \left(\frac{1}{36\,338} - \frac{1}{154\,716}\right) M = \underline{-0{,}92713\,M} \qquad (-0{,}921 \ \text{nach}\ [18])$$

Schnittkräfte
vor dem Kriechen

$$N_{bo} = +0{,}09955 \cdot \underline{\frac{M}{a}}$$

$$M_{bo} = +(1 - 0{,}09955)\,M = \underline{+0{,}90045\,M}$$

nach dem Kriechen

$$N_{b\varphi} = +\,0{,}302\,41 \cdot \frac{M}{a} - 0{,}927\,13 \cdot 0{,}264\,88 \cdot \frac{M}{a} = \underline{+\,0{,}056\,83 \cdot \frac{M}{a}}$$

$$M_{b\varphi} = +\,0{,}697\,59\,M - 0{,}927\,13 \cdot 0{,}735\,12\,M \qquad = \underline{+\,0{,}016\,04\,M}$$

An diesem Beispiel ist zu erkennen, daß sich bei Spannbetonkonstruktionen — im Gegensatz zu Stahlträgerverbundtragwerken — durch Auflagerverschiebungen keine nennenswerte bleibende Vorspannwirkung erreichen läßt. Selbst bei kleinen Kriechmaßen φ wird das Betonmoment M_{bo} sehr stark abgebaut (vgl. Beispiel 18).

H. Reine Betonkonstruktionen

Die Berechnung reiner Betonkonstruktionen führt zu sehr einfachen und übersichtlichen Ansätzen. Die Ermittlung der Kriechverformungen nach S. 19, Abschn. D 1, und der zeitabhängigen Zwängungskräfte nach S. 82, Abschn. G 2, erfolgt unter der Voraussetzung zug- und druckfesten Betons.

Die in einem *Spannbetontragwerk* zu erwartenden Zwängungen können durch die Berechnung als reine Betonkonstruktion abgeschätzt werden. Der Anteil der Stahlquerschnitte $(S_{ST} + a^2 K_{\varphi L})$ an der Gesamtsteifigkeit $(S_{v\varphi L})$ ist bei Spannbetonquerschnitten für alle Einwirkungsgrößen annähernd gleich groß. Da in den Endwert der zeitabhängig Unbekannten lediglich das *Verhältnis* dieser Steifigkeiten eingeht, wirkt sich die Vernachlässigung der Stahlquerschnitte auf die Größe der Zwängung nur geringfügig aus. Abweichungen bis zu $+15\%$ von den exakten Werten sind nur bei Zwängungen aus Systemumbildungen (s. S. 87, Abschn. β) zu erwarten.

Bei Ermittlung der Formänderungen und der Spannungszustände in den Betonquerschnitten ist der Einfluß der Stahlflächen zu berücksichtigen.

Ausgenommen von dieser vereinfachten Berechnung sind die durch Verformungsgrößen infolge exzentrischer Stahlquerschnittsflächen (G 3 c), (G 3 d) verursachten Zwängungen. Ebenso eignet sich diese Näherungsmethode nicht zur Ermittlung der Unbekannten bei Verbundtragwerken mit bedeutenden Stahlanteilen.

Bei nicht vorgespannten Betonkonstruktionen wird in den Bereichen größter Momentenbeanspruchung die Zugzone des Betons gerissen sein. Da sich das tatsächliche Verformungs- und Tragverhalten wegen der vielfachen, baustoffbedingten Unsicherheiten nicht erfassen läßt, setzt man bei baustatischen Berechnungen zur Ermittlung der Schnittkräfte ungerissene Stahlbetonquerschnitte voraus. Nun beeinflußt das Kriechen bei Stahlbetonquerschnitten mit gerissener bzw. ungerissener Zugzone unterschiedlich die Endgröße der Formänderungen [*19*]. Die unter der üblichen Annahme ungerissener Betonzugzone ermittelten zeitabhängigen Zwängungen werden daher mit größeren Fehlcrn behaftet sein. Das grundsätzliche Verhalten derartiger, nicht vorgespannter Stahlbetontragwerke kann durch die Berechnung als reine Betonkonstruktion untersucht werden. Die dabei ermittelten zeitabhängigen Zwängungen geben einen Anhalt über die Größe der zu erwartenden Beanspruchungen.

1. Statisch unbestimmte Betonkonstruktionen ohne unterschiedliche elastisch-plastische Eigenschaften

Die Folgerungen der Abschn. α, S. 85, und β, S. 87, gelten auch bei reinen Betonkonstruktionen und werden nochmals wiederholt.

Die plastischen Verformungen erfolgen zwängungsfrei, wenn für Dauerlast und das nachfolgende Kriechen dasselbe statische System maßgebend ist. Die elastischen Formänderungen wachsen um den φ-fachen Betrag.

Wird das Tragwerk in seinem plastischen Formänderungsbestreben nach Aufbringen der Lasten durch eine Systemumbildung behindert, so treten im allgemeinen bedeutende zeitabhängige Zwängungen auf. Aus den Beispielen 16 bis 18 folgt die Erkenntnis, daß bei reinen Beton- bzw. Spannbetontragwerken durch Systemveränderungen (Montagemaßnahmen) die Kräfteverteilung des Endzustands nicht erheblich beeinflußt werden kann.

Berechnungsbeispiele

Beispiel 15. Der Riegel eines Zweigelenkrahmens wird mittig vorgespannt. Es ist der Einfluß der plastischen Riegelverkürzungen auf die Schnittkraftverteilung zu untersuchen.

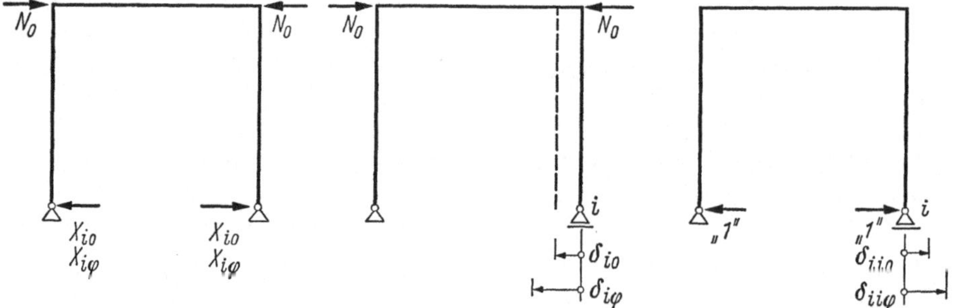

Abb. 73. System und Verformungswerte

$\delta_{io(i\varphi)} =$ Verformung an der Stelle i der gelösten Verträglichkeit infolge der elastischen (elastisch-plastischen) Riegelverkürzung

$\delta_{iio(ii\varphi)} =$ elastische (elastisch-plastische) Verformung an der Stelle i infolge der Einheitsbelastung

Zeitpunkt $t = 0$

(G 1a) $\delta_{io} = \int \dfrac{N_o \bar{N}_i}{E_{bo} F_b} \, ds$ (G 1b) $\delta_{iio} = \int \dfrac{\bar{M}_i^2}{E_{bo} J_b} \, ds$

(G 2) $\delta_{iio} X_{io} + \delta_{io} = 0$

$$X_{io} = - \frac{\delta_{io}}{\delta_{iio}}$$

Auf das Tragwerk wirken als Belastungsgrößen die Normalkraft N_o und die Momente M_o infolge der Zwängung X_{io} ein (Abschn. a, S. 82). Für die Verformung an der Stelle i aus den Momenten M_o gilt

$$\int \frac{M_o \overline{M}_i}{E_{bo} J_b}\, ds = X_{io} \int \frac{\overline{M}_i^2}{E_{bo} J_b}\, ds = X_{io}\, \delta_{iio}$$

Zeitpunkt $t = \infty$

(D 5) $\qquad\qquad E_{bM} = E_{bN}$

(G 4a) $\qquad\qquad \delta_{i\varphi} = \int \frac{N_o \overline{N}_i}{E_{bN} F_b}\, ds + \int \frac{M_o \overline{M}_i}{E_{bM} J_b}\, ds$

$$= \frac{E_{bo}}{E_{bN}}\, \delta_{io} + \frac{E_{bo}}{E_{bM}}\, \delta_{iio}\, X_{io}$$

$$= \frac{E_{bo}}{E_{bN}}\, (\delta_{io} + \delta_{iio}\, X_{io}) = 0$$

Da an der Wirkungsstelle der Unbekannten keine weiteren Klaffungen auftreten, werden keine zeitabhängigen Zwängungen hervorgerufen ($X_{i\varphi} = 0$). Die Formänderungen können zwängungsfrei auf den E_{bo}/E_{bN}-fachen Betrag der elastischen Verformungen anwachsen.

Beispiel 16. Die infolge der Riegelverkürzungen beim Vorspannen von Rahmen auftretenden Zwängungen (vgl. Beispiel 15) lassen sich durch Montagemaß-

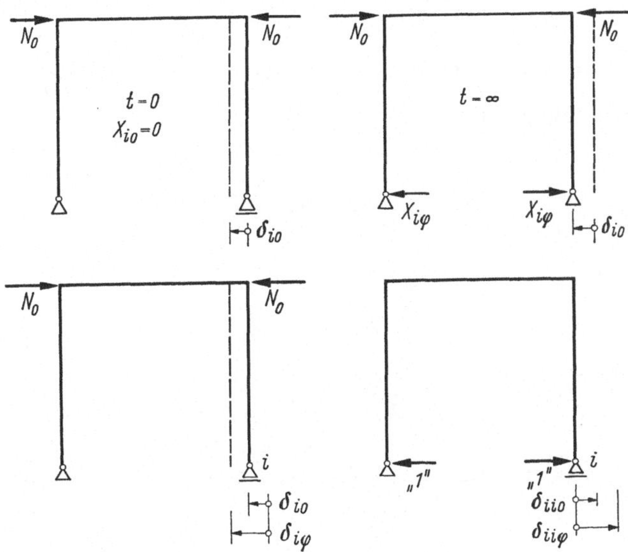

Abb. 74. System und Verformungswerte

nahmen nur unbedeutend vermindern. Zur Ermittlung des Endkriechmaßes ist der Erhärtungszustand des Betons zum Zeitpunkt der Wiederherstellung der Kontinuität maßgebend.

Als Beispiel soll ein Zweigelenkrahmen untersucht werden. Durch ein Rollenlager anstelle eines Fußgelenks werden während des Vorspannens Zwängungen verhindert.

Nach Herstellen des endgültigen Systems können am Fußgelenk keine plastischen Verformungen auftreten. Dadurch werden von Null auf einen Endwert anwachsende Zwängungen geweckt.

elastische Verformung (G 1 a) $\delta_{io} = \int \dfrac{N_o \overline{N}_i}{E_{bo} F_b} \, ds$

Gesamtverformung   (G 3 b) $\delta_{i\varphi} = \int \dfrac{N_o \overline{N}_i}{E_{bN} F_b} \, ds = \dfrac{E_{bo}}{E_{bN}} \, \delta_{io}$

elastische Teilverformung infolge der zeitabhängigen Zwängung „1"

$$\delta_{iio} = \int \dfrac{\overline{M}_i^2}{E_{bo} J_b} \, ds$$

Gesamtverformung infolge der zeitabhängigen Zwängung „1"

(G 4 a) (G 3 f) $\delta_{ii\varphi} = \int \dfrac{\overline{M}_i^2}{E_{b x_M} J_b} \, ds = \dfrac{E_{bo}}{E_{b x_M}} \, \delta_{iio}$

Anfangsbedingung (s. S. 87, Abschn. β) $\delta_i = \delta_{io}$.
Abschn. D 1, S. 19:

$$E_{bL} = \dfrac{E_{bo}}{1 + \psi_L \, \varphi}$$

$L = N$ (D 5) $\psi_N = 1$

$L = X_M$ (D 9) $\psi_{X_M} = \dfrac{1}{1 - e^{-\varphi}} - \dfrac{1}{\varphi}$

Verformungsbedingung (G 5)

$$\delta_{ii\varphi} X_{i\varphi} + \delta_{i\varphi} = \delta_i$$

$$\dfrac{E_{bo}}{E_{b X_M}} \, \delta_{iio} X_{i\varphi} + \dfrac{E_{bo}}{E_{bN}} \, \delta_{io} = \delta_{io}$$

Mit den Werten E_{bN} und $E_{b X_M}$ folgt

$$\dfrac{1}{1 - e^{-\varphi}} \, \delta_{iio} X_{i\varphi} + \delta_{io} = 0$$

Diese Gleichung geht mit

$$\overline{X}_{io} = \dfrac{X_{i\varphi}}{1 - e^{-\varphi}}$$

in die Elastizitätsgleichung des Zweigelenkrahmens bei Vorspannung ohne Montagemaßnahmen über (vgl. Beispiel 15).

$$\delta_{iio} \overline{X}_{io} + \delta_{io} = 0$$

Damit ergeben sich die durch das Kriechen aufgebauten Zwängungen zum $(1 - e^{-\varphi})$-fachen der Werte, die ohne Montagemaßnahmen hervorgerufen würden. Diese Erkenntnis gilt ganz allgemein auch für mehrfach statisch unbestimmte Systeme.

φ	1,0	1,5	2,0	2,5	3,0	3,5	4,0
$X_{i\varphi}/\overline{X}_{io}$	0,632	0,777	0,865	0,918	0,950	0,970	0,982

Beispiel 17. Bei Fertigteilen werden nach der Montage die Fugen an den Auflagern geschlossen. Da durch diese Maßnahme weitere Formänderungen an den Auflagern verhindert werden, treten zeitabhängige Zwängungskräfte $X_{i\varphi}$ auf.

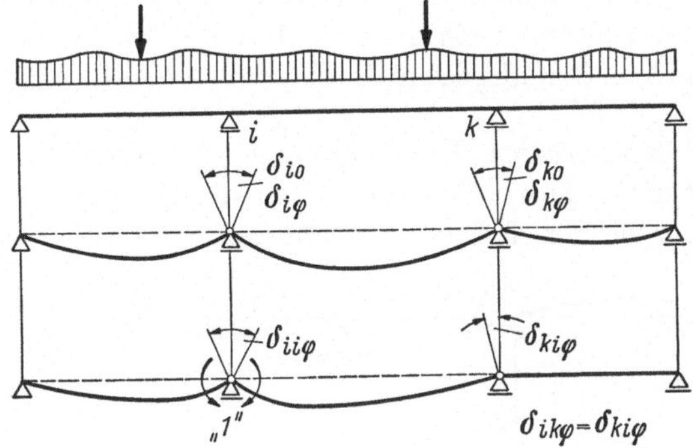

Abb. 75. System und Verformungswerte

Entsprechend Beispiel 16 berechnen sich die Verformungsgrößen

$$\delta_{i\varphi} = \frac{E_{bo}}{E_{bM}}\,\delta_{io} = (1 + \psi_M\,\varphi)\,\delta_{io} = (1 + \varphi)\,\delta_{io}$$

$$\delta_{ik\varphi} = \frac{E_{bo}}{E_{bx_M}}\,\delta_{iko} = (1 + \psi_{x_M}\,\varphi)\,\delta_{iko} = \frac{\varphi}{1 - e^{-\varphi}}\,\delta_{iko}$$

Da nur die plastischen Verformungen an den Wirkungsstellen der Unbekannten auszugleichen sind, folgt die Anfangsbedingung

$$\delta_i = \delta_{io}$$

Die Verträglichkeitsbedingungen führen zu dem Gleichungssystem (G 5)

$$\sum_{i,k}\delta_{ik\varphi}\,X_{k\varphi} + \delta_{i\varphi} = \delta_i \qquad \begin{aligned} &i = 1 \qquad k = 1, 2, \ldots, n \\ &i = 2 \qquad k = 1, 2, \ldots, n \\ &\quad\vdots \\ &i = n \qquad k = 1, 2, \ldots, n \end{aligned}$$

$$\sum_{i,k}\frac{\varphi}{1 - e^{-\varphi}}\,\delta_{iko}\,X_{k\varphi} + (1 + \varphi)\,\delta_{io} = \delta_{io}$$

$$\overline{X}_{ko} = \frac{X_{k\varphi}}{1 - e^{-\varphi}}$$

$$\sum_{i,k}\delta_{iko}\,\overline{X}_{ko} + \delta_{io} = 0$$

Aus diesem Gleichungssystem des Durchlaufträgers sind die Unbekannten $\overline{X}_{ko}$ als die Zwängungen zum Zeitpunkt der Lastaufbringung ohne Berücksichtigung des Kriechens zu bestimmen. Die tatsächlichen statisch Unbestimmten $X_{k\varphi}$ ergeben sich dann zum $(1 - e^{-\varphi})$-fachen Betrag dieser Werte.

$$X_{k\varphi} = (1 - e^{-\varphi})\,\overline{X}_{ko}$$

Damit führten diese Untersuchungen zu demselben Ergebnis wie in den Beispielen 15 u. 16; d. h., die durch Montagemaßnahmen am Entstehen verhinderten

Zwängungen $\overline{X}_{ko}$ werden durch das Kriechen auf ihren $(1 - e^{-\varphi})$-fachen Wert aufgebaut.

Werden nur an einzelnen Stellen mehrfach statisch unbestimmter Systeme Systemveränderungen vorgenommen, so werden nur an diesen Querschnitten die unverträglichen Systemumbildungen gelöst und die Kriechberechnung am statisch unbestimmten Grundsystem durchgeführt (Beispiel 18).

Beispiel 18. *Stützensenkung.* Eine einmalige Stützenverschiebung δ_{co} erfordert eine Kraft P in c. Dadurch werden Momente M_o verursacht. Nach Unterbauen des Lagers c werden Kriechverformungen infolge der Momente M_o verhindert.

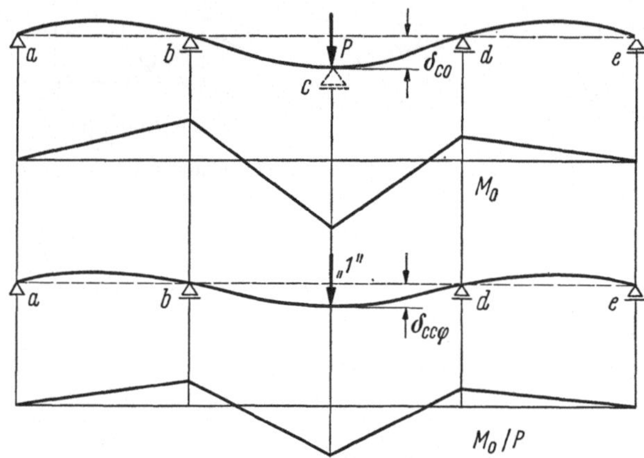

Abb. 76. System und Belastungspläne

$$\delta_{c\varphi} = \frac{E_{bo}}{E_{bM}} \delta_{co} \qquad \delta_{cc\varphi} = \frac{E_{bo}}{E_{bX_M}} \frac{1}{P} \delta_{co}$$

$$\delta_i = \delta_{co}$$

(G 5)
$$\delta_{cc\varphi} X_{c\varphi} + \delta_{c\varphi} = \delta_{co}$$

$$X_{c\varphi} = -(1 - e^{-\varphi}) P$$

Endgültige Momente nach Abschluß des Kriechens:

$$M = M_o + M_{X\varphi} = M_o + \frac{M_o}{P} X_{c\varphi} = \underline{e^{-\varphi} M_o}$$

φ	1,0	1,5	2,0	2,5	3,0	3,5	4,0
M/M_o	0,368	0,223	0,135	0,082	0,050	0,030	0,018

Beispiel 19. *Schwinden.* Die Schwindverkürzungen wachsen linear mit φ_t an und werden durch Zwängungen nach Abschn. d, S. 20, ausgeglichen.

$\delta_{i\varepsilon_s}$ = Endverformung infolge Schwindens an der Stelle i des statisch bestimmten Grundsystems

(G 4a) (G 3f)
$$\delta_{ik\varphi} = \int \frac{\overline{M}_i \overline{M}_k}{E_{bX_M} J_b} ds = \frac{E_{bo}}{E_{bX_M}} \delta_{iko}$$

Anfangsbedingung $\delta_i = 0$

(D 9)
$$E_{b X_M} = \frac{E_{bo}}{1 + \psi_{X_M}\varphi} \qquad \psi_{X_M} = \frac{1}{1 - e^{-\varphi}} - \frac{1}{\varphi}$$

(G 5)
$$\sum_{i,k} \delta_{ik\varphi} X_{k\varphi} + \delta_{i\varepsilon_s} = 0$$

$$\sum_{i,k} \frac{\varphi}{1 - e^{-\varphi}} \delta_{iko} X_{k\varphi} + \delta_{i\varepsilon_s} = 0$$

Mit

$$\overline{X}_{ko} = \frac{\varphi}{1 - e^{-\varphi}} X_{k\varphi}$$

ergibt sich das Gleichungssystem für Schwinden ohne Kriechen

$$\sum_{i,k} \delta_{iko} \overline{X}_{ko} + \delta_{i\varepsilon_s} = 0$$

Durch das Kriechen werden die für Schwinden ohne Kriechen ermittelten Zwängungen $\overline{X}_{ko}$ auf ihren $\dfrac{1 - e^{-\varphi}}{\varphi}$-fachen Wert abgebaut.

φ	1,0	1,5	2,0	2,5	3,0	3,5	4,0
$X_{k\varphi}/\overline{X}_{ko}$	0,632	0,518	0,432	0,367	0,317	0,277	0,245

Bei langsam fortschreitenden Auflagerverschiebungen nach einem dem Schwinden entsprechenden Zeitgesetz ergibt sich für die dadurch hervorgerufenen Zwängungen $X_{k\varphi}$ dieselbe Abhängigkeit $X_{k\varphi}/\overline{X}_{ko}$.

2. Statisch unbestimmte Betonkonstruktionen mit stabweise unterschiedlichen elastisch-plastischen Eigenschaften

Derartige Systeme können dadurch entstehen, daß während des Baufortschritts Tragwerksglieder unterschiedlichen Erhärtungszustandes und damit verschieden großer Endkriechmaße zu einem monolithischen Ganzen verbunden werden. Somit können innerhalb eines Tragwerks Bauelemente mit stark wechselnden Kriecheigenschaften vorkommen.

Selbst ohne äußeren Eingriff in das statische System erfolgt zu jedem Zeitpunkt durch die verschiedenartigen Kriecheigenschaften eine innere Systemumbildung. Daher treten nun für alle Lastzustände und Systeme zeitabhängige Zwängungen auf.

Die strenge Lösung dieses Problems führt zu einem System simultaner Differentialgleichungen, dessen Behandlung selbst bei nur zweifach statisch unbestimmten Systemen einen umfangreichen mathematischen Aufwand und große Rechengenauigkeit erfordert.

Die sinngemäße Anwendung der in Abschn. H 1, S. 106, angegebenen Beziehungen führt zu einer Näherungslösung, die auf bekannten baustatischen Berechnungsmethoden aufbaut.

Da auch bei unterschiedlichen Kriecheigenschaften die plastischen Formänderungen an einer betrachteten Schnittstelle linear mit dem zugehörigen

Kriechmaß φ_t anwachsen, genügt für diesen Querschnitt wiederum der Ansatz

$$(D\,8) \qquad\qquad X_{i\varphi_t} = \frac{1 - e^{-\varphi_t}}{1 - e^{-\varphi}}\, X_{i\varphi}$$

der Bedingung der gleichen zeitlichen Verformungszunahme. Die Forderung, daß zu jedem Zeitpunkt an der Schnittstelle $X_{i\varphi_t\,\text{links}} = X_{i\varphi_t\,\text{rechts}}$ sein muß, ist nach dieser Beziehung wegen der stabweise verschiedenen Endkriechmaße φ_{links} und φ_{rechts} nur für $t = 0$ und $t = \infty$ erfüllt. Da der zeitliche Verlauf der beiden Schnittgrößen $X_{i\varphi_t}$ jedoch sehr ähnlich ist (Abb. 77), wird die Aussage über den Endzustand $t = \infty$ im allgemeinen nur unwesentlich beeinflußt. Unter der für eine Kriechberechnung extremen Voraussetzung des Anschlusses eines kriechbereiten Tragwerkteils an einen kriechunfähigen Teil (Stahl, Beton mit $W/W_\infty \cong 1{,}0$; $\varphi = 0$) treten Abweichungen von maximal -10% gegenüber der strengen Lösung auf.

Das Verformungsverhalten des Systems wird durch die stabweise unterschiedlichen Formänderungsmoduln ausgedrückt. Jedem Stab ist der seinem Kriechmaß entsprechende Modul E_{bL} zugeordnet.

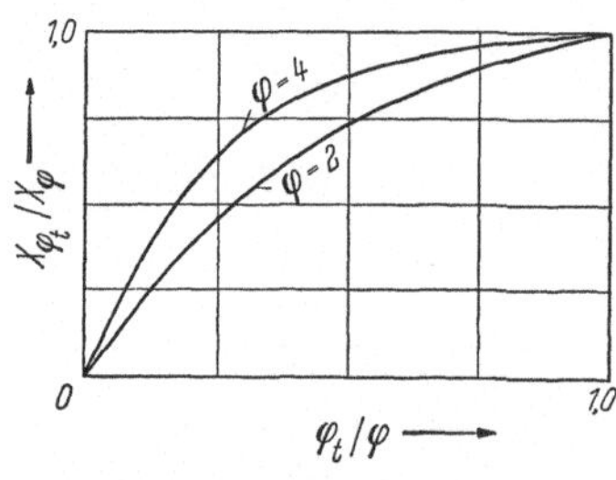

Abb. 77

Wachstumsgesetz der zeitabhängigen Zwängungen $X_{\varphi_t} = \dfrac{1 - e^{-\varphi_t}}{1 - e^{-\varphi}} \cdot X_\varphi$ für verschiedene Endkriechmaße φ

$$E_{bL} = \frac{E_{bo}}{1 + \psi_L\,\varphi} \left.\vphantom{\frac{n_L}{n_o}}\right\}$$

$$\text{Verformungszahl} \qquad \frac{n_L}{n_o} = 1 + \psi_L\,\varphi \qquad (H\,1)$$

$$L = M,\,N \qquad (D\,5) \qquad\qquad \psi_{M,\,N} = 1$$

$$L = X_M \qquad (D\,9) \qquad\qquad \psi_{X_M} \text{ nach Teil III/1, S. 123}$$

Verträglichkeitsbedingungen

$$(G\,5) \qquad\qquad \sum_{i,\,k} \delta_{ik\varphi}\, X_{k\varphi} + \delta_{i\varphi} = \delta_i \qquad\qquad (H\,2)$$

Verformungsgrößen, elastische Teilverformung

$$(G\,1\,a) \qquad\qquad \delta_{io} = \int \frac{M_o\,\overline{M}_i}{E_{bo}\,J_b}\,ds + \int \frac{N_o\,\overline{N}_i}{E_{bo}\,F_b}\,ds \qquad\qquad (H\,3\,a)$$

$$(G\,1\,b) \qquad\qquad \delta_{iko} = \int \frac{\overline{M}_i\,\overline{M}_k}{E_{bo}\,J_b}\,ds + \int \frac{\overline{N}_i\,\overline{N}_k}{E_{bo}\,F_b}\,ds \qquad\qquad (H\,3\,b)$$

elastisch-plastische Gesamtverformung

$$(G\,4\,a) \qquad \delta_{i\varphi} = \int \frac{M_o\,\overline{M}_i}{E_{bM}\,J_b}\,ds + \int \frac{N_o\,\overline{N}_i}{E_{bN}\,F_b}\,ds = \sum_{(n)} \frac{E_{bo}}{E_{bM}^{(n)}}\,\delta_{io}^{(n)} = \sum_{(n)} \frac{n_M^{(n)}}{n_o}\,\delta_{io}^{(n)} \qquad (H\,4\,a)$$

$$\begin{array}{l}(G\,4\,a) \\ (G\,3\,f)\end{array} \quad \delta_{ik\varphi} = \int \frac{\overline{M}_i\,\overline{M}_k}{E_{bX_M}\,J_b}\,ds + \int \frac{\overline{N}_i\,\overline{N}_k}{E_{bX_M}\,F_b}\,ds = \sum_{(n)} \frac{E_{bo}}{E_{bX_M}^{(n)}}\,\delta_{iko}^{(n)} = \sum_{(n)} \frac{n_{X_M}^{(n)}}{n_o}\,\delta_{iko}^{(n)} \quad (H\,4\,b)$$

Die Summen sind über alle Stäbe n zu führen, die einen ihrem Kriechmaß und der Einwirkungsgröße entsprechenden Beitrag $\varDelta\,\delta_{i\varphi\,(ik\varphi)} = \dfrac{E_{bo}}{E_{bL}}\,\varDelta\,\delta_{io\,(iko)}$ zur Gesamtverformung $\delta_{i\varphi(ik\varphi)}$ beitragen. Die Verformungsgröße δ_i folgt wie in Abschn. 4, S. 85, aus der Anfangsbedingung.

Bei der Berechnung von Systemen mit stabweise verschiedenen Kriecheigenschaften ist zu beachten, daß die zeitabhängigen Zwängungen wesentlich größer als die am statisch unbestimmten System ohne Kriechen unter Vollast ermittelten Zwängungen werden können (Beispiel 20).

Berechnungsbeispiele

Beispiel 20. Zwei Betonfertigteilbalken (Feld A und C) werden durch einen Ortbetonbalken (Feld C) zu einem Durchlaufträger über 4 Stützen verbunden. Zum Zeitpunkt $t = 0$ wird die Eigenlast der Fertigteile jeweils über einen Träger auf zwei Stützen abgetragen. Nach dem Betonieren und Ausrüsten des Ortbetonträgers wirkt die Belastung des Feldes B auf den durchlaufenden Dreifeldträger

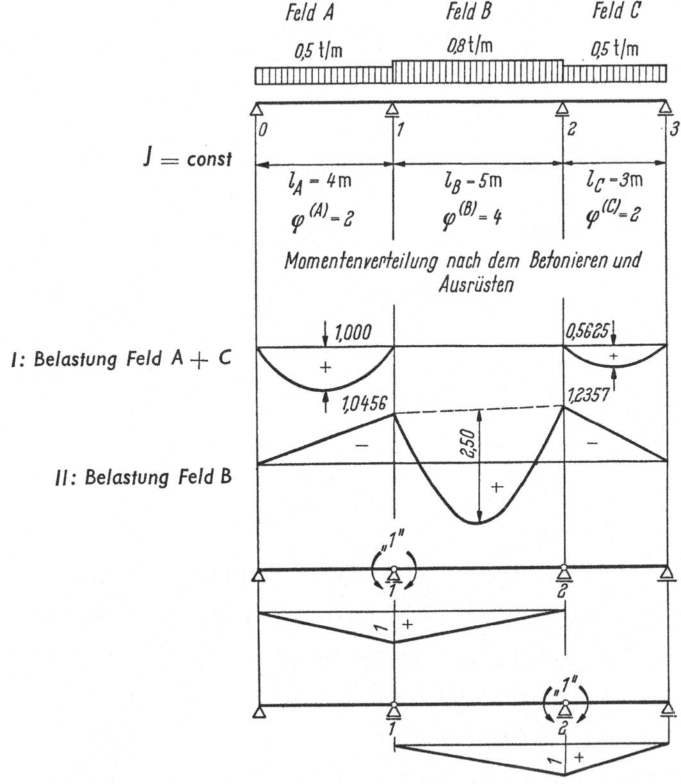

Abb. 78. System und Belastungspläne

ein. Durch das Kriechen werden Stützmomente $X_{1\varphi}$ und $X_{2\varphi}$ aufgebaut. Nach dem Erhärtungszustand des Betons sind folgende Endkriechzahlen maßgebend:

Fertigteile $\varphi = 2{,}0$;   Ortbeton $\varphi = 4{,}0$.

Belastung, Abmessungen und die Teilmomentenlinien zum Zeitpunkt $t = 0$ sind in Abb. 78 dargestellt.

Elastische Teilverformungen (H 3a, b)

$$E_{bo} J_b \, \delta_{10}^{(A)} = E_{bo} J_b \, \delta_{10}^{(A\,\mathrm{I})} + E_{bo} J_b \, \delta_{10}^{(A\,\mathrm{II})} = +1{,}3333 - 1{,}3942 = -0{,}0609$$

$$E_{bo} J_b \, \delta_{10}^{(B)} = E_{bo} J_b \, \delta_{10}^{(B\,\mathrm{I})} + E_{bo} J_b \, \delta_{10}^{(B\,\mathrm{II})} = \quad 0 \quad + 1{,}3942 = +1{,}3942$$

$$E_{bo} J_b \, \delta_{20}^{(B)} = E_{bo} J_b \, \delta_{20}^{(B\,\mathrm{I})} + E_{bo} J_b \, \delta_{20}^{(B\,\mathrm{II})} = \quad 0 \quad + 1{,}2357 = +1{,}2357$$

$$E_{bo} J_b \, \delta_{20}^{(C)} = E_{bo} J_b \, \delta_{20}^{(C\,\mathrm{I})} + E_{bo} J_b \, \delta_{20}^{(C\,\mathrm{II})} = +0{,}5625 - 1{,}2357 = -0{,}6732$$

$$E_{bo} J_b \, \delta_{11}^{(A)} = +1{,}3333$$

$$E_{bo} J_b \, \delta_{11}^{(B)} = +1{,}6667$$

$$E_{bo} J_b \, \delta_{22}^{(B)} = +1{,}6667$$

$$E_{bo} J_b \, \delta_{22}^{(C)} = +1{,}0000$$

$$E_{bo} J_b \, \delta_{12}^{(B)} = +0{,}8333$$

$$E_{bo} J_b \, \delta_{21}^{(B)} = +0{,}8333$$

$$E_{bo} J_b \, \delta_{12}^{(A)} = E_{bo} J_b \, \delta_{21}^{(C)} = 0$$

Kriechbeiwerte (Teil III/1, S. 123), Verformungszahlen (H 1)
Feld A, C

$$\varphi = 2 \qquad \psi_M = 1 \qquad \frac{n_M}{n_o} = 3{,}0$$

$$\psi_{X_M} = 0{,}657 \qquad \frac{n_{X_M}}{n_o} = 2{,}314$$

Feld B

$$\varphi = 4 \qquad \psi_M = 1 \qquad \frac{n_M}{n_o} = 5{,}0$$

$$\psi_{X_M} = 0{,}769 \qquad \frac{n_{X_M}}{n_o} = 4{,}076$$

Anfangsbedingung: $\delta_i = \delta_{io}$.

Es sind nur die plastischen Verformungsanteile

$$\delta_{i\varphi} - \delta_{io} = \left(\frac{n_M}{n_o} - 1 \right) \delta_{io}$$

durch zeitabhängige Zwängungen auszugleichen.

Verformungsgrößen

H 3a), (H 4a)
$$\delta_{1\varphi} - \delta_{10} = -2 \cdot 0{,}0609 + 4 \cdot 1{,}3942 = 5{,}455$$
$$\delta_{2\varphi} - \delta_{20} = +4 \cdot 1{,}2357 - 2 \cdot 0{,}6732 = 3{,}596$$

(H 4b)
$$\delta_{11\varphi} = 2{,}314 \cdot 1{,}3333 + 4{,}076 \cdot 1{,}6667 = 9{,}879$$
$$\delta_{22\varphi} = 4{,}076 \cdot 1{,}6667 + 2{,}314 \cdot 1{,}0000 = 9{,}107$$
$$\delta_{12\varphi} = 4{,}076 \cdot 0{,}8333 = 3{,}397$$

Verträglichkeitsbedingung (H 2)

$$9{,}879 X_{1\varphi} + 3{,}397 X_{2\varphi} + 5{,}455 = 0$$
$$3{,}397 X_{1\varphi} + 9{,}107 X_{2\varphi} + 3{,}596 = 0$$

$$X_{1\varphi} = -0{,}478 \text{ tm} \qquad \text{strenge Lösung:} \quad X_{1\varphi} = -0{,}483 \text{ tm}$$
$$X_{2\varphi} = -0{,}217 \text{ tm} \qquad \qquad\qquad\qquad X_{2\varphi} = -0{,}218 \text{ tm}$$

Der zeitliche Verlauf der zeitabhängigen Zwängungen ist aus Abb. 79 zu ersehen.

Durchlaufwirkung ohne Kriechen

$$3{,}0000\,X_{10} + 0{,}8333\,X_{20} + 1{,}3333 = 0$$

$$0{,}8333\,X_{10} + 2{,}6667\,X_{20} + 0{,}5625 = 0$$

$$X_{10} = -\,0{,}423\ \text{tm}$$

$$X_{20} = -\,0{,}079\ \text{tm}$$

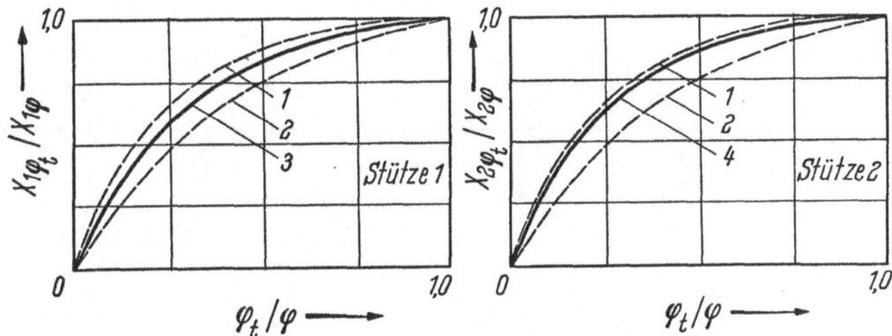

Abb. 79. Wachstumsgesetz der zeitabhängigen Zwängungen

1 Näherung $X^{(B)}_{1\varphi_t}/X_{1\varphi} = X^{(B)}_{2\varphi_t}/X_{2\varphi} = \dfrac{1 - e^{-\varphi_t}}{1 - e^{-4}}$; 2 Näherung $X^{(A)}_{1\varphi_t}/X_{1\varphi} = X^{(C)}_{2\varphi_t}/X_{2\varphi} = \dfrac{1 - e^{-\varphi_t}}{1 - e^{-2}}$;

3 Strenge Lösung $X_{1\varphi_t}/X_{1\varphi}$; 4 Strenge Lösung $X_{2\varphi_t}/X_{2\varphi}$

Beispiel 21. Zwei Brückenhauptträger werden aus Montagegründen nacheinander hergestellt. Der zweite Brückenträger wird 180 Tage nach Fertigstellung des ersten Bauabschnitts betoniert und ausgerüstet. Um für Verkehrslast ein Zusammenwirken der beiden Brückenhälften zu erreichen, soll unmittelbar nach dem Ausrüsten des zweiten Trägers eine Kopplung der Brückenhauptträger in Brückenmitte erfolgen. Um die Wirksamkeit der Kopplung zu erhöhen, wird durch horizontale Kopplungen die gegenseitige Verdrehung der beiden Brückenhälften vermindert. Es ist die durch das unterschiedliche Kriechen hervorgerufene vertikale Kopplungskraft zu bestimmen (Abb. 80).

Unter den gegebenen Voraussetzungen ist mit einem Endkriechmaß von $\varphi = 3$ zu rechnen. Der Verlauf der Kriechkurve ist innerhalb der in Abb. 21, S. 29, angegebenen Grenzen anzunehmen.

Das Grundsystem entsteht durch Lösen der Kopplungskraft X_φ. Der Einfluß der Hauptträgerverdrehungen auf die Größe von X_φ soll unter den gegebenen Umständen vernachlässigbar klein sein. Die Kopplungskräfte X_φ können somit unmittelbar aus den unterschiedlichen Durchbiegungen der beiden Hauptträger ermittelt werden.

Kriechmaß zum Zeitpunkt des Ausrüstens

Träger 1 $t = 180\ \text{Tage}$

nach Abb. 21, $\begin{cases} \varphi^{(1)}_{\max} = (1 - 0{,}62) \cdot 3 = 1{,}14 \\ \varphi^{(1)}_{\min} = (1 - 0{,}78) \cdot 3 = 0{,}66 \end{cases}$
S. 29

Träger 2 $t = 0$

$$\varphi^{(2)} = 3{,}00$$

Allgemeine Lösung:

plastische Verformung infolge Eigengewicht

(H 3a)
(H 4a)
(H 1)

$$\delta_{i\varphi} - \delta_{io} = \delta_{io}^{(1)}\,\varphi^{(1)} + \delta_{io}^{(2)}\,\varphi^{(2)}$$

elastisch-plastische Verformung infolge der Zwängung „1"

(H 4b)
(H 1)

$$\delta_{ii\varphi} = \delta_{iio}^{(1)}\big(1 + \psi_{X_M}^{(1)}\,\varphi^{(1)}\big) + \delta_{iio}^{(2)}\big(1 + \psi_{X_M}^{(2)}\,\varphi^{(2)}\big)$$

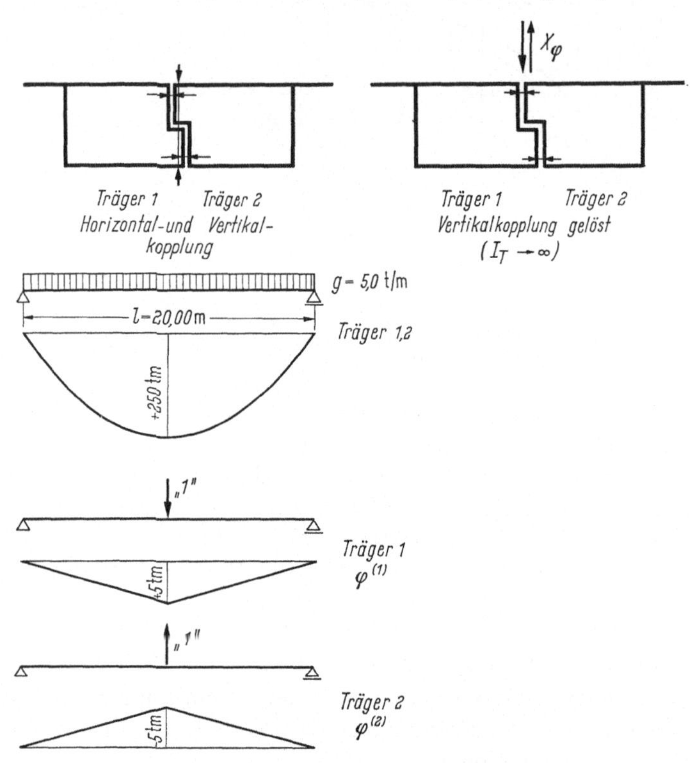

Abb. 80. System und Belastungspläne

Verträglichkeitsbedingung

(H 2)

$$\delta_{ii\varphi}\,X_\varphi + \delta_{i\varphi} - \delta_{io} = 0$$

Es ist

$$\delta_{io}^{(1)} = -\,\delta_{io}^{(2)}$$

$$\delta_{iio}^{(1)} = \delta_{iio}^{(2)}$$

$$X_\varphi = -\,\frac{\delta_{io}^{(1)}}{\delta_{iio}^{(1)}}\,\frac{(\varphi^{(1)} - \varphi^{(2)})}{\big(1 + \psi_{X_M}^{(1)}\,\varphi^{(1)}\big) + \big(1 + \psi_{X_M}^{(2)}\,\varphi^{(2)}\big)}$$

Die Abhängigkeit der Kopplungskraft X_φ von dem Kriechmaß $\varphi^{(1)}$ ist für $\varphi^{(2)} = 3$ in Abb. 81 dargestellt. Für die beiden Grenzwerte von $\varphi^{(1)}$ ergeben sich die Werte $X_\varphi = 23{,}6$ t bzw. $X_\varphi = 32{,}3$ t. Zwischen diesen beiden Werten ist die tatsächliche Kopplungskraft zu erwarten.

Die Zahlenrechnung wird für die Endkriechzahlen $\varphi^{(1)} = \varphi^{(1)}_{\min} = 0,66$, $\varphi^{(2)} = 3,00$ gezeigt.

$$E_{bo} J_b \, \delta^{(1)}_{io} = \frac{1}{3} \cdot 1,25 \cdot 20 \cdot 5 \cdot 250 = 10417$$

$$E_{bo} J_b \, \delta^{(1)}_{iio} = \frac{1}{3} \cdot 20 \cdot 5^2 = 166,7$$

$\varphi^{(1)} = 0,66$ — Teil III/1, S. 123 — $\psi^{(1)}_{X_M} = 0,555$ — $1 + \psi^{(1)}_{X_M}\,\varphi^{(1)} = 1,366$

$\varphi^{(2)} = 3,00$ — $\psi^{(2)}_{X_M} = 0,719$ — $1 + \psi^{(2)}_{X_M}\,\varphi^{(2)} = 3,157$

$$X_\varphi = -\,\frac{10417}{166,7}\,\frac{(0,66 - 3,00)}{(1,366 + 3,157)} = 32,3\ \text{t} \quad (\text{exakt } 33,5\ \text{t})$$

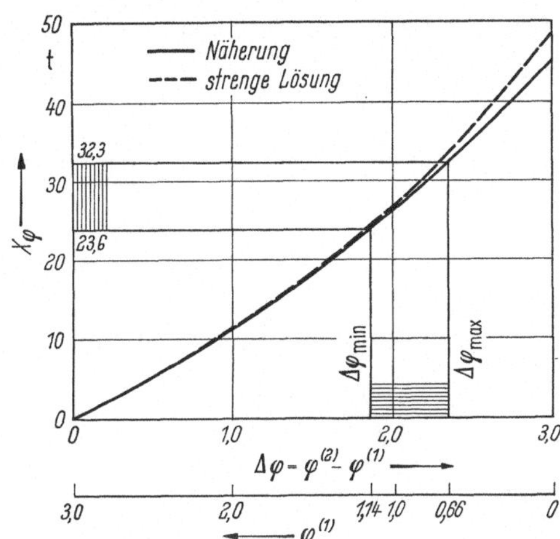

Abb. 81. Kopplungskraft in Abhängigkeit der Kriechmaßdifferenz $\Delta\varphi = \varphi^{(2)} - \varphi^{(1)}$; $(\varphi^{(2)} = 3)$

Mittenmomente

Träger 1

$$M^{(1)} = 250 + 32,3 \cdot 5 = 411,5\ \text{tm}$$

Träger 2

$$M^{(2)} = 250 - 32,3 \cdot 5 = 88,5\ \text{tm}$$

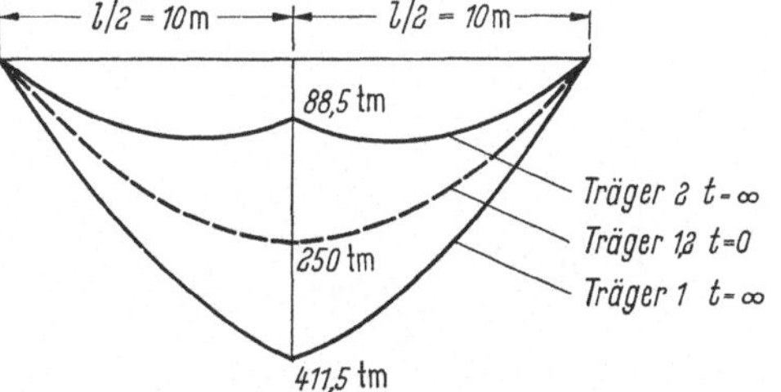

Abb. 82. Momentenverteilung für $\Delta\varphi_{\max} = 2,34$

Diese Montagemaßnahme stellt einen schweren Eingriff in die Kräfteverteilung dar und führt zu sehr unterschiedlicher Beanspruchung der beiden Brückenträger. Bei einer sofortigen Kopplung nach dem Ausrüsten läßt sich dieser Nachteil nur durch mehrmaliges Entspannen der Kopplung während der Kriechperiode vermeiden. Würde die Kopplung erst 180 Tage nach dem Ausrüsten des zweiten Brückenträgers erfolgen, so würden die Kopplungskräfte erheblich vermindert.

Unterer Grenzwert der Kriechkurve (Abb. 21)

$$t = \quad 1\ \text{Jahr} \qquad \varphi^{(1)} = (1 - 0,75) \cdot 3 = 0,75$$

$$t = 180\ \text{Tage} \qquad \varphi^{(2)} = (1 - 0,62) \cdot 3 = 1,14$$

$$X_\varphi = 7,9\ \text{t}$$

Oberer Grenzwert der Kriechkurve (Abb. 21)

$$t = \quad 1\ \text{Jahr} \qquad \varphi^{(1)} = (1 - 0{,}88) \cdot 3 = 0{,}36$$
$$t = 180\ \text{Tage} \qquad \varphi^{(2)} = (1 - 0{,}78) \cdot 3 = 0{,}66 \qquad X_\varphi = 7{,}3\ \text{t}$$

Beispiel 22. Die Auswirkungen des Kriechens auf die Momentenverteilung bei abschnittsweiser Herstellung eines Durchlaufträgers hat PASCHEN [*13, 7*] untersucht.

Bei einem Dreifeldträger gleicher Stützweite und einer Eigenlast von $g = 10\ \text{t/m}$ wird zunächst Feld A, 30 Tage später Feld B und nach abermals 30 Tagen Feld C betoniert und ausgerüstet. Der biegesteife Anschluß an das 30 Tage zuvor betonierte Feld erfolgt jeweils unmittelbar vor dem Ausrüsten. Das Endkriechmaß wird mit $\varphi = 1{,}0$, der Kriechverlauf nach

$$\varphi_t = (1 - e^{-\varkappa t})\,\varphi \qquad \varkappa = 1/120 \qquad t\ \text{in Tagen}$$

angenommen.

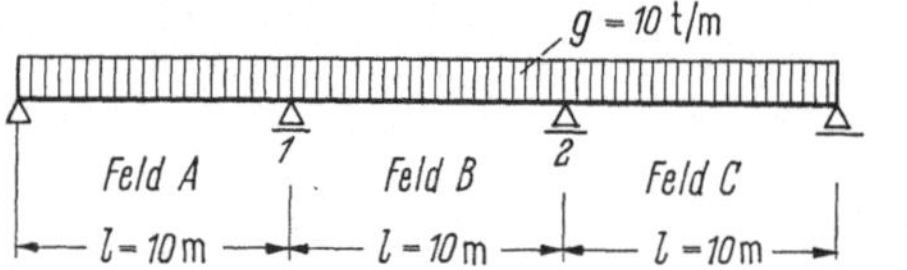

Abb. 83. Systemabmessungen und Belastung

1. Momentenlinie bei gleichzeitigem Betonieren und Ausrüsten.

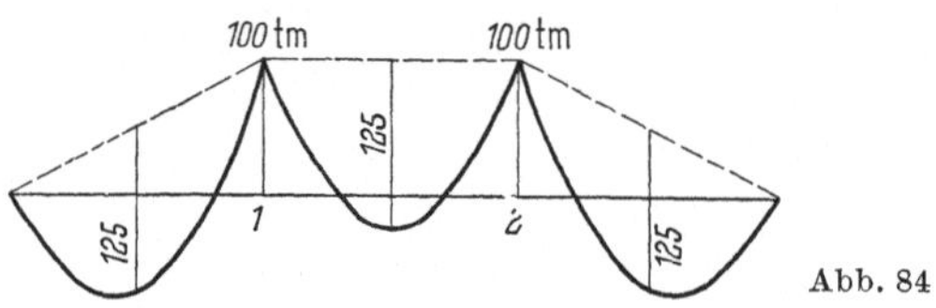

Abb. 84

2. Momentenlinie bei abschnittsweiser Fertigstellung der Einzelfelder *ohne* Kriecheinfluß.

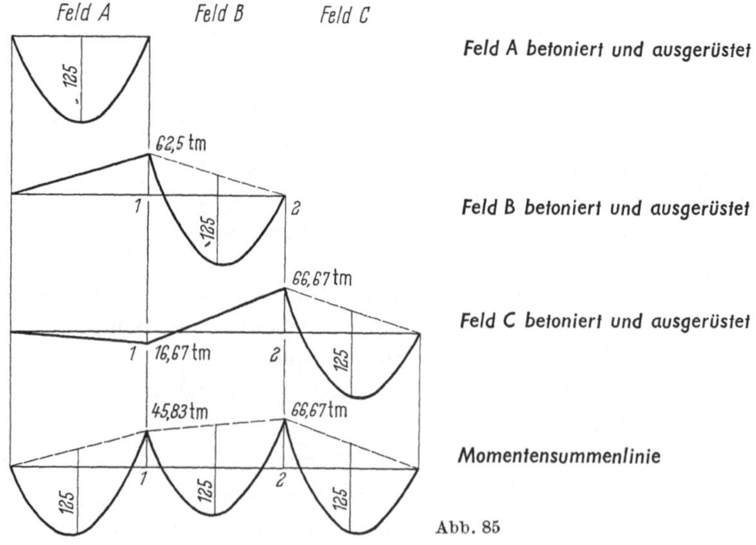

Abb. 85

3. Momentenlinie bei abschnittsweiser Fertigstellung der Einzelfelder *mit* Kriecheinfluß.

Werden an einem System während der Kriechperiode mehrfach Systemumbildungen vorgenommen, so ist die Kriechberechnung nacheinander für jeden Zeitraum zwischen den Eingriffen durchzuführen.

Aus den Anfangsbedingungen folgt, daß durch die zeitabhängig geweckten Zwängungen lediglich die plastischen Verformungsdifferenzen an den Wirkungsstellen der Unbekannten auszugleichen sind. Die bis zum Zeitpunkt t durch die zeitabhängige Einwirkungsgröße $L = X_M$ hervorgerufene Verformung ergibt sich nach Abschn. d, S. 20, und (D 3) zu

$$\delta_t = \frac{1}{1 - e^{-\varphi}} \frac{L_E}{S_o} \varphi_t$$

und mit

$$L_t = \frac{1 - e^{-\varphi_t}}{1 - e^{-\varphi}} L_E$$

folgt

$$\delta_t = \frac{1}{1 - e^{-\varphi_t}} \frac{L_t}{S_o} \varphi_t$$

Es berechnet sich der Kriechbeiwert

$$\psi_{X_M}\varphi_t = \frac{1}{1 - e^{-\varphi_t}} - \frac{1}{\varphi_t}$$

Daraus ergibt sich beim Vergleich mit (D 9) die grundsätzliche Folgerung, daß in der Kriechberechnung die während der maßgebenden den Zeitspanne auftretende Kriechmaßdifferenz $\Delta \varphi_t$ für diese Teiluntersuchung als Endkriechmaß $\varphi = \Delta \varphi_t$ aufgefaßt werden kann.

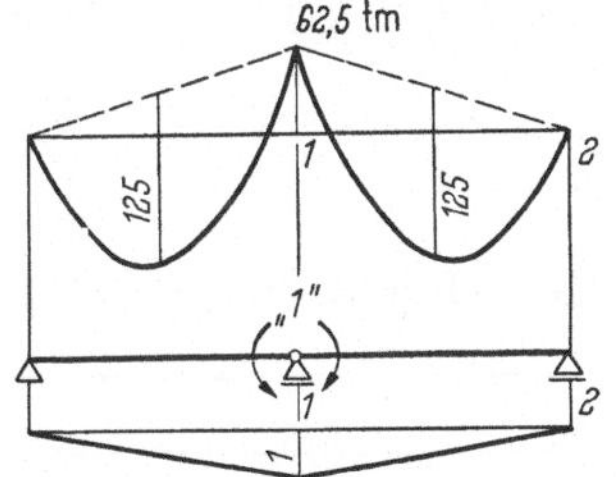

Abb. 86. Momentenverteilung unmittelbar nach dem Ausrüsten des Feldes B ($t' = 30$ Tage), Belastungspläne

t' = Zeit in Tagen nach Betonieren des Feldes A

t = Zeit in Tagen nach Betonieren des jeweils untersuchten Feldes

a) Zustand $t' = 0$ bis $t' = 60$ Tage, vor Ausrüsten des Feldes C

Kriechmaß: aus $\varphi_t = (1 - e^{-\varkappa t})\, \varphi$.

	Feld A	Feld B
$\varphi_{t' = 30}$	0,220 ($t=30$)	0,000 ($t=0$)
$\varphi_{t' = 60}$	0,395 ($t=60$)	0,220 ($t=30$)
$\Delta \varphi$	0,175	0,220
Kriechbeiwerte, Teil III/1, S. 123, ψ_M	1,000	1,000
ψ_{X_M}	0,515	0,519
Verformungszahl $1 + \psi_{X_M} \Delta \varphi$	1,090	1,114

plastische Verformung infolge Dauerlast (H 4a), (H 3a), (H 1), Abb. 86

$$E_{bo} J_b (\delta_{1\varphi} - \delta_{10})$$

$$= \frac{1}{3} \cdot 125 \cdot 10 \cdot (0,175 + 0,220) - \frac{1}{3} \cdot 62,5 \cdot 10 \cdot (0,175 + 0,220) = 82,29$$

elastisch-plastische Verformung infolge der Zwängung „1" (H 4b), (H 1)

$$E_{bo}\, J_b\, \delta_{11\varphi} = \frac{1}{3} \cdot 10 \cdot (1{,}090 + 1{,}114) = 7{,}347$$

(H 2)
$$X_{1\varphi} = -\frac{82{,}29}{7{,}347} = \underline{-11{,}20 \text{ tm}}$$

$$M_1 = -62{,}50 - 11{,}20 = \underline{-73{,}70 \text{ tm}}$$

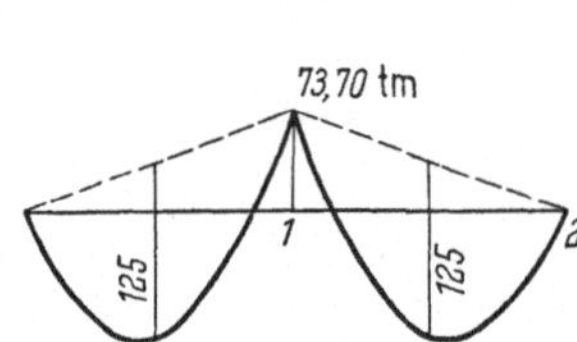

Abb. 87. Momentenverteilung vor dem Ausrüsten
des Feldes C ($t' = 60$ Tage)

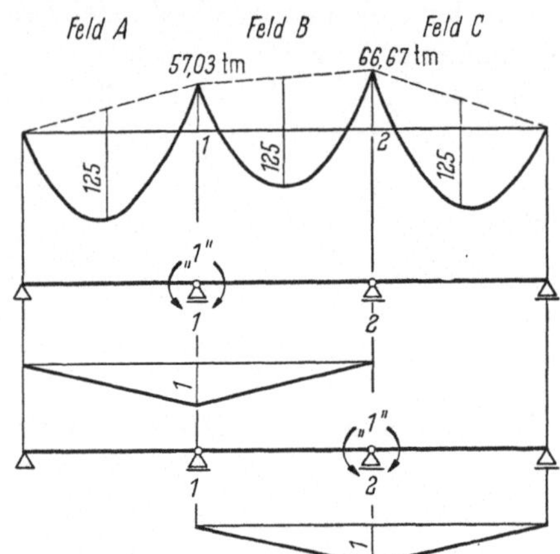

Abb. 88
Momentenverteilung unmittelbar nach dem Ausrüsten des Feldes C ($t' = 60$ Tage), Belastungspläne

b) Zustand $t' = 60$ Tage bis $t' = \infty$

$t' = 60$ Tage
Abb. 88

$$M_1 = -73{,}70 + 16{,}67 = -57{,}03 \text{ tm}$$
$$M_2 = -66{,}67 \text{ tm}$$

Kriechmaß: aus $\varphi_t = (1 - e^{-\varkappa t})\, \varphi$

	Feld A	Feld B	Feld C
$\varphi_{t'=60}$	0,395 ($t=60$)	0,220 ($t=30$)	0,000 ($t=0$)
$\varphi_{t'=\infty}$	1,000 ($t=\infty$)	1,000 ($t=\infty$)	1,000 ($t=\infty$)
$\Delta\varphi$	0,605	0,780	1,000
Kriechbeiwerte, Teil III/1, S. 123, ψ_M	1,000	1,000	1,000
ψ_{x_M}	0,550	0,564	0,582
Verformungszahl $1 + \psi_{x_M}\Delta\varphi$	1,333	1,440	1,582

plastische Verformung infolge Dauerlast (H 4a), (H 3a), (H 1), Abb. 88

$$E_{bo}\, J_b(\delta_{1\varphi} - \delta_{10}) = \frac{1}{3} \cdot 125 \cdot 10 \cdot (0{,}605 + 0{,}780) -$$

$$-\frac{1}{3} \cdot 57{,}03 \cdot 10 \cdot (0{,}605 + 0{,}780) - \frac{1}{6} \cdot 66{,}67 \cdot 10 \cdot 0{,}78 = 227{,}12$$

$$E_{bo}\, J_b(\delta_{2\varphi} - \delta_{20}) = \frac{1}{3} \cdot 125 \cdot 10 \cdot (0{,}780 + 1{,}000) -$$

$$-\frac{1}{3} \cdot 66{,}67 \cdot 10 \cdot (0{,}780 + 1{,}000) - \frac{1}{6} \cdot 57{,}03 \cdot 10 \cdot 0{,}78 = 271{,}97$$

elastisch-plastische Verformungen infolge der Zwängungen ,,1'' (H 4b), (H 1)

$$E_{bo}\,J_b\,\delta_{11} = \frac{1}{3}\cdot 10 \cdot (1{,}333 + 1{,}440) = 9{,}243$$

$$E_{bo}\,J_b\,\delta_{12} = \frac{1}{6}\cdot 10 \cdot 1{,}440 \phantom{(1{,}333 + 1)} = 2{,}400$$

$$E_{bo}\,J_b\,\delta_{22} = \frac{1}{3}\cdot 10 \cdot (1{,}440 + 1{,}582) = 10{,}073$$

(H 2)
$$9{,}243\,X_{1\varphi} + 2{,}400\,X_{2\varphi} + 227{,}12 = 0$$

$$2{,}400\,X_{1\varphi} + 10{,}073\,X_{2\varphi} + 271{,}97 = 0$$

$$X_{1\varphi} = \underline{-18{,}72\ \text{tm}}$$

$$X_{2\varphi} = \underline{-22{,}54\ \text{tm}}$$

$$M_1 = -57{,}03 - 18{,}72 = \underline{-75{,}75\ \text{tm}}$$

$$M_2 = -66{,}67 - 22{,}54 = \underline{-89{,}21\ \text{tm}}$$

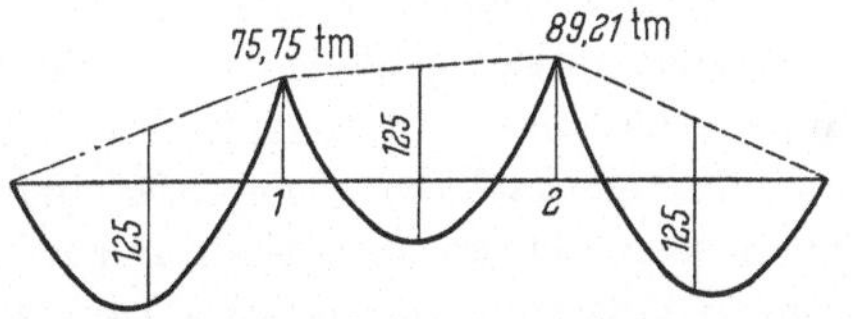

75,75 tm   89,21 tm

125   125   125   1   2

Abb. 89. Momentenverteilung nach abgeschlossenem Kriechen ($t' = \infty$)

Nach PASCHEN [13, 7]:

$$M_1 = -75{,}41\ \text{tm}$$

$$M_2 = -89{,}34\ \text{tm}$$

III. Tabellen: Kriechbeiwerte ψ_{FL} und ψ_{JL}

J. Auswertung der Ansätze. Erforderliche Genauigkeit der Kriechbeiwerte

Die Kriechbeiwerte ψ sind bei beliebigen Querschnittsverhältnissen von den Querschnittskennwerten α, β, γ und dem Endkriechmaß φ abhängig. Die Ansätze für die ψ-Werte wurden für $\varphi = 1, 2, 3, 4$ und alle möglichen Querschnitskombinationen ausgewertet. Für Zwischenwerte von α, β, γ und φ können die Kriechbeiwerte geradlinig interpoliert werden. Um einen Anhalt über die erforderliche Genauigkeit bei der Interpolation der ψ-Werte zu gewinnen, wurde der Fehlereinfluß auf die Spannungsverhältnisse untersucht. Für den wenig veränderlichen Kriechbeiwert ψ_{FN} kann eine *Abweichung von* $\pm 3\%$, bei allen übrigen Kriechbeiwerten *von* $\pm 5\%$ zugelassen werden. Innerhalb der in den Tabellen A und B, S. 46, angegebenen Grenzen läßt sich die Interpolation der ψ-Werte wesentlich vereinfacht durchführen (Anwendung der Tabellenteile III/2 und 3).

Tabellenübersicht

Einwirkungsgrößen

konstantes Moment (Index M)
konstante mittige Normalkraft (Index N)
Schwinden mit Kriechen (Index S)
zeitabhängiges Moment, hervorgerufen durch konstante Momente (Index X_M)
zeitabhängiges Moment, hervorgerufen durch zum Zeitpunkt $t = 0$ mittige Normalkräfte
oder Schwinden (Index X_N)

$$\alpha = \frac{K_{ST}}{K_{vo}} \qquad \beta = \frac{S_{ST}}{S_{vo}} \qquad \gamma = \frac{a^2 K_o}{S_{vo}}$$

φ	ψ_{X_M}	$\psi_M = \psi_N$	ψ_S	Reine Betonquerschnitte
0,1	0,508			
0,2	0,517			
0,3	0,525			
0,4	0,533			
0,5	0,542			
0,6	0,550			
0,7	0,558			
0,8	0,566			
0,9	0,574			
1,0	0,582			
1,1	0,590			
1,2	0,598			
1,3	0,605			
1,4	0,613			
1,5	0,621	1,0	0,5	
1,6	0,628			
1,7	0,635			
1,8	0,642			
1,9	0,650			
2,0	0,657			
2,2	0,670			
2,4	0,683			
2,6	0,696			
2,8	0,708			
3,0	0,719			
3,25	0,733			
3,50	0,745			
3,75	0,757			
4,00	0,769			

Index: M = Einwirkung M = const; N = Einwirkung N = const; S = Einwirkung Schwinden; X_M, X_N = Zwängung infolge M, N, S

$\beta + \gamma = 1{,}0$ / $\gamma = 0$	$\alpha\,\varphi$ / $\beta\,\varphi$	$\gamma = 0$	
		$\psi_{FN},\ \psi_{JM}$	ψ_{FS}
	$\alpha\,\beta\,\varphi$	$\beta + \gamma = 1{,}0$	
		$\psi_{FN},\ \psi_{FM}$	ψ_{FS}
0,005		1,002	0,500
0,010		1,005	0,500
0,020		1,010	0,501
0,030		1,015	0,502
0,040		1,020	0,503
0,050		1,025	0,504
0,060		1,030	0,505
0,070		1,035	0,505
0,080		1,041	0,506
0,090		1,046	0,507
0,100		1,051	0,508
0,110		1,057	0,509
0,120		1,062	0,509
0,130		1,067	0,510
0,140		1,073	0,511
0,150		1,078	0,512
0,160		1,084	0,513
0,170		1,090	0,514
0,180		1,095	0,514
0,190		1,101	0,515
0,200		1,107	0,516
0,210		1,112	0,517
0,220		1,118	0,518
0,230		1,124	0,519
0,240		1,130	0,519
0,250		1,136	0,520
0,275		1,151	0,522
0,300		1,166	0,524
0,325		1,181	0,527
0,350		1,197	0,529
0,375		1,213	0,531
0,400		1,229	0,533
0,425		1,246	0,535
0,450		1,262	0,537
0,475		1,280	0,539
0,500		1,297	0,541
0,525		1,315	0,543
0,550		1,333	0,545
0,575		1,351	0,547
0,600		1,370	0,549
0,700		1,448	0,557
0,800		1,531	0,565
0,900		1,621	0,574
1,000		1,718	0,581
1,100		1,821	0,589
1,200		1,933	0,597
1,300		2,053	0,605
1,400		2,182	0,613
1,500		2,321	0,620

Verbundquerschnitt $J_b = 0$ $(\beta + \gamma = 1{,}0)$

Kennwert $\alpha\,\beta\,\varphi$

    Kriechbeiwerte $\psi_{FN},\ \psi_{FM},\ \psi_{FS}$

Verbundquerschnitt $a = 0$ $(\gamma = 0)$

Kennwert $\alpha\,\varphi$

    Kriechbeiwerte $\psi_{FN},\ \psi_{FS}$

Kennwert $\beta\,\varphi$

    Kriechbeiwert ψ_{JM}

Index: F = Fläche; J = Trägheitsmoment; M = Einwirkung M = const; N = Einwirkung N = const

in $\mathfrak{S}_{vo}$; S = Einwirkung Schwinden; $\alpha = \dfrac{K_{ST}}{K_{vo}}$, $\beta = \dfrac{S_{ST}}{S_{vo}}$, $\gamma = \dfrac{a^2 K_o}{S_{vo}}$

α_φ	$\beta + \gamma = 1,0$								
	$\psi_{FX_M} = \psi_{FX_N}$								
	β								
	0,100	0,150	0,200	0,250	0,300	0,350	0,400	0,500	0,600
0,025	0,502	0,502	0,502	0,502	0,502	0,502	0,502	0,503	0,503
0,050	0,504	0,504	0,505	0,505	0,505	0,505	0,505	0,506	0,506
0,100	0,509	0,509	0,510	0,510	0,510	0,511	0,511	0,512	0,513
0,150	0,513	0,514	0,515	0,515	0,516	0,517	0,517	0,519	0,520
0,200	0,518	0,519	0,520	0,521	0,522	0,523	0,524	0,525	0,527
0,250	0,523	0,524	0,525	0,526	0,527	0,529	0,530	0,532	0,534
0,300	0,527	0,529	0,530	0 532	0,533	0,535	0,536	0,539	0,542
0,350	0,532	0,534	0,536	0,537	0,539	0,541	0,542	0,546	0,549
0,400	0,537	0,539	0,541	0,543	0,545	0,547	0,549	0,553	0,557
0,450	0,542	0,544	0,546	0,549	0,551	0,553	0,556	0,560	0,565
0,500	0,546	0,549	0,552	0,554	0,557	0,560	0,562	0,568	0,573
0,550	0,551	0,554	0,557	0,560	0,563	0,566	0,569	0,575	0,581
0,600	0,556	0,559	0,562	0,566	0,569	0,573	0,576	0,583	0,589
0,650	0,561	0,564	0,568	0,572	0,575	0,579	0,583	0,590	0,598
0,700	0,565	0,569	0,574	0,578	0,582	0,586	0,590	0,598	0,606
0,750	0,570	0,575	0,579	0,584	0,588	0,593	0,597	0,606	0,615
0,800	0,575	0,580	0,585	0,590	0,595	0,599	0,604	0,614	0,624
0,850	0,580	0,585	0,590	0,596	0,601	0,606	0,612	0,623	0,633
0,900	0,585	0,590	0,596	0,602	0,608	0,613	0,619	0,631	0,643
0,950	0,590	0,596	0,602	0,608	0,614	0,621	0,627	0,640	0,652
1,000	0,595	0,601	0,608	0,614	0,621	0,628	0,635	0,648	0,662
1,050	0,599	0,606	0,614	0,621	0,628	0,635	0,642	0,657	0,672
1,100	0,604	0,612	0,619	0,627	0,635	0,643	0,650	0,666	0,682
1,150	0,609	0,617	0,625	0,634	0,642	0,650	0,658	0,675	0,692
1,200	0,614	0,623	0,631	0,640	0,649	0,658	0,667	0,685	0,703
1,250	0,619	0,628	0,637	0,647	0,656	0,665	0,675	0,694	0,714
1,300	0,624	0,634	0,643	0,653	0,663	0,673	0,683	0,704	0,725
1,350	0,629	0,639	0,649	0,660	0,670	0,681	0,692	0,714	0,736
1,400	0,634	0,645	0,656	0,667	0,678	0,689	0,701	0,724	0,747
1,450	0,639	0,650	0,662	0,673	0,685	0,697	0,709	0,734	0,759
1,500	0,644	0,656	0,668	0,680	0,693	0,705	0,718	0,744	0,771
1,550	0,649	0,661	0,674	0,687	0,700	0,714	0,727	0,755	0,783
1,600	0,654	0,667	0,680	0,694	0,708	0,722	0,736	0,765	0,795
1,650	0,658	0,672	0,687	0,701	0,716	0,731	0,746	0,776	0,808
1,700	0,663	0,678	0,693	0,708	0,724	0,739	0,755	0,788	0,821
1,750	0,668	0,684	0,699	0,715	0,732	0,748	0,765	0,799	0,834
1,800	0,673	0,689	0,706	0,723	0,740	0,757	0,774	0,810	0,847
1,850	0,678	0,695	0,712	0,730	0,748	0,766	0,784	0,822	0,861
1,900	0,683	0,701	0,719	0,737	0,756	0,775	0,794	0,834	0,875
1,950	0,688	0,707	0,725	0,745	0,764	0,784	0,805	0,846	0,889
2,000	0,693	0,712	0,732	0,752	0,773	0,793	0,815	0,859	0,904
2,100	0,703	0,724	0,745	0,767	0,790	0,812	0,836	0,884	0,934
2,200	0,713	0,735	0,759	0,783	0,807	0,832	0,858	0,910	0,966
2,300	0,723	0,747	0,772	0,798	0,825	0,852	0,880	0,938	0,998
2,400	0,733	0,759	0,786	0,814	0,843	0,872	0,903	0,966	1,033
2,500	0,742	0,771	0,800	0,830	0,861	0,893	0,927	0,996	1,068

Index: F = Fläche; X_M, X_N = Zwängung infolge M, N, S; $\alpha = \dfrac{K_{ST}}{K_{vo}}$, $\beta = \dfrac{S_{ST}}{S_{vo}}$, $\gamma = \dfrac{a^2 K_o}{S_{vo}}$

$\varphi=1{,}0$ $\alpha=0{,}03$ $\div 0{,}10$ $\beta=0$	α	γ	ψ_{FN}	$\psi_{JN}\ \psi_{JX_N}$ $\psi_{FS}\ \psi_{JS}$	ψ_{FM}	ψ_{JM}	ψ_{FX_M}	ψ_{JX_M}	ψ_{FX_N}
	0,030	0,015	1,014	0,503	0,760	1,007	0,503	0,583	0,448
		0,025	1,014	0,504	0,762	1,011	0,504	0,584	0,449
		0,050	1,013	0,506	0,768	1,024	0,506	0,587	0,450
		0,075	1,013	0,508	0,773	1,036	0,508	0,590	0,452
		0,100	1,012	0,510	0,779	1,049	0,510	0,593	0,453
		0,150	1,011	0,514	0,790	1,074	0,514	0,600	0,456
		0,200	1,010	0,518	0,802	1,101	0,517	0,605	0,459
		0,250	1,009	0,522	0,814	1,128	0,521	0,611	0,462
		0,300	1,008	0,526	0,826	1,156	0,525	0,617	0,464
		0,400	1,006	0,534	0,850	1,216	0,532	0,629	0,470
	0,040	0,015	1,019	0,504	·0,762	1,007	0,504	0,583	0,450
		0,025	1,019	0,505	0,764	1,011	0,505	0,584	0,450
		0,050	1,018	0,507	0,770	1,023	0,507	0,587	0,452
		0,075	1,017	0,509	0,775	1,035	0,509	0,590	0,453
		0,100	1,017	0,511	0,781	1,048	0,510	0,593	0,454
		0,150	1,015	0,515	0,793	1,073	0,514	0,599	0,457
		0,200	1,014	0,519	0,804	1,099	0,518	0,605	0,460
		0,250	1,012	0,523	0,816	1,126	0,522	0,611	0,463
		0,300	1,011	0,527	0,827	1,153	0,525	0,616	0,466
		0,400	1,009	0,535	0,851	1,211	0,532	0,627	0,471
	0,050	0,015	1,024	0,505	0,764	1,006	0,505	0,583	0,451
		0,025	1,024	0,506	0,767	1,011	0,506	0,584	0,451
		0,050	1,023	0,508	0,772	1,023	0,507	0,587	0,453
		0,075	1,022	0,510	0,778	1,035	0,509	0,590	0,454
		0,100	1,021	0,512	0,783	1,047	0,511	0,593	0,455
		0,150	1,019	0,516	0,795	1,072	0,515	0,598	0,458
		0,200	1,017	0,519	0,806	1,097	0,518	0,604	0,461
		0,250	1,016	0,523	0,817	1,123	0,522	0,610	0,464
		0,300	1,014	0,527	0,829	1,150	0,525	0,615	0,467
		0,400	1,011	0,535	0,853	1,207	0,532	0,626	0,472
	0,060	0,015	1,029	0,506	0,767	1,006	0,506	0,583	0,452
		0,025	1,029	0,506	0,769	1,011	0,506	0,584	0,452
		0,050	1,028	0,508	0,774	1,022	0,508	0,587	0,454
		0,075	1,026	0,510	0,780	1,034	0,510	0,590	0,455
		0,100	1,025	0,512	0,785	1,046	0,512	0,593	0,457
		0,150	1,023	0,516	0,797	1,070	0,515	0,598	0,459
		0,200	1,021	0,520	0,808	1,095	0,519	0,603	0,462
		0,250	1,019	0,524	0,819	1,121	0,522	0,609	0,465
		0,300	1,017	0,528	0,831	1,147	0,526	0,614	0,468
		0,400	1,013	0,536	0,854	1,203	0,532	0,624	0,473
	0,080	0,015	1,040	0,507	0,771	1,006	0,507	0,583	0,454
		0,025	1,039	0,508	0,773	1,010	0,508	0,584	0,455
		0,050	1,037	0,510	0,779	1,022	0,510	0,587	0,456
		0,075	1,035	0,512	0,784	1,033	0,511	0,589	0,458
		0,100	1,034	0,514	0,790	1,044	0,513	0,592	0,459
		0,150	1,031	0,518	0,801	1,068	0,517	0,597	0,462
		0,200	1,028	0,521	0,812	1,092	0,520	0,602	0,464
		0,250	1,025	0,525	0,823	1,116	0,523	0,607	0,467
		0,300	1,023	0,529	0,834	1,142	0,526	0,612	0,470
		0,400	1,018	0,537	0,857	1,195	0,532	0,621	0,475
	0,100	0,015	1,050	0,509	0,776	1,006	0,509	0,583	0,457
		0,025	1,049	0,510	0,778	1,010	0,510	0,584	0,457
		0,050	1,047	0,512	0,783	1,021	0,511	0,586	0,459
		0,075	1,045	0,513	0,789	1,032	0,513	0,589	0,460
		0,100	1,043	0,515	0,794	1,043	0,514	0,591	0,461
		0,150	1,039	0,519	0,805	1,065	0,518	0,596	0,464
		0,200	1,035	0,523	0,816	1,088	0,521	0,601	0,467
		0,250	1,032	0,527	0,827	1,112	0,524	0,605	0,469
		0,300	1,029	0,530	0,838	1,136	0,527	0,610	0,472
		0,400	1,023	0,538	0,860	1,187	0,532	0,618	0,477

Index: F = Fläche; J = Trägheitsmoment; M = Einwirkung M = const; N = Einwirkung N = const in $\mathfrak{S}_{vo}$; S = Einwirkung Schwinden; X_M = Zwängung infolge M und Verkürzung aus N, S (Tab. C, S. 83);

α	γ	ψ_{FN}	$\psi_{JN}\ \psi_{JX_N}$ / $\psi_{FS}\ \psi_{JS}$	ψ_{FM}	ψ_{JM}	ψ_{FX_M}	ψ_{JX_M}	ψ_{FX_N}
0,150	0,015	1,076	0,513	0,787	1,005	0,513	0,583	0,463
	0,025	1,075	0,514	0,789	1,009	0,513	0,584	0,463
	0,050	1,072	0,516	0,795	1,019	0,515	0,586	0,465
	0,075	1,068	0,517	0,800	1,029	0,516	0,588	0,466
	0,100	1,065	0,519	0,805	1,039	0,518	0,590	0,467
	0,150	1,059	0,523	0,815	1,059	0,521	0,594	0,470
	0,200	1,054	0,526	0,825	1,080	0,523	0,598	0,472
	0,250	1,048	0,530	0,836	1,101	0,526	0,602	0,475
	0,300	1,044	0,533	0,846	1,123	0,528	0,605	0,477
	0,400	1,035	0,540	0,868	1,168	0,533	0,612	0,483
0,200	0,015	1,104	0,517	0,799	1,005	0,517	0,583	0,469
	0,025	1,102	0,518	0,801	1,008	0,517	0,583	0,469
	0,050	1,097	0,519	0,806	1,017	0,519	0,585	0,471
	0,075	1,093	0,521	0,811	1,026	0,520	0,587	0,472
	0,100	1,088	0,523	0,816	1,035	0,521	0,589	0,473
	0,150	1,080	0,526	0,825	1,054	0,524	0,592	0,476
	0,200	1,072	0,529	0,835	1,072	0,526	0,596	0,478
	0,250	1,065	0,533	0,845	1,092	0,528	0,599	0,481
	0,300	1,059	0,536	0,855	1,111	0,530	0,602	0,483
	0,400	1,047	0,543	0,875	1,151	0,534	0,607	0,488
0,250	0,015	1,132	0,521	0,811	1,004	0,521	0,582	0,475
	0,025	1,129	0,522	0,813	1,007	0,521	0,583	0,476
	0,050	1,123	0,523	0,817	1,016	0,523	0,585	0,477
	0,075	1,118	0,525	0,822	1,024	0,524	0,586	0,478
	0,100	1,112	0,527	0,827	1,032	0,525	0,588	0,479
	0,150	1,101	0,530	0,836	1,048	0,527	0,591	0,482
	0,200	1,092	0,533	0,845	1,065	0,529	0,593	0,484
	0,250	1,083	0,536	0,854	1,083	0,531	0,596	0,486
	0,300	1,074	0,539	0,864	1,100	0,532	0,598	0,489
	0,400	1,059	0,545	0,883	1,136	0,535	0,602	0,493
0,300	0,015	1,161	0,525	0,823	1,004	0,525	0,582	0,482
	0,025	1,158	0,526	0,825	1,007	0,525	0,583	0,482
	0,050	1,150	0,527	0,829	1,014	0,526	0,584	0,483
	0,075	1,143	0,529	0,833	1,021	0,527	0,585	0,484
	0,100	1,136	0,530	0,838	1,029	0,528	0,587	0,485
	0,150	1,123	0,533	0,846	1,044	0,530	0,589	0,488
	0,200	1,111	0,536	0,855	1,059	0,532	0,591	0,490
	0,250	1,100	0,539	0,864	1,074	0,533	0,593	0,492
	0,300	1,090	0,542	0,873	1,090	0,535	0,595	0,494
	0,400	1,071	0,548	0,890	1,121	0,537	0,599	0,499
0,400	0,015	1,222	0,533	0,847	1,003	0,533	0,582	0,495
	0,025	1,218	0,534	0,849	1,005	0,533	0,582	0,495
	0,050	1,207	0,535	0,853	1,011	0,534	0,583	0,496
	0,075	1,197	0,536	0,856	1,017	0,535	0,584	0,497
	0,100	1,187	0,538	0,860	1,023	0,536	0,585	0,498
	0,150	1,168	0,540	0,868	1,035	0,537	0,587	0,500
	0,200	1,151	0,543	0,875	1,047	0,538	0,588	0,502
	0,250	1,136	0,545	0,883	1,059	0,539	0,590	0,504
	0,300	1,121	0,548	0,890	1,071	0,540	0,591	0,506
	0,400	1,096	0,552	0,906	1,096	0,542	0,593	0,510
0,500	0,015	1,288	0,542	0,872	1,002	0,541	0,582	0,508
	0,025	1,282	0,542	0,873	1,004	0,542	0,582	0,508
	0,050	1,267	0,543	0,876	1,009	0,542	0,583	0,509
	0,075	1,253	0,544	0,879	1,013	0,542	0,583	0,510
	0,100	1,240	0,545	0,883	1,018	0,543	0,584	0,511
	0,150	1,216	0,547	0,889	1,027	0,544	0,585	0,513
	0,200	1,193	0,549	0,895	1,036	0,545	0,586	0,514
	0,250	1,173	0,551	0,902	1,045	0,545	0,587	0,516
	0,300	1,154	0,553	0,908	1,055	0,546	0,587	0,518
	0,400	1,121	0,557	0,921	1,074	0,547	0,589	0,521

$$\varphi = 1,0 \qquad \alpha = 0,15 \div 0,50 \qquad \beta = 0$$

X_N = Zwängung infolge Verdrehung aus N, S (Tab. C, S. 83); $\quad \alpha = \dfrac{K_{ST}}{K_{vo}}, \quad \beta = \dfrac{S_{ST}}{S_{vo}}, \quad \gamma = \dfrac{a^2 K_o}{S_{vo}}$

$\varphi=2{,}0$ $\alpha=0{,}03$ $\div\,0{,}10$ $\beta=0$	α	γ	ψ_{FN}	$\psi_{JN}\ \psi_{JX_N}$ $\psi_{FS}\ \psi_{JS}$	ψ_{FM}	ψ_{JM}	ψ_{FX_M}	ψ_{JX_M}	ψ_{FX_N}
	0,030	0,015	1,029	0,507	0,681	1,014	0,507	0,661	0,423
		0,025	1,028	0,509	0,684	1,023	0,508	0,664	0,424
		0,050	1,027	0,513	0,693	1,048	0,512	0,673	0,427
		0,075	1,025	0,517	0,701	1,073	0,516	0,681	0,429
		0,100	1,023	0,521	0,709	1,098	0,520	0,689	0,432
		0,150	1,021	0,529	0,726	1,153	0,528	0,706	0,436
		0,200	1,018	0,537	0,742	1,210	0,535	0,724	0,441
		0,250	1,016	0,545	0,759	1,271	0,543	0,741	0,445
		0,300	1,014	0,553	0,776	1,336	0,550	0,758	0,450
		0,400	1,010	0,568	0,809	1,478	0,564	0,792	0,458
	0,040	0,015	1,039	0,509	0,684	1,013	0,508	0,661	0,425
		0,025	1,038	0,510	0,688	1,023	0,510	0,664	0,426
		0,050	1,036	0,514	0,696	1,046	0,514	0,672	0,429
		0,075	1,034	0,518	0,704	1,071	0,518	0,680	0,431
		0,100	1,032	0,522	0,712	1,096	0,521	0,688	0,433
		0,150	1,028	0,530	0,729	1,149	0,529	0,705	0,438
		0,200	1,024	0,538	0,745	1,204	0,536	0,721	0,443
		0,250	1,021	0,546	0,762	1,263	0,543	0,737	0,447
		0,300	1,019	0,554	0,778	1,325	0,550	0,754	0,452
		0,400	1,014	0,569	0,811	1,461	0,564	0,785	0,460
	0,050	0,015	1,049	0,510	0,688	1,013	0,510	0,661	0,427
		0,025	1,048	0,512	0,691	1,022	0,512	0,664	0,428
		0,050	1,045	0,516	0,699	1,045	0,515	0,672	0,431
		0,075	1,042	0,520	0,707	1,069	0,519	0,679	0,433
		0,100	1,040	0,524	0,715	1,093	0,523	0,687	0,435
		0,150	1,035	0,532	0,731	1,145	0,530	0,703	0,440
		0,200	1,031	0,539	0,748	1,198	0,537	0,719	0,445
		0,250	1,027	0,547	0,764	1,255	0,544	0,734	0,449
		0,300	1,023	0,555	0,781	1,315	0,551	0,749	0,453
		0,400	1,017	0,570	0,814	1,446	0,563	0,779	0,462
	0,060	0,015	1,060	0,512	0,691	1,013	0,512	0,661	0,429
		0,025	1,058	0,513	0,694	1,021	0,513	0,664	0,430
		0,050	1,055	0,517	0,702	1,044	0,517	0,671	0,433
		0,075	1,051	0,521	0,710	1,067	0,520	0,679	0,435
		0,100	1,048	0,525	0,718	1,091	0,524	0,686	0,437
		0,150	1,042	0,533	0,734	1,141	0,531	0,701	0,442
		0,200	1,037	0,541	0,751	1,193	0,538	0,716	0,446
		0,250	1,032	0,548	0,767	1,248	0,545	0,731	0,451
		0,300	1,028	0,556	0,783	1,306	0,551	0,746	0,455
		0,400	1,021	0,571	0,816	1,431	0,563	0,773	0,464
	0,080	0,015	1,081	0,515	0,698	1,012	0,515	0,660	0,433
		0,025	1,079	0,517	0,701	1,020	0,516	0,663	0,434
		0,050	1,074	0,520	0,709	1,042	0,520	0,670	0,437
		0,075	1,069	0,524	0,717	1,064	0,523	0,677	0,439
		0,100	1,065	0,528	0,724	1,086	0,527	0,684	0,441
		0,150	1,057	0,536	0,740	1,133	0,533	0,698	0,446
		0,200	1,050	0,543	0,756	1,182	0,540	0,712	0,450
		0,250	1,044	0,551	0,772	1,234	0,546	0,725	0,455
		0,300	1,038	0,558	0,788	1,287	0,552	0,738	0,459
		0,400	1,028	0,573	0,820	1,403	0,563	0,762	0,468
	0,100	0,015	1,102	0,518	0,704	1,011	0,518	0,660	0,437
		0,025	1,100	0,520	0,707	1,019	0,520	0,663	0,438
		0,050	1,093	0,524	0,715	1,040	0,523	0,669	0,441
		0,075	1,088	0,527	0,723	1,061	0,526	0,676	0,443
		0,100	1,082	0,531	0,731	1,082	0,529	0,682	0,445
		0,150	1,072	0,539	0,746	1,126	0,536	0,695	0,450
		0,200	1,063	0,546	0,762	1,172	0,542	0,708	0,454
		0,250	1,055	0,553	0,777	1,220	0,548	0,720	0,458
		0,300	1,048	0,561	0,793	1,270	0,553	0,731	0,463
		0,400	1,036	0,575	0,824	1,377	0,563	0,753	0,471

Index: F = Fläche; J = Trägheitsmoment; M = Einwirkung M = const; N = Einwirkung N = const in $\mathfrak{S}_{vo}$;
S = Einwirkung Schwinden; X_M = Zwängung infolge M und Verkürzung aus N, S (Tab. C, S. 83);

α	γ	ψ_{FN}	$\psi_{JN}\ \psi_{JX_N}$ $\psi_{FS}\ \psi_{JS}$	ψ_{FM}	ψ_{JM}	ψ_{FX_M}	ψ_{JX_M}	ψ_{FX_N}
0,150	0,015	1,159	0,527	0,721	1,010	0,526	0,659	0,448
	0,025	1,155	0,528	0,724	1,017	0,527	0,662	0,449
	0,050	1,145	0,532	0,731	1,035	0,530	0,667	0,451
	0,075	1,135	0,535	0,739	1,053	0,533	0,673	0,453
	0,100	1,126	0,539	0,746	1,072	0,536	0,678	0,455
	0,150	1,110	0,546	0,761	1,110	0,542	0,688	0,460
	0,200	1,096	0,552	0,775	1,149	0,547	0,698	0,464
	0,250	1,083	0,559	0,790	1,190	0,552	0,708	0,468
	0,300	1,072	0,566	0,805	1,232	0,556	0,717	0,472
	0,400	1,054	0,580	0,834	1,321	0,564	0,733	0,480
0,200	0,015	1,219	0,535	0,738	1,009	0,534	0,659	0,458
	0,025	1,213	0,536	0,741	1,015	0,535	0,661	0,459
	0,050	1,198	0,539	0,748	1,031	0,538	0,665	0,461
	0,075	1,185	0,543	0,755	1,047	0,540	0,670	0,463
	0,100	1,172	0,546	0,762	1,063	0,543	0,674	0,466
	0,150	1,149	0,552	0,775	1,096	0,548	0,683	0,470
	0,200	1,130	0,559	0,789	1,130	0,552	0,691	0,474
	0,250	1,112	0,565	0,803	1,164	0,556	0,698	0,478
	0,300	1,097	0,572	0,817	1,200	0,560	0,705	0,482
	0,400	1,072	0,585	0,844	1,274	0,566	0,717	0,490
0,250	0,015	1,284	0,543	0,755	1,008	0,542	0,658	0,469
	0,025	1,275	0,544	0,758	1,013	0,543	0,660	0,470
	0,050	1,255	0,547	0,764	1,027	0,546	0,664	0,472
	0,075	1,237	0,550	0,771	1,041	0,548	0,667	0,474
	0,100	1,220	0,553	0,777	1,055	0,550	0,671	0,476
	0,150	1,190	0,559	0,790	1,083	0,554	0,678	0,480
	0,200	1,164	0,565	0,803	1,112	0,558	0,684	0,484
	0,250	1,142	0,572	0,816	1,142	0,561	0,690	0,488
	0,300	1,123	0,578	0,829	1,172	0,564	0,696	0,492
	0,400	1,091	0,589	0,855	1,234	0,569	0,704	0,499
0,300	0,015	1,352	0,551	0,772	1,007	0,550	0,658	0,480
	0,025	1,341	0,552	0,775	1,011	0,551	0,659	0,481
	0,050	1,315	0,555	0,781	1,023	0,553	0,662	0,483
	0,075	1,292	0,558	0,787	1,035	0,555	0,665	0,485
	0,100	1,270	0,561	0,793	1,048	0,557	0,668	0,487
	0,150	1,232	0,566	0,805	1,072	0,560	0,674	0,491
	0,200	1,200	0,572	0,817	1,097	0,563	0,679	0,494
	0,250	1,172	0,578	0,829	1,123	0,566	0,684	0,498
	0,300	1,148	0,583	0,841	1,148	0,569	0,688	0,502
	0,400	1,109	0,594	0,865	1,200	0,573	0,695	0,509
0,400	0,015	1,504	0,567	0,806	1,005	0,566	0,657	0,503
	0,025	1,486	0,568	0,808	1,008	0,567	0,658	0,504
	0,050	1,446	0,570	0,814	1,017	0,568	0,660	0,505
	0,075	1,410	0,573	0,819	1,027	0,570	0,662	0,507
	0,100	1,377	0,575	0,824	1,036	0,571	0,664	0,509
	0,150	1,321	0,580	0,834	1,054	0,573	0,668	0,512
	0,200	1,274	0,585	0,844	1,072	0,575	0,671	0,516
	0,250	1,234	0,589	0,855	1,091	0,577	0,674	0,519
	0,300	1,200	0,594	0,865	1,109	0,579	0,676	0,522
	0,400	1,147	0,603	0,885	1,147	0,582	0,680	0,529
0,500	0,015	1,676	0,583	0,840	1,003	0,582	0,657	0,526
	0,025	1,650	0,583	0,842	1,006	0,582	0,657	0,527
	0,050	1,591	0,585	0,846	1,013	0,583	0,659	0,529
	0,075	1,539	0,587	0,850	1,019	0,584	0,660	0,530
	0,100	1,492	0,589	0,855	1,026	0,585	0,661	0,532
	0,150	1,414	0,593	0,863	1,039	0,587	0,663	0,535
	0,200	1,350	0,597	0,872	1,053	0,588	0,665	0,537
	0,250	1,298	0,601	0,880	1,066	0,589	0,667	0,540
	0,300	1,254	0,605	0,888	1,079	0,590	0,668	0,543
	0,400	1,184	0,613	0,905	1,106	**0,592**	0,670	0,549

$$\varphi = 2,0 \qquad \alpha = 0,15 \div 0,50 \qquad \beta = 0$$

$X_N =$ Zwängung infolge Verdrehung aus N, S (Tab. C, S. 83); $\quad \alpha = \dfrac{K_{ST}}{K_{vo}}, \quad \beta = \dfrac{S_{ST}}{S_{vo}}, \quad \gamma = \dfrac{a^2 K_o}{S_{vo}}$

$\varphi=3{,}0$ $\alpha=0{,}03$ $\div 0{,}10$ $\beta=0$	α	γ	ψ_{FN}	$\psi_{JN}\ \psi_{JX_N}$ $\psi_{FS}\ \psi_{JS}$	ψ_{FM}	ψ_{JM}	ψ_{FX_M}	ψ_{JX_M}	ψ_{FX_N}
	0,030	0,015	1,044	0,511	0,643	1,020	0,511	0,728	0,409
		0,025	1,042	0,513	0,647	1,035	0,513	0,734	0,411
		0,050	1,039	0,519	0,658	1,071	0,519	0,750	0,414
		0,075	1,036	0,525	0,668	1,109	0,524	0,766	0,417
		0,100	1,033	0,531	0,679	1,149	0,530	0,783	0,420
		0,150	1,028	0,543	0,699	1,234	0,542	0,816	0,426
		0,200	1,024	0,555	0,720	1,326	0,553	0,850	0,432
		0,250	1,020	0,567	0,741	1,427	0,564	0,885	0,438
		0,300	1,017	0,579	0,761	1,536	0,574	0,920	0,444
		0,400	1,012	0,601	0,801	1,784	0,594	0,990	0,454
	0,040	0,015	1,059	0,513	0,648	1,020	0,513	0,728	0,412
		0,025	1,057	0,515	0,652	1,033	0,515	0,734	0,413
		0,050	1,053	0,521	0,662	1,069	0,521	0,749	0,416
		0,075	1,049	0,527	0,672	1,106	0,527	0,764	0,419
		0,100	1,045	0,533	0,682	1,144	0,532	0,780	0,423
		0,150	1,038	0,545	0,703	1,225	0,543	0,812	0,429
		0,200	1,032	0,557	0,723	1,313	0,554	0,844	0,435
		0,250	1,027	0,569	0,744	1,409	0,564	0,876	0,440
		0,300	1,023	0,580	0,764	1,512	0,574	0,909	0,446
		0,400	1,016	0,603	0,803	1,742	0,593	0,972	0,457
	0,050	0,015	1,075	0,516	0,652	1,019	0,515	0,727	0,415
		0,025	1,072	0,518	0,656	1,032	0,518	0,733	0,416
		0,050	1,067	0,524	0,666	1,067	0,523	0,748	0,419
		0,075	1,061	0,530	0,676	1,102	0,529	0,762	0,422
		0,100	1,057	0,536	0,686	1,139	0,534	0,777	0,425
		0,150	1,048	0,547	0,707	1,217	0,545	0,807	0,431
		0,200	1,041	0,559	0,727	1,301	0,555	0,838	0,437
		0,250	1,034	0,570	0,747	1,391	0,565	0,868	0,443
		0,300	1,029	0,582	0,767	1,488	0,575	0,898	0,449
		0,400	1,021	0,604	0,806	1,704	0,592	0,955	0,459
	0,060	0,015	1,091	0,518	0,656	1,018	0,518	0,727	0,417
		0,025	1,088	0,520	0,660	1,031	0,520	0,732	0,419
		0,050	1,081	0,526	0,670	1,064	0,525	0,747	0,422
		0,075	1,074	0,532	0,680	1,099	0,531	0,761	0,425
		0,100	1,068	0,538	0,690	1,134	0,536	0,775	0,428
		0,150	1,058	0,549	0,710	1,209	0,547	0,803	0,434
		0,200	1,049	0,561	0,730	1,289	0,557	0,832	0,440
		0,250	1,042	0,572	0,750	1,375	0,566	0,860	0,446
		0,300	1,035	0,584	0,770	1,467	0,575	0,888	0,451
		0,400	1,025	0,606	0,808	1,668	0,592	0,940	0,462
	0,080	0,015	1,123	0,523	0,664	1,017	0,523	0,726	0,423
		0,025	1,119	0,525	0,668	1,029	0,525	0,731	0,424
		0,050	1,109	0,531	0,678	1,060	0,530	0,744	0,427
		0,075	1,100	0,537	0,688	1,092	0,535	0,757	0,430
		0,100	1,092	0,542	0,698	1,125	0,540	0,770	0,433
		0,150	1,078	0,554	0,717	1,194	0,550	0,796	0,439
		0,200	1,066	0,565	0,737	1,267	0,559	0,822	0,445
		0,250	1,056	0,576	0,756	1,345	0,568	0,846	0,451
		0,300	1,047	0,587	0,776	1,427	0,577	0,870	0,456
		0,400	1,033	0,608	0,813	1,604	0,591	0,914	0,467
	0,100	0,015	1,157	0,528	0,673	1,016	0,527	0,726	0,428
		0,025	1,152	0,530	0,677	1,028	0,529	0,730	0,429
		0,050	1,139	0,536	0,686	1,057	0,534	0,742	0,432
		0,075	1,127	0,541	0,696	1,086	0,539	0,754	0,436
		0,100	1,117	0,547	0,705	1,117	0,544	0,766	0,439
		0,150	1,098	0,558	0,725	1,180	0,553	0,789	0,444
		0,200	1,083	0,569	0,744	1,247	0,562	0,812	0,450
		0,250	1,070	0,579	0,763	1,318	0,570	0,834	0,456
		0,300	1,059	0,590	0,781	1,392	0,578	0,855	0,462
		0,400	1,042	0,611	0,818	1,549	0,591	0,891	0,472

Index: F = Fläche; J = Trägheitsmoment; M = Einwirkung M = const; N = Einwirkung N = const in $\mathfrak{S}_{vo}$; S = Einwirkung Schwinden; X_M = Zwängung infolge M und Verkürzung aus N, S (Tab. C, S. 83);

α	γ	ψ_{FN}	$\psi_{JN}\ \psi_{JX_N}$ $\psi_{FS}\ \psi_{JS}$	ψ_{FM}	ψ_{JM}	ψ_{FX_M}	ψ_{JX_M}	ψ_{FX_N}
0,150	0,015	1,248	0,540	0,694	1,014	0,540	0,724	0,442
	0,025	1,238	0,542	0,697	1,023	0,541	0,728	0,443
	0,050	1,217	0,547	0,707	1,048	0,546	0,738	0,446
	0,075	1,198	0,553	0,716	1,073	0,550	0,748	0,449
	0,100	1,180	0,558	0,725	1,098	0,554	0,757	0,452
	0,150	1,151	0,568	0,743	1,151	0,562	0,775	0,458
	0,200	1,126	0,578	0,761	1,205	0,569	0,792	0,464
	0,250	1,106	0,588	0,778	1,261	0,576	0,809	0,469
	0,300	1,089	0,598	0,796	1,318	0,582	0,823	0,475
	0,400	1,062	0,618	0,830	1,437	0,593	0,848	0,485
0,200	0,015	1,347	0,552	0,715	1,012	0,552	0,723	0,457
	0,025	1,333	0,554	0,718	1,020	0,553	0,727	0,458
	0,050	1,301	0,559	0,727	1,041	0,557	0,734	0,461
	0,075	1,273	0,564	0,735	1,062	0,561	0,742	0,463
	0,100	1,247	0,569	0,744	1,083	0,564	0,749	0,466
	0,150	1,205	0,578	0,761	1,126	0,571	0,764	0,472
	0,200	1,171	0,588	0,777	1,171	0,577	0,777	0,477
	0,250	1,142	0,597	0,794	1,216	0,583	0,789	0,483
	0,300	1,119	0,606	0,810	1,261	0,588	0,800	0,488
	0,400	1,083	0,625	0,841	1,354	0,596	0,817	0,498
0,250	0,015	1,456	0,564	0,736	1,010	0,563	0,722	0,471
	0,025	1,436	0,566	0,739	1,017	0,565	0,725	0,472
	0,050	1,391	0,570	0,747	1,034	0,568	0,731	0,475
	0,075	1,352	0,575	0,755	1,052	0,571	0,737	0,478
	0,100	1,318	0,579	0,763	1,070	0,574	0,743	0,481
	0,150	1,261	0,588	0,778	1,106	0,580	0,755	0,486
	0,200	1,216	0,597	0,794	1,142	0,585	0,765	0,491
	0,250	1,179	0,606	0,809	1,179	0,590	0,774	0,497
	0,300	1,149	0,614	0,824	1,216	0,594	0,782	0,502
	0,400	1,104	0,631	0,853	1,290	0,600	0,794	0,511
0,300	0,015	1,577	0,576	0,757	1,008	0,575	0,722	0,486
	0,025	1,549	0,578	0,759	1,014	0,576	0,724	0,487
	0,050	1,488	0,582	0,767	1,029	0,579	0,729	0,490
	0,075	1,436	0,586	0,774	1,044	0,582	0,734	0,493
	0,100	1,392	0,590	0,781	1,059	0,584	0,738	0,495
	0,150	1,318	0,598	0,796	1,089	0,589	0,747	0,500
	0,200	1,261	0,606	0,810	1,119	0,594	0,755	0,506
	0,250	1,216	0,614	0,824	1,149	0,597	0,762	0,511
	0,300	1,179	0,622	0,838	1,179	0,601	0,768	0,515
	0,400	1,124	0,638	0,864	1,239	0,606	0,777	0,525
0,400	0,015	1,854	0,599	0,797	1,006	0,598	0,721	0,518
	0,025	1,806	0,601	0,800	1,010	0,599	0,722	0,518
	0,050	1,704	0,604	0,806	1,021	0,601	0,725	0,521
	0,075	1,619	0,608	0,812	1,031	0,603	0,728	0,523
	0,100	1,549	0,611	0,818	1,042	0,605	0,731	0,526
	0,150	1,437	0,618	0,830	1,062	0,608	0,736	0,530
	0,200	1,354	0,625	0,841	1,083	0,611	0,741	0,535
	0,250	1,290	0,631	0,853	1,104	0,614	0,745	0,539
	0,300	1,239	0,638	0,864	1,124	0,616	0,748	0,544
	0,400	1,164	0,650	0,886	1,164	0,619	0,753	0,552
0,500	0,015	2,187	0,622	0,837	1,004	0,621	0,720	0,550
	0,025	2,110	0,623	0,838	1,007	0,621	0,721	0,551
	0,050	1,949	0,626	0,843	1,014	0,623	0,722	0,553
	0,075	1,821	0,628	0,848	1,021	0,624	0,724	0,555
	0,100	1,718	0,631	0,853	1,029	0,625	0,726	0,557
	0,150	1,561	0,637	0,862	1,043	0,627	0,729	0,561
	0,200	1,448	0,642	0,872	1,057	0,629	0,732	0,565
	0,250	1,363	0,647	0,881	1,071	0,631	0,734	0,569
	0,300	1,297	0,653	0,890	1,085	0,632	0,736	0,572
	0,400	1,202	0,663	0,907	1,112	0,634	0,739	0,580

$\varphi = 3,0$
$\alpha = 0,15$
$\div 0,50$

$\beta = 0$

$X_N =$ Zwängung infolge Verdrehung aus N, S (Tab. C, S. 83); $\alpha = \dfrac{K_{ST}}{K_{vo}}$, $\beta = \dfrac{S_{ST}}{S_{vo}}$, $\gamma = \dfrac{a^2 K_o}{S_{vo}}$

$\varphi=4{,}0$ $\alpha=0{,}03$ $\div 0{,}10$ $\beta=0$	α	γ	ψ_{FN}	$\psi_{JN}\ \psi_{JX_N}$ $\psi_{FS}\ \psi_{JS}$	ψ_{FM}	ψ_{JM}	ψ_{FX_M}	ψ_{JX_M}	ψ_{FX_N}
	0,030	0,015	1,058	0,514	0,622	1,027	0,514	0,783	0,401
		0,025	1,056	0,518	0,627	1,046	0,517	0,793	0,402
		0,050	1,051	0,526	0,639	1,094	0,525	0,818	0,406
		0,075	1,046	0,534	0,652	1,145	0,533	0,843	0,410
		0,100	1,042	0,542	0,664	1,200	0,540	0,870	0,414
		0,150	1,034	0,558	0,689	1,317	0,555	0,924	0,421
		0,200	1,028	0,573	0,713	1,448	0,570	0,981	0,428
		0,250	1,023	0,589	0,737	1,593	0,584	1,039	0,435
		0,300	1,019	0,604	0,760	1,753	0,597	1,099	0,442
		0,400	1,013	0,633	0,805	2,123	0,622	1,216	0,454
	0,040	0,015	1,079	0,518	0,627	1,026	0,517	0,782	0,404
		0,025	1,076	0,521	0,632	1,044	0,520	0,792	0,405
		0,050	1,069	0,529	0,644	1,090	0,528	0,815	0,409
		0,075	1,062	0,537	0,657	1,139	0,536	0,840	0,413
		0,100	1,056	0,545	0,669	1,191	0,543	0,865	0,417
		0,150	1,046	0,560	0,693	1,302	0,557	0,916	0,424
		0,200	1,038	0,576	0,717	1,424	0,571	0,968	0,431
		0,250	1,031	0,591	0,740	1,558	0,585	1,021	0,438
		0,300	1,026	0,606	0,763	1,704	0,597	1,074	0,445
		0,400	1,017	0,634	0,808	2,036	0,620	1,176	0,457
	0,050	0,015	1,100	0,521	0,632	1,025	0,521	0,782	0,407
		0,025	1,096	0,524	0,637	1,042	0,524	0,790	0,409
		0,050	1,087	0,532	0,649	1,087	0,531	0,813	0,413
		0,075	1,078	0,540	0,661	1,134	0,538	0,836	0,416
		0,100	1,071	0,548	0,673	1,183	0,546	0,860	0,420
		0,150	1,058	0,563	0,697	1,287	0,560	0,908	0,428
		0,200	1,048	0,578	0,721	1,402	0,573	0,956	0,435
		0,250	1,039	0,593	0,744	1,526	0,586	1,005	0,442
		0,300	1,032	0,608	0,767	1,660	0,598	1,053	0,448
		0,400	1,022	0,636	0,810	1,960	0,619	1,142	0,461
	0,060	0,015	1,122	0,524	0,637	1,024	0,524	0,781	0,410
		0,025	1,117	0,527	0,642	1,041	0,527	0,790	0,412
		0,050	1,105	0,535	0,654	1,083	0,534	0,811	0,416
		0,075	1,095	0,543	0,666	1,128	0,541	0,833	0,420
		0,100	1,086	0,551	0,678	1,175	0,548	0,855	0,423
		0,150	1,070	0,566	0,701	1,274	0,562	0,900	0,431
		0,200	1,058	0,581	0,725	1,381	0,575	0,945	0,438
		0,250	1,047	0,596	0,748	1,497	0,587	0,990	0,445
		0,300	1,039	0,610	0,770	1,621	0,598	1,033	0,451
		0,400	1,026	0,638	0,813	1,892	0,618	1,111	0,464
	0,080	0,015	1,167	0,531	0,647	1,022	0,530	0,780	0,417
		0,025	1,160	0,534	0,652	1,037	0,533	0,788	0,419
		0,050	1,143	0,541	0,664	1,077	0,540	0,807	0,423
		0,075	1,129	0,549	0,675	1,118	0,547	0,827	0,426
		0,100	1,116	0,556	0,687	1,160	0,553	0,847	0,430
		0,150	1,094	0,571	0,710	1,249	0,566	0,886	0,437
		0,200	1,077	0,586	0,733	1,344	0,578	0,925	0,444
		0,250	1,063	0,600	0,755	1,445	0,589	0,963	0,451
		0,300	1,052	0,614	0,777	1,551	0,600	0,999	0,458
		0,400	1,035	0,641	0,818	1,777	0,617	1,060	0,470
	0,100	0,015	1,214	0,537	0,657	1,020	0,537	0,779	0,424
		0,025	1,204	0,540	0,662	1,035	0,539	0,786	0,426
		0,050	1,183	0,548	0,673	1,071	0,546	0,804	0,429
		0,075	1,164	0,555	0,685	1,108	0,552	0,822	0,433
		0,100	1,147	0,562	0,696	1,147	0,558	0,839	0,437
		0,150	1,119	0,577	0,718	1,227	0,570	0,874	0,444
		0,200	1,097	0,591	0,740	1,312	0,582	0,908	0,451
		0,250	1,079	0,605	0,762	1,400	0,592	0,940	0,458
		0,300	1,065	0,619	0,783	1,492	0,601	0,970	0,464
		0,400	1,043	0,645	0,823	1,683	0,617	1,019	0,477

Index: F = Fläche; J = Trägheitsmoment; M = Einwirkung M = const; N = Einwirkung N = const in $\mathfrak{S}_{vo}$; S = Einwirkung Schwinden; X_M = Zwängung infolge M und Verkürzung aus N, S (Tab. C, S. 83);

α	γ	ψ_{FN}	$\psi_{JN}\ \psi_{JX_N}$ $\psi_{FS}\ \psi_{JS}$	ψ_{FM}	ψ_{JM}	ψ_{FX_M}	ψ_{JX_M}	ψ_{FX_N}
0,150	0,015	1,342	0,553	0,682	1,017	0,553	0,777	0,442
	0,025	1,325	0,556	0,687	1,029	0,555	0,782	0,443
	0,050	1,287	0,563	0,697	1,058	0,561	0,796	0,447
	0,075	1,255	0,570	0,708	1,088	0,566	0,810	0,450
	0,100	1,227	0,577	0,718	1,119	0,572	0,824	0,454
	0,150	1,182	0,590	0,739	1,182	0,582	0,850	0,461
	0,200	1,147	0,603	0,760	1,246	0,591	0,874	0,468
	0,250	1,119	0,616	0,780	1,311	0,599	0,896	0,475
	0,300	1,097	0,629	0,799	1,378	0,607	0,916	0,481
	0,400	1,064	0,653	0,836	1,511	0,618	0,946	0,493
0,200	0,015	1,487	0,569	0,707	1,014	0,569	0,775	0,460
	0,025	1,460	0,572	0,711	1,024	0,571	0,779	0,461
	0,050	1,402	0,578	0,721	1,048	0,575	0,790	0,465
	0,075	1,353	0,585	0,731	1,072	0,580	0,801	0,468
	0,100	1,312	0,591	0,740	1,097	0,585	0,811	0,472
	0,150	1,246	0,603	0,760	1,147	0,593	0,831	0,478
	0,200	1,197	0,616	0,778	1,197	0,601	0,849	0,485
	0,250	1,158	0,627	0,797	1,247	0,608	0,865	0,492
	0,300	1,128	0,639	0,815	1,296	0,614	0,878	0,498
	0,400	1,085	0,661	0,848	1,394	0,623	0,898	0,510
0,250	0,015	1,651	0,585	0,731	1,011	0,584	0,774	0,478
	0,025	1,611	0,587	0,735	1,019	0,586	0,777	0,479
	0,050	1,526	0,593	0,744	1,039	0,590	0,786	0,483
	0,075	1,457	0,599	0,753	1,059	0,594	0,794	0,486
	0,100	1,400	0,605	0,762	1,079	0,598	0,802	0,490
	0,150	1.311	0,616	0,780	1,119	0,605	0,817	0,496
	0,200	1,247	0,627	0,797	1,158	0,612	0,830	0,503
	0,250	1,197	0,638	0,813	1,197	0,617	0,841	0,509
	0,300	1,159	0,649	0,830	1,236	0,622	0,851	0,515
	0,400	1,105	0,670	0,861	1,310	0,629	0,864	0,527
0,300	0,015	1,835	0,600	0,755	1,009	0,599	0,772	0,497
	0,025	1,779	0,603	0,758	1,016	0,601	0,775	0,498
	0,050	1,660	0,608	0,767	1,032	0,604	0,782	0,502
	0,075	1,567	0,613	0,775	1,048	0,608	0,788	0,505
	0,100	1,492	0,619	0,783	1,065	0,611	0,794	0,508
	0,150	1,378	0,629	0,799	1,097	0,617	0,806	0,514
	0,200	1,296	0,639	0,815	1,128	0,622	0,815	0,521
	0,250	1,236	0,649	0,830	1,159	0,627	0,824	0,527
	0,300	1,190	0,659	0,844	1,190	0,631	0,831	0,532
	0,400	1,125	0,677	0,872	1,248	0,636	0,840	0,544
0,400	0,015	2,277	0,630	0,801	1,006	0,629	0,771	0,536
	0,025	2,171	0,632	0,804	1,011	0,630	0,772	0,537
	0,050	1,960	0,636	0,810	1,022	0,633	0,776	0,540
	0,075	1,803	0,641	0,817	1,032	0,635	0,780	0,543
	0,100	1,683	0,645	0,823	1,043	0,637	0,784	0,546
	0,150	1,511	0,653	0,836	1,064	0,641	0,790	0,551
	0,200	1,394	0,661	0,848	1,085	0,645	0,796	0,557
	0,250	1,310	0,670	0,861	1,105	0,648	0,801	0,562
	0,300	1,248	0,677	0,872	1,125	0,650	0,804	0,567
	0,400	1,162	0,693	0,895	1,162	0,653	0,809	0,578
0,500	0,015	2,833	0,658	0,843	1,004	0,657	0,770	0,576
	0,025	2,645	0,659	0,845	1,007	0,658	0,771	0,577
	0,050	2,297	0,663	0.851	1,014	0,659	0,773	0,579
	0,075	2,056	0,666	0,856	1,021	0,661	0,775	0,582
	0,100	1,880	0,670	0,861	1,029	0,662	0,777	0,584
	0,150	1,641	0,676	0,870	1,042	0,665	0,781	0,589
	0,200	1,487	0,683	0,880	1,056	0,667	0,784	0,594
	0,250	1,380	0,689	0,889	1,069	0,669	0,786	0,598
	0,300	1,302	0,695	0,898	1,082	0,670	0,788	0,603
	0,400	1,196	0,707	0,916	1,107	0,672	0,791	0,612

$$\varphi = 4{,}0 \qquad \alpha = 0{,}15 \div 0{,}50 \qquad \beta = 0$$

X_N = Zwängung infolge Verdrehung aus N, S (Tab. C, S. 83); $\quad \alpha = \dfrac{K_{ST}}{K_{vo}}, \quad \beta = \dfrac{S_{ST}}{S_{vo}}, \quad \gamma = \dfrac{a^2 K_o}{S_{vo}}$

$\varphi = 1,0$ $\alpha = 0,05$	ψ_{FN}	ψ_{FS}	$\psi_{JN}\ \psi_{JS}$ ψ_{JX_N}	ψ_{FM}	ψ_{JM}	ψ_{FX_M}	ψ_{JX_M}	ψ_{FX_N}	β
0,050	1,023	0,507	0,512	0,784	1,049	0,512	0,594	0,456	
0,100	1,021	0,511	0,516	0,796	1,074	0,515	0,599	0,458	
0,200	1,017	0,518	0,524	0,818	1,126	0,523	0,611	0,464	
0,300	1,014	0,525	0,532	0,842	1,181	0,530	0,621	0,470	
0,400	1,011	0,531	0,539	0,865	1,239	0,536	0,632	0,475	0,05
0,500	1,009	0,537	0,547	0,890	1,302	0,542	0,641	0,480	
0,600	1,007	0,542	0,555	0,914	1,367	0,547	0,649	0,486	
0,700	1,005	0,544	0,563	0,938	1,438	0,550	0,654	0,491	
0,800	1,003	0,543	0,570	0,963	1,512	0,549	0,652	0,496	
0,900	1,001	0,527	0,578	0,988	1,591	0,534	0,627	0,501	
0,050	1,023	0,507	0,516	0,797	1,076	0,516	0,600	0,459	
0,100	1,021	0,510	0,520	0,808	1,102	0,520	0,606	0,462	
0,200	1,018	0,516	0,528	0,831	1,155	0,527	0,617	0,467	
0,300	1,015	0,522	0,536	0,855	1,212	0,534	0,628	0,473	
0,400	1,012	0,527	0,544	0,879	1,273	0,540	0,638	0,478	0,1
0,500	1,009	0,531	0,551	0,903	1,337	0,546	0,647	0,483	
0,600	1,007	0,534	0,559	0,927	1,405	0,550	0,654	0,489	
0,700	1,005	0,533	0,567	0,952	1,478	0,551	0,656	0,494	
0,800	1,004	0,526	0,575	0,977	1,555	0,546	0,647	0,499	
0,050	1,023	0,506	0,525	0,822	1,133	0,524	0,613	0,465	
0,100	1,021	0,509	0,529	0,833	1,161	0,528	0,619	0,468	
0,200	1,018	0,514	0,537	0,857	1,218	0,535	0,630	0,473	
0,300	1,015	0,518	0,544	0,881	1,279	0,541	0,640	0,478	0,2
0,400	1,012	0,521	0,552	0,905	1,344	0,547	0,650	0,484	
0,500	1,010	0,522	0,560	0,930	1,412	0,552	0,657	0,489	
0,600	1,008	0,520	0,568	0,954	1,485	0,554	0,660	0,494	
0,700	1,006	0,515	0,575	0,979	1,563	0,549	0,652	0,499	
0,050	1,023	0,506	0,533	0,847	1,194	0,533	0,627	0,471	
0,100	1,021	0,508	0,537	0,859	1,223	0,536	0,632	0,473	
0,200	1,018	0,511	0,545	0,883	1,285	0,543	0,643	0,479	
0,300	1,016	0,514	0,553	0,907	1,350	0,549	0,653	0,484	0,3
0,400	1,013	0,515	0,561	0,932	1,419	0,554	0,661	0,490	
0,500	1,011	0,514	0,568	0,957	1,493	0,556	0,664	0,495	
0,600	1,009	0,510	0,576	0,982	1,571	0,552	0,657	0,500	
0,050	1,023	0,505	0,542	0,873	1,259	0,541	0,640	0,477	
0,100	1,022	0,507	0,546	0,885	1,291	0,545	0,646	0,479	
0,200	1,019	0,509	0,553	0,910	1,357	0,551	0,656	0,485	0,4
0,300	1,016	0,510	0,561	0,934	1,426	0,556	0,664	0,490	
0,400	1,014	0,510	0,569	0,959	1,500	0,559	0,669	0,495	
0,500	1,011	0,507	0,577	0,984	1,579	0,555	0,663	0,500	
0,050	1,023	0,505	0,550	0,900	1,330	0,550	0,654	0,482	
0,100	1,022	0,506	0,554	0,912	1,363	0,553	0,659	0,485	
0,200	1,019	0,507	0,562	0,937	1,433	0,558	0,668	0,490	0,5
0,300	1,016	0,507	0,570	0,962	1,508	0,562	0,674	0,496	
0,400	1,014	0,506	0,577	0,987	1,587	0,559	0,669	0,501	
0,050	1,023	0,505	0,559	0,927	1,405	0,558	0,667	0,488	
0,100	1,022	0,505	0,562	0,939	1,441	0,561	0,672	0,491	
0,200	1,019	0,506	0,570	0,964	1,516	0,565	0,679	0,496	0,6
0,300	1,017	0,505	0,578	0,989	1,596	0,563	0,676	0,501	
0,050	1,023	0,504	0,567	0,954	1,485	0,566	0,680	0,494	
0,100	1,022	0,505	0,571	0,967	1,524	0,568	0,684	0,496	0,7
0,200	1,020	0,504	0,578	0,992	1,604	0,568	0,684	0,502	
0,050	1,024	0,504	0,575	0,982	1,571	0,573	0,693	0,499	0,8
0,100	1,022	0,504	0,579	0,994	1,613	0,574	0,693	0,502	
0,050	1,024	0,504	0,584	1,010	1,664	0,578	0,700	0,505	0,9

Index: F = Fläche; J = Trägheitsmoment; M = Einwirkung M = const; N = Einwirkung N = const in $\mathfrak{S}_{vo}$; S = Einwirkung Schwinden; X_M = Zwängung infolge M und Verkürzung aus N, S (Tab. C, S. 83);

γ	ψ_{FN}	ψ_{FS}	$\psi_{JN}\,\psi_{JS}$ ψ_{JX_N}	ψ_{FM}	ψ_{JM}	ψ_{FX_M}	ψ_{JX_M}	ψ_{FX_N}	β	$\varphi=1{,}0$ $\alpha=0{,}1$
0,050	1,047	0,511	0,516	0,796	1,047	0,516	0,593	0,462		
0,100	1,043	0,515	0,520	0,807	1,070	0,519	0,598	0,464		
0,200	1,036	0,521	0,527	0,829	1,117	0,525	0,607	0,470		
0,300	1,029	0,528	0,535	0,851	1,166	0,531	0,616	0,475		
0,400	1,024	0,534	0,542	0,874	1,218	0,536	0,624	0,480	0,05	
0,500	1,019	0,539	0,549	0,896	1,273	0,540	0,631	0,486		
0,600	1,014	0,543	0,557	0,919	1,331	0,543	0,635	0,491		
0,700	1,010	0,546	0,564	0,943	1,392	0,544	0,636	0,496		
0,800	1,007	0,544	0,571	0,966	1,456	0,540	0,630	0,501		
0,900	1,003	0,529	0,579	0,990	1,524	0,525	0,608	0,506		
0,050	1,047	0,511	0,520	0,809	1,074	0,520	0,599	0,465		
0,100	1,043	0,514	0,524	0,820	1,097	0,523	0,604	0,468		
0,200	1,036	0,520	0,532	0,842	1,146	0,529	0,614	0,473		
0,300	1,030	0,525	0,539	0,864	1,197	0,535	0,622	0,478		
0,400	1,024	0,530	0,546	0,887	1,251	0,540	0,630	0,483	0,1	
0,500	1,019	0,533	0,554	0,910	1,308	0,544	0,636	0,489		
0,600	1,015	0,535	0,561	0,933	1,368	0,546	0,639	0,494		
0,700	1,011	0,534	0,568	0,957	1,431	0,544	0,637	0,499		
0,800	1,008	0,527	0,576	0,981	1,497	0,536	0,624	0,504		
0,050	1,047	0,510	0,529	0,835	1,131	0,529	0,613	0,471		
0,100	1,044	0,513	0,533	0,846	1,156	0,532	0,617	0,474		
0,200	1,037	0,517	0,540	0,869	1,208	0,537	0,626	0,479		
0,300	1,031	0,521	0,548	0,892	1,262	0,543	0,634	0,484	0,2	
0,400	1,026	0,523	0,555	0,915	1,320	0,547	0,640	0,490		
0,500	1,021	0,524	0,562	0,938	1,380	0,549	0,644	0,495		
0,600	1,017	0,522	0,570	0,962	1,444	0,548	0,642	0,500		
0,700	1,013	0,516	0,577	0,986	1,511	0,540	0,630	0,505		
0,050	1,047	0,510	0,538	0,862	1,192	0,537	0,626	0,477		
0,100	1,044	0,512	0,542	0,873	1,218	0,540	0,630	0,480		
0,200	1,038	0,515	0,549	0,896	1,274	0,545	0,639	0,485		
0,300	1,032	0,517	0,556	0,919	1,332	0,550	0,645	0,490	0,3	
0,400	1,027	0,517	0,564	0,943	1,393	0,552	0,649	0,496		
0,500	1,022	0,516	0,571	0,967	1,458	0,552	0,648	0,501		
0,600	1,018	0,511	0,578	0,991	1,526	0,544	0,636	0,506		
0,050	1,048	0,509	0,547	0,889	1,257	0,546	0,639	0,484		
0,100	1,044	0,511	0,550	0,901	1,285	0,548	0,643	0,486		
0,200	1,038	0,513	0,558	0,924	1,344	0,553	0,650	0,491	0,4	
0,300	1,033	0,513	0,565	0,948	1,407	0,556	0,655	0,496		
0,400	1,028	0,512	0,572	0,972	1,472	0,556	0,655	0,501		
0,500	1,024	0,509	0,580	0,996	1,541	0,548	0,642	0,506		
0,050	1,048	0,509	0,555	0,917	1,327	0,554	0,652	0,490		
0,100	1,045	0,510	0,559	0,929	1,357	0,557	0,656	0,492		
0,200	1,039	0,511	0,566	0,953	1,420	0,560	0,662	0,497	0,5	
0,300	1,034	0,510	0,574	0,977	1,487	0,561	0,662	0,502		
0,400	1,029	0,508	0,581	1,001	1,557	0,553	0,650	0,507		
0,050	1,048	0,509	0,564	0,946	1,401	0,563	0,666	0,496		
0,100	1,045	0,509	0,568	0,958	1,434	0,564	0,668	0,498	0,6	
0,200	1,040	0,509	0,575	0,982	1,501	0,566	0,670	0,503		
0,300	1,035	0,508	0,582	1,006	1,573	0,559	0,660	0,508		
0,050	1,048	0,508	0,573	0,974	1,482	0,570	0,678	0,502		
0,100	1,045	0,508	0,576	0,987	1,516	0,571	0,679	0,504	0,7	
0,200	1,040	0,508	0,583	1,011	1,589	0,566	0,671	0,509		
0,050	1,048	0,508	0,581	1,004	1,568	0,578	0,690	0,507	0,8	
0,100	1,046	0,508	0,585	1,016	1,605	0,575	0,685	0,510		
0,050	1,048	0,508	0,590	1,034	1,660	0,580	0,693	0,513	0,9	

$X_N =$ Zwängung infolge Verdrehung aus N, S (Tab. C, S. 83); $\alpha = \dfrac{K_{ST}}{K_{vo}}$, $\beta = \dfrac{S_{ST}}{S_{vo}}$, $\gamma = \dfrac{a^2 K_o}{S_{vo}}$

$\varphi=1,0$ $\alpha=0,2$	γ	ψ_{FN}	ψ_{FS}	$\psi_{JN}\,\psi_{JS}$ ψ_{JX_N}	ψ_{FM}	ψ_{JM}	ψ_{FX_M}	ψ_{JX_M}	ψ_{FX_N}	β
	0,050	1,097	0,519	0,524	0,820	1,043	0,523	0,592	0,474	
	0,100	1,089	0,522	0,527	0,830	1,062	0,526	0,595	0,477	
	0,200	1,073	0,528	0,534	0,849	1,100	0,530	0,602	0,482	
	0,300	1,060	0,533	0,541	0,869	1,140	0,534	0,607	0,486	
	0,400	1,048	0,539	0,547	0,890	1,182	0,538	0,612	0,491	0,05
	0,500	1,038	0,543	0,554	0,910	1,225	0,540	0,615	0,496	
	0,600	1,029	0,547	0,560	0,931	1,269	0,541	0,617	0,501	
	0,700	1,021	0,548	0,567	0,952	1,316	0,540	0,615	0,506	
	0,800	1,014	0,546	0,573	0,973	1,364	0,535	0,608	0,510	
	0,900	1,007	0,530	0,580	0,994	1,414	0,525	0,594	0,515	
	0,050	1,098	0,519	0,529	0,834	1,070	0,528	0,598	0,478	
	0,100	1,089	0,521	0,532	0,844	1,089	0,530	0,601	0,480	
	0,200	1,074	0,526	0,539	0,864	1,129	0,535	0,608	0,485	
	0,300	1,061	0,531	0,545	0,884	1,170	0,538	0,613	0,490	
	0,400	1,050	0,535	0,552	0,904	1,213	0,541	0,617	0,495	0,1
	0,500	1,040	0,538	0,558	0,925	1,257	0,543	0,620	0,499	
	0,600	1,031	0,539	0,565	0,946	1,303	0,543	0,619	0,504	
	0,700	1,023	0,537	0,571	0,967	1,351	0,540	0,615	0,509	
	0,800	1,016	0,528	0,578	0,988	1,401	0,533	0,605	0,513	
	0,050	1,098	0,518	0,538	0,862	1,127	0,537	0,611	0,484	
	0,100	1,090	0,520	0,541	0,873	1,147	0,539	0,614	0,487	
	0,200	1,076	0,524	0,548	0,893	1,189	0,543	0,620	0,492	
	0,300	1,063	0,526	0,554	0,914	1,233	0,546	0,624	0,496	
	0,400	1,052	0,528	0,561	0,935	1,278	0,548	0,627	0,501	0,2
	0,500	1,043	0,528	0,567	0,956	1,326	0,548	0,627	0,506	
	0,600	1,034	0,525	0,574	0,977	1,375	0,545	0,622	0,511	
	0,700	1,027	0,518	0,580	0,998	1,426	0,537	0,611	0,515	
	0,050	1,099	0,518	0,547	0,892	1,187	0,546	0,624	0,491	
	0,100	1,091	0,519	0,550	0,902	1,209	0,548	0,627	0,494	
	0,200	1,077	0,521	0,557	0,923	1,254	0,551	0,632	0,498	
	0,300	1,066	0,523	0,564	0,944	1,300	0,553	0,634	0,503	0,3
	0,400	1,055	0,522	0,570	0,966	1,349	0,553	0,634	0,508	
	0,500	1,046	0,520	0,577	0,987	1,399	0,550	0,630	0,513	
	0,600	1,037	0,515	0,583	1,008	1,451	0,541	0,617	0,517	
	0,050	1,099	0,517	0,556	0,922	1,252	0,555	0,637	0,498	
	0,100	1,092	0,518	0,560	0,933	1,275	0,556	0,640	0,500	
	0,200	1,079	0,519	0,566	0,954	1,323	0,559	0,643	0,505	0,4
	0,300	1,068	0,519	0,573	0,975	1,372	0,559	0,643	0,510	
	0,400	1,057	0,517	0,579	0,997	1,424	0,556	0,638	0,514	
	0,500	1,049	0,513	0,586	1,019	1,477	0,546	0,624	0,519	
	0,050	1,099	0,517	0,565	0,953	1,321	0,564	0,650	0,505	
	0,100	1,093	0,517	0,569	0,964	1,346	0,565	0,652	0,507	
	0,200	1,080	0,517	0,575	0,986	1,397	0,565	0,652	0,512	0,5
	0,300	1,069	0,516	0,582	1,007	1,449	0,562	0,648	0,516	
	0,400	1,060	0,513	0,588	1,029	1,504	0,552	0,633	0,521	
	0,050	1,100	0,516	0,575	0,985	1,396	0,572	0,663	0,511	
	0,100	1,093	0,516	0,578	0,996	1,422	0,572	0,663	0,513	
	0,200	1,082	0,516	0,584	1,018	1,476	0,570	0,659	0,518	0,6
	0,300	1,071	0,513	0,591	1,040	1,532	0,559	0,643	0,523	
	0,050	1,100	0,516	0,584	1,017	1,475	0,580	0,675	0,518	
	0,100	1,094	0,516	0,587	1,028	1,503	0,579	0,673	0,520	0,7
	0,200	1,083	0,514	0,593	1,051	1,561	0,568	0,657	0,525	
	0,050	1,100	0,516	0,593	1,050	1,561	0,587	0,685	0,524	
	0,100	1,095	0,515	0,596	1,061	1,591	0,580	0,675	0,526	0,8
	0,050	1,101	0,515	0,602	1,084	1,653	0,586	0,684	0,530	0,9

Index: F = Fläche; J = Trägheitsmoment; M = Einwirkung M = const; N = Einwirkung N = const in $\mathfrak{S}_{vo}$;
S = Einwirkung Schwinden; X_M = Zwängung infolge M und Verkürzung aus N, S (Tab. C, S. 83);

γ	ψ_{FN}	ψ_{FS}	$\psi_{JN}\ \psi_{JS}$ ψ_{JX_N}	ψ_{FM}	ψ_{JM}	ψ_{FX_M}	ψ_{JX_M}	ψ_{FX_N}	β	$\varphi=1{,}0$ $\alpha=0{,}3$
0,050	1,151	0,527	0,532	0,844	1,040	0,531	0,591	0,487		
0,100	1,137	0,530	0,535	0,853	1,055	0,533	0,593	0,489		
0,200	1,113	0,534	0,541	0,870	1,086	0,536	0,597	0,494		
0,300	1,092	0,539	0,547	0,888	1,118	0,539	0,601	0,498		
0,400	1,073	0,543	0,552	0,906	1,150	0,541	0,604	0,502	0,05	
0,500	1,057	0,547	0,558	0,924	1,184	0,542	0,605	0,507		
0,600	1,044	0,550	0,564	0,942	1,219	0,542	0,605	0,511		
0,700	1,031	0,551	0,569	0,961	1,254	0,541	0,603	0,515		
0,800	1,021	0,548	0,575	0,979	1,291	0,537	0,598	0,520		
0,900	1,011	0,531	0,581	0,998	1,328	0,531	0,590	0,524		
0,050	1,151	0,527	0,537	0,859	1,067	0,536	0,597	0,491		
0,100	1,138	0,529	0,540	0,868	1,082	0,538	0,599	0,493		
0,200	1,114	0,533	0,546	0,886	1,114	0,541	0,603	0,497		
0,300	1,093	0,537	0,551	0,904	1,147	0,543	0,607	0,502		
0,400	1,076	0,540	0,557	0,922	1,181	0,545	0,609	0,506	0,1	
0,500	1,060	0,542	0,563	0,940	1,215	0,545	0,610	0,510		
0,600	1,046	0,542	0,569	0,959	1,251	0,544	0,608	0,515		
0,700	1,035	0,539	0,574	0,977	1,287	0,542	0,605	0,519		
0,800	1,024	0,530	0,580	0,996	1,325	0,536	0,598	0,523		
0,050	1,152	0,526	0,547	0,891	1,123	0,545	0,610	0,498		
0,100	1,139	0,528	0,550	0,900	1,139	0,547	0,612	0,500		
0,200	1,117	0,530	0,555	0,918	1,173	0,549	0,615	0,505		
0,300	1,097	0,532	0,561	0,936	1,208	0,551	0,617	0,509	0,2	
0,400	1,080	0,533	0,567	0,955	1,244	0,551	0,618	0,513		
0,500	1,065	0,532	0,572	0,974	1,280	0,550	0,616	0,518		
0,600	1,052	0,529	0,578	0,992	1,318	0,547	0,612	0,522		
0,700	1,040	0,521	0,584	1,011	1,357	0,541	0,604	0,526		
0,050	1,153	0,526	0,556	0,923	1,183	0,555	0,623	0,505		
0,100	1,141	0,527	0,559	0,932	1,201	0,556	0,625	0,508		
0,200	1,119	0,528	0,565	0,951	1,236	0,558	0,627	0,512		
0,300	1,100	0,528	0,571	0,970	1,273	0,558	0,627	0,516	0,3	
0,400	1,084	0,527	0,576	0,989	1,311	0,557	0,625	0,521		
0,500	1,070	0,524	0,582	1,008	1,350	0,553	0,620	0,525		
0,600	1,057	0,518	0,588	1,027	1,390	0,546	0,611	0,529		
0,050	1,153	0,525	0,566	0,956	1,247	0,564	0,636	0,513		
0,100	1,142	0,526	0,569	0,966	1,266	0,565	0,637	0,515		
0,200	1,122	0,526	0,575	0,985	1,304	0,565	0,637	0,519	0,4	
0,300	1,104	0,525	0,580	1,004	1,343	0,564	0,635	0,523		
0,400	1,088	0,522	0,586	1,023	1,383	0,560	0,630	0,528		
0,500	1,074	0,518	0,592	1,043	1,425	0,551	0,618	0,532		
0,050	1,154	0,525	0,576	0,990	1,316	0,573	0,649	0,520		
0,100	1,143	0,525	0,579	1,000	1,336	0,573	0,649	0,522		
0,200	1,124	0,524	0,584	1,020	1,377	0,572	0,647	0,526	0,5	
0,300	1,107	0,522	0,590	1,039	1,418	0,567	0,640	0,531		
0,400	1,092	0,518	0,596	1,059	1,461	0,558	0,627	0,535		
0,050	1,155	0,524	0,585	1,026	1,390	0,582	0,661	0,527		
0,100	1,144	0,524	0,588	1,036	1,411	0,581	0,660	0,529	0,6	
0,200	1,126	0,522	0,594	1,055	1,454	0,576	0,653	0,534		
0,300	1,110	0,519	0,600	1,075	1,498	0,565	0,637	0,538		
0,050	1,155	0,524	0,595	1,062	1,470	0,590	0,673	0,534		
0,100	1,146	0,523	0,598	1,072	1,492	0,587	0,669	0,536	0,7	
0,200	1,128	0,521	0,604	1,092	1,538	0,575	0,651	0,541		
0,050	1,156	0,524	0,605	1,099	1,555	0,597	0,683	0,542	0,8	
0,100	1,147	0,523	0,608	1,109	1,578	0,589	0,671	0,544		
0,050	1,156	0,523	0,614	1,137	1,646	0,595	0,680	0,549	0,9	

$X_N =$ Zwängung infolge Verdrehung aus N, S (Tab. C, S. 83); $\quad \alpha = \dfrac{K_{ST}}{K_{vo}}$, $\quad \beta = \dfrac{S_{ST}}{S_{vo}}$, $\quad \gamma = \dfrac{a^2 K_o}{S_{vo}}$

$\varphi=1,0$ $\alpha=0,4$	γ	ψ_{FN}	ψ_{FS}	$\psi_{JN}\ \psi_{JS}$ ψ_{JX_N}	ψ_{FM}	ψ_{JM}	ψ_{FX_M}	ψ_{JX_M}	ψ_{FX_N}	β
	0,050	1,208	0,535	0,540	0,869	1,037	0,539	0,590	0,500	
	0,100	1,188	0,537	0,543	0,876	1,049	0,540	0,591	0,502	
	0,200	1,153	0,541	0,548	0,892	1,073	0,543	0,594	0,506	
	0,300	1,124	0,545	0,553	0,907	1,098	0,544	0,596	0,510	
	0,400	1,099	0,548	0,558	0,923	1,124	0,546	0,598	0,514	0,05
	0,500	1,077	0,551	0,562	0,938	1,150	0,546	0,599	0,518	
	0,600	1,059	0,553	0,567	0,954	1,177	0,546	0,598	0,522	
	0,700	1,042	0,553	0,572	0,970	1,204	0,544	0,596	0,525	
	0,800	1,028	0,549	0,577	0,986	1,231	0,542	0,593	0,529	
	0,900	1,015	0,531	0,582	1,002	1,259	0,538	0,588	0,533	
	0,050	1,208	0,535	0,545	0,885	1,063	0,544	0,596	0,504	
	0,100	1,189	0,536	0,548	0,893	1,076	0,545	0,598	0,506	
	0,200	1,155	0,540	0,553	0,909	1,101	0,547	0,600	0,510	
	0,300	1,127	0,542	0,558	0,924	1,127	0,549	0,602	0,514	
	0,400	1,102	0,545	0,563	0,940	1,153	0,549	0,603	0,518	0,1
	0,500	1,081	0,546	0,567	0,956	1,180	0,549	0,603	0,522	
	0,600	1,063	0,545	0,572	0,972	1,207	0,548	0,602	0,525	
	0,700	1,046	0,542	0,577	0,988	1,235	0,546	0,599	0,529	
	0,800	1,032	0,532	0,582	1,004	1,263	0,542	0,594	0,533	
	0,050	1,209	0,534	0,555	0,919	1,120	0,554	0,609	0,512	
	0,100	1,191	0,535	0,558	0,927	1,133	0,555	0,610	0,514	
	0,200	1,159	0,537	0,563	0,943	1,159	0,556	0,612	0,518	
	0,300	1,132	0,538	0,568	0,959	1,187	0,557	0,613	0,522	
	0,400	1,108	0,538	0,573	0,975	1,214	0,557	0,612	0,526	0,2
	0,500	1,088	0,536	0,578	0,992	1,243	0,555	0,611	0,530	
	0,600	1,070	0,532	0,582	1,008	1,271	0,552	0,607	0,533	
	0,700	1,054	0,523	0,587	1,024	1,300	0,548	0,601	0,537	
	0,050	1,210	0,533	0,566	0,955	1,179	0,564	0,622	0,520	
	0,100	1,193	0,534	0,568	0,963	1,193	0,564	0,623	0,522	
	0,200	1,163	0,535	0,573	0,979	1,222	0,565	0,623	0,526	
	0,300	1,137	0,534	0,578	0,996	1,250	0,564	0,623	0,530	0,3
	0,400	1,114	0,532	0,583	1,012	1,280	0,563	0,620	0,534	
	0,500	1,094	0,528	0,588	1,029	1,309	0,559	0,616	0,537	
	0,600	1,077	0,521	0,592	1,045	1,340	0,554	0,608	0,541	
	0,050	1,212	0,533	0,576	0,992	1,244	0,574	0,635	0,528	
	0,100	1,195	0,533	0,578	1,000	1,258	0,574	0,635	0,530	
	0,200	1,166	0,532	0,583	1,017	1,288	0,573	0,634	0,534	0,4
	0,300	1,141	0,531	0,588	1,033	1,319	0,571	0,631	0,538	
	0,400	1,120	0,527	0,593	1,050	1,350	0,567	0,625	0,542	
	0,500	1,101	0,522	0,598	1,067	1,381	0,560	0,616	0,545	
	0,050	1,212	0,533	0,586	1,029	1,312	0,583	0,648	0,536	
	0,100	1,197	0,532	0,589	1,038	1,328	0,583	0,647	0,538	
	0,200	1,170	0,531	0,593	1,055	1,360	0,580	0,643	0,542	0,5
	0,300	1,146	0,528	0,598	1,072	1,392	0,575	0,637	0,546	
	0,400	1,125	0,523	0,603	1,089	1,424	0,567	0,626	0,549	
	0,050	1,213	0,532	0,596	1,069	1,386	0,593	0,660	0,544	
	0,100	1,199	0,531	0,599	1,077	1,402	0,591	0,658	0,546	
	0,200	1,173	0,529	0,604	1,095	1,436	0,585	0,650	0,550	0,6
	0,300	1,150	0,525	0,608	1,112	1,470	0,575	0,636	0,553	
	0,050	1,214	0,532	0,606	1,109	1,465	0,601	0,672	0,552	
	0,100	1,200	0,531	0,609	1,118	1,482	0,597	0,667	0,554	0,7
	0,200	1,175	0,527	0,614	1,136	1,518	0,585	0,650	0,557	
	0,050	1,215	0,532	0,617	1,151	1,550	0,608	0,681	0,560	
	0,100	1,202	0,530	0,619	1,160	1,568	0,599	0,669	0,562	0,8
	0,050	1,216	0,531	0,627	1,194	1,641	0,606	0,679	0,568	0,9

Index: F = Fläche; J = Trägheitsmoment; M = Einwirkung M = const; N = Einwirkung N = const in ε_{vo};
S = Einwirkung Schwinden; X_M = Zwängung infolge M und Verkürzung aus N, S (Tab. C, S. 83);

γ	ψ_{FN}	ψ_{FS}	$\psi_{JN}\ \psi_{JS}$ ψ_{JX_N}	ψ_{FM}	ψ_{JM}	ψ_{FX_M}	ψ_{JX_M}	ψ_{FX_N}	β	$\varphi=1{,}0$ $\alpha=0{,}5$
0,050	1,268	0,543	0,548	0,894	1,034	0,547	0,589	0,514		
0,100	1,242	0,544	0,550	0,900	1,044	0,548	0,590	0,515		
0,200	1,196	0,548	0,554	0,913	1,063	0,549	0,592	0,519		
0,300	1,158	0,551	0,559	0,926	1,082	0,550	0,593	0,522		
0,400	1,125	0,553	0,563	0,939	1,101	0,551	0,594	0,525	0,05	
0,500	1,098	0,555	0,567	0,952	1,121	0,551	0,594	0,529		
0,600	1,074	0,556	0,571	0,966	1,141	0,551	0,594	0,532		
0,700	1,053	0,556	0,575	0,979	1,161	0,550	0,592	0,535		
0,800	1,035	0,551	0,579	0,992	1,182	0,548	0,590	0,539		
0,900	1,019	0,532	0,583	1,005	1,202	0,545	0,587	0,542		
0,050	1,269	0,542	0,554	0,912	1,061	0,552	0,596	0,518		
0,100	1,243	0,544	0,556	0,918	1,070	0,553	0,596	0,520		
0,200	1,199	0,546	0,560	0,932	1,090	0,554	0,598	0,523		
0,300	1,161	0,548	0,564	0,945	1,110	0,555	0,599	0,526		
0,400	1,130	0,549	0,568	0,958	1,130	0,555	0,599	0,530	0,1	
0,500	1,102	0,550	0,572	0,971	1,150	0,555	0,599	0,533		
0,600	1,079	0,548	0,576	0,985	1,170	0,554	0,598	0,536		
0,700	1,058	0,544	0,580	0,998	1,191	0,552	0,596	0,540		
0,800	1,041	0,533	0,584	1,011	1,212	0,550	0,592	0,543		
0,050	1,270	0,542	0,564	0,949	1,117	0,563	0,608	0,527		
0,100	1,246	0,543	0,566	0,956	1,127	0,563	0,609	0,528		
0,200	1,204	0,543	0,570	0,969	1,147	0,564	0,610	0,532		
0,300	1,168	0,544	0,574	0,983	1,168	0,564	0,610	0,535	0,2	
0,400	1,138	0,543	0,579	0,996	1,189	0,563	0,609	0,538		
0,500	1,111	0,540	0,583	1,010	1,210	0,562	0,607	0,542		
0,600	1,089	0,535	0,587	1,024	1,232	0,560	0,604	0,545		
0,700	1,069	0,526	0,591	1,037	1,254	0,556	0,600	0,548		
0,050	1,272	0,541	0,575	0,988	1,176	0,573	0,621	0,536		
0,100	1,249	0,541	0,577	0,995	1,187	0,573	0,622	0,537		
0,200	1,209	0,541	0,581	1,009	1,209	0,573	0,621	0,541		
0,300	1,175	0,540	0,585	1,022	1,231	0,572	0,620	0,544	0,3	
0,400	1,145	0,537	0,589	1,036	1,253	0,570	0,617	0,547		
0,500	1,120	0,532	0,593	1,050	1,275	0,567	0,614	0,550		
0,600	1,098	0,525	0,597	1,064	1,298	0,563	0,608	0,554		
0,050	1,273	0,541	0,586	1,028	1,240	0,583	0,634	0,544		
0,100	1,252	0,540	0,588	1,035	1,252	0,583	0,634	0,546		
0,200	1,213	0,539	0,592	1,049	1,274	0,582	0,632	0,549	0,4	
0,300	1,181	0,536	0,596	1,064	1,298	0,579	0,629	0,553		
0,400	1,152	0,532	0,600	1,078	1,321	0,575	0,624	0,556		
0,500	1,128	0,526	0,604	1,092	1,344	0,570	0,617	0,559		
0,050	1,275	0,540	0,596	1,070	1,309	0,594	0,647	0,553		
0,100	1,254	0,540	0,598	1,077	1,321	0,593	0,646	0,555		
0,200	1,218	0,537	0,602	1,092	1,345	0,589	0,642	0,558	0,5	
0,300	1,186	0,533	0,606	1,106	1,369	0,584	0,636	0,561		
0,400	1,159	0,528	0,610	1,121	1,394	0,577	0,627	0,564		
0,050	1,276	0,540	0,607	1,114	1,382	0,603	0,660	0,562		
0,100	1,256	0,539	0,609	1,121	1,395	0,601	0,657	0,563	0,6	
0,200	1,222	0,536	0,613	1,136	1,420	0,595	0,649	0,567		
0,300	1,192	0,531	0,617	1,151	1,446	0,586	0,638	0,570		
0,050	1,277	0,540	0,618	1,159	1,461	0,613	0,671	0,570		
0,100	1,259	0,538	0,620	1,167	1,474	0,608	0,666	0,572	0,7	
0,200	1,225	0,534	0,624	1,182	1,501	0,597	0,651	0,575		
0,050	1,278	0,539	0,629	1,206	1,545	0,620	0,681	0,579	0,8	
0,100	1,261	0,537	0,631	1,214	1,559	0,611	0,670	0,580		
0,050	1,279	0,539	0,639	1,255	1,636	0,619	0,680	0,587	0,9	

$$X_N = \text{Zwängung infolge Verdrehung aus } N,\ S \text{ (Tab. C, S. 83)}; \quad \alpha = \frac{K_{ST}}{K_{vo}}, \quad \beta = \frac{S_{ST}}{S_{vo}}, \quad \gamma = \frac{a^2 K_o}{S_{vo}}$$

$\varphi=1,0$ $\alpha=0,6$	γ	ψ_{FN}	ψ_{FS}	$\psi_{JN}\,\psi_{JS}$ ψ_{JX_N}	ψ_{FM}	ψ_{JM}	ψ_{FX_M}	ψ_{JX_M}	ψ_{FX_N}	β
	0,050	1,332	0,551	0,556	0,919	1,032	0,555	0,589	0,528	
	0,100	1,298	0,552	0,558	0,925	1,039	0,556	0,589	0,529	
	0,200	1,240	0,554	0,561	0,935	1,053	0,557	0,590	0,532	
	0,300	1,192	0,556	0,565	0,946	1,067	0,557	0,591	0,535	
	0,400	1,152	0,558	0,568	0,956	1,082	0,557	0,591	0,537	0,05
	0,500	1,118	0,559	0,571	0,967	1,096	0,557	0,591	0,540	
	0,600	1,089	0,560	0,574	0,977	1,111	0,557	0,591	0,543	
	0,700	1,064	0,558	0,577	0,988	1,125	0,556	0,590	0,546	
	0,800	1,042	0,552	0,581	0,999	1,140	0,555	0,588	0,548	
	0,900	1,023	0,533	0,584	1,009	1,155	0,554	0,587	0,551	
	0,050	1,333	0,550	0,562	0,939	1,058	0,561	0,595	0,532	
	0,100	1,300	0,551	0,564	0,944	1,066	0,561	0,596	0,534	
	0,200	1,244	0,553	0,567	0,955	1,080	0,562	0,596	0,537	
	0,300	1,197	0,554	0,570	0,966	1,095	0,562	0,597	0,539	
	0,400	1,158	0,554	0,573	0,976	1,109	0,562	0,597	0,542	0,1
	0,500	1,124	0,554	0,577	0,987	1,124	0,562	0,596	0,545	
	0,600	1,095	0,552	0,580	0,998	1,139	0,561	0,595	0,548	
	0,700	1,071	0,546	0,583	1,008	1,154	0,560	0,594	0,550	
	0,800	1,049	0,535	0,586	1,019	1,169	0,558	0,592	0,553	
	0,050	1,335	0,550	0,573	0,979	1,114	0,572	0,608	0,542	
	0,100	1,304	0,550	0,575	0,985	1,122	0,572	0,608	0,543	
	0,200	1,250	0,550	0,578	0,996	1,137	0,572	0,608	0,546	
	0,300	1,205	0,549	0,581	1,007	1,152	0,571	0,608	0,549	0,2
	0,400	1,168	0,548	0,584	1,018	1,168	0,571	0,607	0,552	
	0,500	1,135	0,544	0,588	1,029	1,183	0,570	0,605	0,554	
	0,600	1,107	0,538	0,591	1,040	1,199	0,568	0,603	0,557	
	0,700	1,083	0,528	0,594	1,051	1,215	0,565	0,601	0,560	
	0,050	1,337	0,549	0,584	1,022	1,174	0,583	0,621	0,551	
	0,100	1,308	0,549	0,586	1,027	1,182	0,582	0,621	0,553	
	0,200	1,257	0,548	0,589	1,038	1,198	0,582	0,620	0,556	
	0,300	1,214	0,545	0,592	1,050	1,214	0,580	0,618	0,558	0,3
	0,400	1,177	0,542	0,596	1,061	1,230	0,579	0,616	0,561	
	0,500	1,146	0,536	0,599	1,072	1,246	0,576	0,614	0,564	
	0,600	1,119	0,528	0,602	1,084	1,263	0,573	0,610	0,566	
	0,050	1,339	0,549	0,595	1,066	1,237	0,593	0,634	0,561	
	0,100	1,311	0,548	0,597	1,072	1,246	0,593	0,633	0,562	
	0,200	1,263	0,546	0,600	1,083	1,263	0,591	0,631	0,565	
	0,300	1,221	0,542	0,604	1,095	1,279	0,589	0,628	0,568	0,4
	0,400	1,186	0,537	0,607	1,106	1,296	0,585	0,624	0,571	
	0,500	1,156	0,530	0,610	1,118	1,314	0,581	0,619	0,573	
	0,050	1,341	0,548	0,607	1,112	1,306	0,604	0,647	0,570	
	0,100	1,314	0,547	0,608	1,118	1,314	0,603	0,645	0,572	
	0,200	1,268	0,544	0,612	1,130	1,332	0,600	0,641	0,575	0,5
	0,300	1,229	0,539	0,615	1,142	1,350	0,595	0,636	0,577	
	0,400	1,195	0,533	0,618	1,154	1,368	0,590	0,630	0,580	
	0,050	1,342	0,548	0,618	1,161	1,379	0,615	0,660	0,580	
	0,100	1,317	0,546	0,620	1,167	1,388	0,612	0,657	0,581	
	0,200	1,273	0,542	0,623	1,179	1,407	0,607	0,650	0,584	0,6
	0,300	1,236	0,537	0,626	1,191	1,425	0,599	0,641	0,587	
	0,050	1,344	0,547	0,629	1,211	1,457	0,624	0,672	0,590	
	0,100	1,320	0,545	0,631	1,217	1,467	0,620	0,667	0,591	0,7
	0,200	1,278	0,541	0,634	1,230	1,486	0,610	0,654	0,593	
	0,050	1,345	0,547	0,641	1,264	1,542	0,633	0,682	0,599	0,8
	0,100	1,323	0,545	0,642	1,270	1,552	0,625	0,672	0,600	
	0,050	1,347	0,547	0,652	1,319	1,632	0,634	0,683	0,608	0,9

Index: F = Fläche; J = Trägheitsmoment; M = Einwirkung M = const; N = Einwirkung N = const in $\mathfrak{S}_{vo}$;
S = Einwirkung Schwinden; X_M = Zwängung infolge M und Verkürzung aus N, S (Tab. C, S. 83);

γ	ψ_{FN}	ψ_{FS}	$\psi_{JN}\ \psi_{JS}$ ψ_{JX_N}	ψ_{FM}	ψ_{JM}	ψ_{FX_M}	ψ_{JX_M}	ψ_{FX_N}	β	$\varphi=2,0$ $\alpha=0,05$
0,050	1,045	0,515	0,524	0,717	1,100	0,524	0,690	0,436		
0,100	1,040	0,522	0,532	0,734	1,151	0,531	0,706	0,440		
0,200	1,032	0,535	0,548	0,766	1,263	0,545	0,738	0,449		
0,300	1,025	0,548	0,564	0,799	1,388	0,559	0,768	0,458		
0,400	1,019	0,559	0,579	0,832	1,527	0,571	0,798	0,467	0,05	
0,500	1,014	0,569	0,594	0,865	1,682	0,581	0,823	0,475		
0,600	1,011	0,577	0,608	0,897	1,854	0,589	0,842	0,483		
0,700	1,007	0,579	0,623	0,928	2,043	0,592	0,849	0,491		
0,800	1,005	0,573	0,637	0,958	2,253	0,586	0,831	0,498		
0,900	1,003	0,543	0,650	0,988	2,482	0,554	0,753	0,505		
0,050	1,046	0,514	0,533	0,736	1,159	0,533	0,709	0,441		
0,100	1,041	0,520	0,541	0,752	1,214	0,540	0,725	0,445		
0,200	1,033	0,532	0,557	0,785	1,333	0,554	0,757	0,454		
0,300	1,026	0,542	0,572	0,818	1,466	0,567	0,788	0,463		
0,400	1,020	0,550	0,587	0,851	1,615	0,578	0,816	0,471	0,1	
0,500	1,016	0,556	0,602	0,883	1,780	0,588	0,839	0,479		
0,600	1,012	0,558	0,617	0,915	1,962	0,594	0,854	0,487		
0,700	1,009	0,554	0,631	0,946	2,165	0,593	0,852	0,495		
0,800	1,007	0,539	0,645	0,976	2,387	0,578	0,811	0,502		
0,050	1,046	0,513	0,551	0,773	1,288	0,550	0,748	0,451		
0,100	1,042	0,517	0,558	0,789	1,351	0,557	0,765	0,455		
0,200	1,034	0,525	0,574	0,823	1,487	0,570	0,796	0,464		
0,300	1,028	0,532	0,589	0,855	1,639	0,582	0,826	0,472		
0,400	1,023	0,535	0,604	0,888	1,808	0,592	0,851	0,480	0,2	
0,500	1,018	0,536	0,618	0,920	1,996	0,599	0,867	0,488		
0,600	1,015	0,532	0,633	0,951	2,204	0,599	0,867	0,496		
0,700	1,012	0,522	0,646	0,981	2,432	0,584	0,826	0,503		
0,050	1,047	0,512	0,568	0,811	1,437	0,567	0,789	0,461		
0,100	1,043	0,515	0,576	0,827	1,509	0,574	0,805	0,465		
0,200	1,036	0,520	0,591	0,860	1,665	0,586	0,836	0,473		
0,300	1,030	0,524	0,606	0,893	1,838	0,597	0,863	0,481	0,3	
0,400	1,025	0,524	0,620	0,925	2,031	0,604	0,881	0,489		
0,500	1,021	0,522	0,634	0,956	2,244	0,605	0,883	0,496		
0,600	1,017	0,515	0,648	0,986	2,480	0,591	0,844	0,504		
0,050	1,047	0,511	0,585	0,848	1,609	0,584	0,831	0,470		
0,100	1,043	0,513	0,593	0,865	1,691	0,590	0,847	0,474		
0,200	1,037	0,516	0,608	0,898	1,869	0,601	0,876	0,482		
0,300	1,031	0,517	0,622	0,930	2,067	0,609	0,897	0,490	0,4	
0,400	1,027	0,516	0,636	0,961	2,286	0,612	0,901	0,497		
0,500	1,023	0,511	0,650	0,991	2,529	0,599	0,864	0,505		
0,050	1,047	0,510	0,602	0,886	1,807	0,601	0,875	0,479		
0,100	1,044	0,511	0,609	0,903	1,900	0,606	0,889	0,483		
0,200	1,038	0,513	0,624	0,935	2,104	0,615	0,913	0,491	0,5	
0,300	1,033	0,512	0,638	0,966	2,330	0,619	0,921	0,498		
0,400	1,029	0,510	0,652	0,996	2,580	0,607	0,888	0,505		
0,050	1,048	0,509	0,619	0,924	2,035	0,617	0,919	0,488		
0,100	1,045	0,510	0,626	0,940	2,142	0,621	0,931	0,492	0,6	
0,200	1,039	0,510	0,640	0,971	2,375	0,626	0,944	0,499		
0,300	1,034	0,509	0,654	1,001	2,633	0,617	0,916	0,506		
0,050	1,048	0,508	0,635	0,961	2,298	0,632	0,962	0,496		
0,100	1,045	0,509	0,642	0,976	2,422	0,635	0,969	0,500	0,7	
0,200	1,040	0,508	0,656	1,006	2,688	0,629	0,950	0,507		
0,050	1,048	0,508	0,651	0,997	2,604	0,645	1,003	0,505	0,8	
0,100	1,045	0,508	0,657	1,012	2,745	0,643	0,992	0,508		
0,050	1,048	0,508	0,666	1,032	2,959	0,651	1,017	0,512	0,9	

$$X_N = \text{Zwängung infolge Verdrehung aus } N, S \text{ (Tab. C, S. 83)}; \quad \alpha = \frac{K_{ST}}{K_{vo}}, \quad \beta = \frac{S_{ST}}{S_{vo}}, \quad \gamma = \frac{a^2 K_o}{S_{vo}}$$

$\varphi=2,0$ $\alpha=0,1$	γ	ψ_{FN}	ψ_{FS}	$\psi_{JN}\ \psi_{JS}$ ψ_{JX_N}	ψ_{FM}	ψ_{JM}	ψ_{FX_M}	ψ_{JX_M}	ψ_{FX_N}	β
	0,050	1,094	0,523	0,533	0,735	1,094	0,532	0,688	0,446	
	0,100	1,083	0,529	0,540	0,750	1,139	0,538	0,701	0,451	
	0,200	1,065	0,542	0,555	0,782	1,235	0,550	0,726	0,459	
	0,300	1,050	0,554	0,570	0,813	1,339	0,561	0,749	0,468	
	0,400	1,039	0,564	0,584	0,844	1,452	0,571	0,769	0,476	0,05
	0,500	1,029	0,573	0,598	0,875	1,575	0,577	0,784	0,484	
	0,600	1,022	0,580	0,612	0,905	1,706	0,581	0,792	0,492	
	0,700	1,015	0,582	0,626	0,934	1,848	0,580	0,788	0,500	
	0,800	1,010	0,575	0,639	0,963	1,998	0,570	0,765	0,507	
	0,900	1,006	0,544	0,652	0,991	2,157	0,543	0,708	0,514	
	0,050	1,095	0,522	0,542	0,754	1,152	0,541	0,706	0,452	
	0,100	1,084	0,528	0,549	0,770	1,200	0,547	0,719	0,456	
	0,200	1,067	0,538	0,564	0,802	1,302	0,559	0,744	0,465	
	0,300	1,053	0,547	0,579	0,833	1,413	0,569	0,767	0,473	
	0,400	1,041	0,555	0,593	0,864	1,533	0,578	0,785	0,481	0,1
	0,500	1,032	0,560	0,607	0,895	1,663	0,583	0,797	0,489	
	0,600	1,025	0,561	0,621	0,925	1,802	0,585	0,800	0,497	
	0,700	1,019	0,557	0,634	0,954	1,951	0,580	0,788	0,504	
	0,800	1,014	0,541	0,647	0,982	2,109	0,562	0,748	0,511	
	0,050	1,096	0,521	0,560	0,795	1,281	0,559	0,745	0,462	
	0,100	1,086	0,525	0,568	0,811	1,335	0,565	0,758	0,467	
	0,200	1,070	0,532	0,582	0,842	1,450	0,576	0,782	0,475	
	0,300	1,057	0,537	0,597	0,874	1,575	0,584	0,801	0,483	0,2
	0,400	1,046	0,540	0,611	0,904	1,711	0,591	0,815	0,491	
	0,500	1,038	0,540	0,624	0,935	1,856	0,592	0,818	0,499	
	0,600	1,031	0,535	0,638	0,964	2,012	0,587	0,805	0,506	
	0,700	1,025	0,524	0,651	0,992	2,178	0,569	0,763	0,513	
	0,050	1,097	0,519	0,579	0,836	1,428	0,577	0,785	0,473	
	0,100	1,088	0,522	0,586	0,852	1,490	0,583	0,798	0,477	
	0,200	1,073	0,527	0,600	0,883	1,620	0,592	0,819	0,485	
	0,300	1,061	0,529	0,614	0,914	1,762	0,598	0,834	0,493	0,3
	0,400	1,051	0,529	0,628	0,945	1,914	0,601	0,839	0,501	
	0,500	1,043	0,526	0,641	0,974	2,077	0,596	0,826	0,508	
	0,600	1,036	0,518	0,654	1,003	2,250	0,577	0,781	0,515	
	0,050	1,098	0,518	0,597	0,877	1,598	0,595	0,827	0,483	
	0,100	1,090	0,520	0,604	0,893	1,668	0,599	0,838	0,487	
	0,200	1,076	0,523	0,618	0,924	1,815	0,607	0,855	0,495	
	0,300	1,064	0,523	0,632	0,955	1,975	0,610	0,861	0,503	0,4
	0,400	1,055	0,521	0,645	0,985	2,146	0,605	0,849	0,510	
	0,500	1,047	0,515	0,658	1,013	2,328	0,586	0,801	0,517	
	0,050	1,098	0,518	0,615	0,919	1,794	0,612	0,869	0,493	
	0,100	1,091	0,519	0,622	0,935	1,872	0,616	0,878	0,497	
	0,200	1,078	0,519	0,636	0,965	2,039	0,620	0,887	0,505	0,5
	0,300	1,068	0,518	0,649	0,995	2,219	0,616	0,876	0,512	
	0,400	1,059	0,514	0,662	1,024	2,411	0,596	0,826	0,519	
	0,050	1,099	0,517	0,632	0,961	2,019	0,629	0,912	0,503	
	0,100	1,092	0,517	0,639	0,976	2,108	0,631	0,916	0,506	
	0,200	1,080	0,517	0,653	1,006	2,297	0,629	0,909	0,514	0,6
	0,300	1,070	0,514	0,666	1,034	2,499	0,609	0,858	0,521	
	0,050	1,100	0,516	0,650	1,002	2,279	0,644	0,953	0,512	
	0,100	1,093	0,516	0,656	1,016	2,381	0,643	0,949	0,516	0,7
	0,200	1,082	0,515	0,669	1,045	2,594	0,626	0,900	0,522	
	0,050	1,100	0,516	0,667	1,042	2,581	0,657	0,988	0,521	0,8
	0,100	1,094	0,515	0,673	1,056	2,695	0,647	0,958	0,524	
	0,050	1,101	0,516	0,683	1,082	2,930	0,656	0,983	0,530	0,9

Index: F = Fläche; J = Trägheitsmoment; M = Einwirkung M = const; N = Einwirkung N = const in $\mathfrak{S}_{vo}$; S = Einwirkung Schwinden; X_M = Zwängung infolge M und Verkürzung aus N, S (Tab. C, S. 83);

$\varphi = 2{,}0$
$\alpha = 0{,}2$

γ	ψ_{FN}	ψ_{FS}	$\psi_{JN}\ \psi_{JS}$ / ψ_{JX_N}	ψ_{FM}	ψ_{JM}	ψ_{FX_M}	ψ_{JX_M}	ψ_{FX_N}	β
0,050	1,200	0,538	0,549	0,770	1,084	0,548	0,683	0,468	
0,100	1,175	0,544	0,556	0,784	1,118	0,553	0,692	0,472	
0,200	1,134	0,555	0,569	0,812	1,189	0,561	0,708	0,480	
0,300	1,103	0,565	0,582	0,840	1,263	0,568	0,722	0,488	
0,400	1,078	0,574	0,595	0,867	1,341	0,574	0,732	0,496	0,05
0,500	1,059	0,581	0,607	0,895	1,421	0,577	0,737	0,503	
0,600	1,044	0,586	0,619	0,921	1,505	0,577	0,737	0,511	
0,700	1,031	0,586	0,631	0,947	1,590	0,573	0,729	0,518	
0,800	1,021	0,578	0,643	0,973	1,678	0,564	0,712	0,525	
0,900	1,013	0,545	0,654	0,998	1,768	0,547	0,681	0,532	
0,050	1,201	0,538	0,560	0,793	1,141	0,558	0,702	0,474	
0,100	1,177	0,542	0,566	0,807	1,177	0,562	0,710	0,478	
0,200	1,138	0,551	0,579	0,835	1,252	0,570	0,726	0,486	
0,300	1,108	0,559	0,592	0,863	1,330	0,577	0,738	0,494	
0,400	1,084	0,564	0,604	0,891	1,412	0,581	0,746	0,502	0,1
0,500	1,065	0,568	0,617	0,918	1,496	0,583	0,748	0,509	
0,600	1,050	0,567	0,629	0,944	1,584	0,581	0,744	0,517	
0,700	1,038	0,561	0,641	0,970	1,673	0,574	0,731	0,523	
0,800	1,028	0,544	0,652	0,995	1,764	0,560	0,705	0,530	
0,050	1,204	0,536	0,580	0,840	1,268	0,578	0,740	0,487	
0,100	1,182	0,539	0,586	0,854	1,308	0,582	0,748	0,491	
0,200	1,146	0,545	0,599	0,883	1,392	0,588	0,761	0,498	
0,300	1,118	0,548	0,612	0,911	1,478	0,593	0,769	0,506	0,2
0,400	1,095	0,550	0,624	0,938	1,568	0,594	0,771	0,514	
0,500	1,077	0,548	0,636	0,965	1,661	0,592	0,766	0,521	
0,600	1,063	0,542	0,648	0,991	1,756	0,584	0,750	0,528	
0,700	1,050	0,529	0,660	1,016	1,853	0,568	0,720	0,534	
0,050	1,206	0,535	0,600	0,888	1,414	0,598	0,780	0,499	
0,100	1,186	0,537	0,607	0,903	1,458	0,601	0,786	0,503	
0,200	1,153	0,540	0,619	0,931	1,551	0,605	0,795	0,510	
0,300	1,126	0,541	0,632	0,959	1,647	0,607	0,797	0,518	0,3
0,400	1,105	0,539	0,644	0,986	1,746	0,604	0,791	0,525	
0,500	1,088	0,534	0,656	1,012	1,847	0,595	0,773	0,532	
0,600	1,074	0,524	0,667	1,038	1,951	0,577	0,738	0,538	
0,050	1,208	0,534	0,621	0,938	1,580	0,617	0,820	0,511	
0,100	1,190	0,535	0,627	0,952	1,630	0,619	0,824	0,515	
0,200	1,159	0,536	0,639	0,980	1,733	0,621	0,827	0,522	
0,300	1,134	0,534	0,651	1,008	1,839	0,618	0,820	0,529	0,4
0,400	1,114	0,531	0,663	1,034	1,948	0,608	0,799	0,536	
0,500	1,098	0,524	0,674	1,059	2,058	0,588	0,758	0,543	
0,050	1,210	0,533	0,641	0,988	1,772	0,636	0,861	0,523	
0,100	1,193	0,534	0,647	1,002	1,828	0,637	0,862	0,526	
0,200	1,165	0,533	0,659	1,030	1,942	0,634	0,854	0,533	0,5
0,300	1,141	0,530	0,671	1,056	2,058	0,623	0,831	0,540	
0,400	1,122	0,524	0,682	1,082	2,176	0,600	0,782	0,547	
0,050	1,212	0,533	0,661	1,039	1,994	0,654	0,902	0,534	
0,100	1,196	0,532	0,667	1,053	2,055	0,652	0,897	0,538	0,6
0,200	1,170	0,530	0,678	1,080	2,180	0,641	0,870	0,544	
0,300	1,148	0,526	0,690	1,105	2,307	0,615	0,813	0,551	
0,050	1,213	0,532	0,680	1,090	2,249	0,671	0,940	0,545	
0,100	1,199	0,531	0,686	1,103	2,317	0,664	0,923	0,549	0,7
0,200	1,174	0,528	0,698	1,129	2,454	0,635	0,856	0,555	
0,050	1,214	0,532	0,700	1,141	2,544	0,683	0,970	0,556	0,8
0,100	1,201	0,530	0,705	1,154	2,619	0,664	0,923	0,559	
0,050	1,216	0,531	0,719	1,191	2,886	0,675	0,949	0,566	0,9

X_N = Zwängung infolge Verdrehung aus N, S (Tab. C, S. 83); $\alpha = \dfrac{K_{ST}}{K_{vo}}$, $\beta = \dfrac{S_{ST}}{S_{vo}}$, $\gamma = \dfrac{a^2 K_o}{S_{vo}}$

$\varphi=2,0$ $\alpha=0,3$ / γ	ψ_{FN}	ψ_{FS}	$\psi_{JN}\ \psi_{JS}$ / ψ_{JX_N}	ψ_{FM}	ψ_{JM}	ψ_{FX_M}	ψ_{JX_M}	ψ_{FX_N}	β
0,050	1,318	0,554	0,566	0,806	1,076	0,564	0,680	0,490	
0,100	1,275	0,559	0,572	0,818	1,102	0,567	0,686	0,494	
0,200	1,207	0,568	0,583	0,843	1,154	0,573	0,696	0,502	
0,300	1,157	0,576	0,594	0,867	1,207	0,578	0,704	0,509	
0,400	1,119	0,583	0,605	0,891	1,262	0,581	0,709	0,516	0,05
0,500	1,089	0,589	0,616	0,915	1,317	0,582	0,711	0,523	
0,600	1,066	0,592	0,626	0,938	1,373	0,581	0,709	0,530	
0,700	1,047	0,591	0,637	0,961	1,430	0,578	0,702	0,537	
0,800	1,032	0,581	0,647	0,983	1,486	0,571	0,691	0,543	
0,900	1,020	0,547	0,657	1,004	1,543	0,560	0,673	0,549	
0,050	1,321	0,553	0,577	0,832	1,133	0,575	0,699	0,498	
0,100	1,280	0,557	0,583	0,845	1,160	0,578	0,704	0,501	
0,200	1,215	0,564	0,594	0,869	1,215	0,583	0,713	0,509	
0,300	1,166	0,570	0,605	0,894	1,270	0,587	0,719	0,516	
0,400	1,129	0,574	0,616	0,918	1,327	0,589	0,722	0,523	0,1
0,500	1,099	0,575	0,627	0,941	1,385	0,589	0,722	0,530	
0,600	1,076	0,574	0,637	0,964	1,443	0,586	0,717	0,537	
0,700	1,058	0,566	0,647	0,987	1,501	0,580	0,707	0,543	
0,800	1,042	0,547	0,657	1,009	1,560	0,570	0,691	0,550	
0,050	1,326	0,552	0,600	0,886	1,258	0,597	0,737	0,512	
0,100	1,288	0,554	0,605	0,899	1,288	0,599	0,741	0,516	
0,200	1,228	0,558	0,616	0,924	1,348	0,603	0,747	0,523	
0,300	1,182	0,559	0,627	0,948	1,409	0,604	0,749	0,530	
0,400	1,146	0,559	0,638	0,972	1,471	0,603	0,748	0,537	0,2
0,500	1,118	0,556	0,648	0,996	1,533	0,600	0,741	0,544	
0,600	1,095	0,548	0,658	1,019	1,595	0,592	0,728	0,550	
0,700	1,077	0,534	0,668	1,041	1,657	0,580	0,707	0,556	
0,050	1,330	0,551	0,622	0,943	1,402	0,618	0,776	0,527	
0,100	1,295	0,552	0,628	0,956	1,435	0,620	0,778	0,530	
0,200	1,240	0,553	0,639	0,981	1,500	0,621	0,780	0,537	
0,300	1,196	0,552	0,649	1,005	1,567	0,620	0,777	0,544	0,3
0,400	1,163	0,548	0,660	1,029	1,633	0,615	0,768	0,551	
0,500	1,135	0,542	0,670	1,052	1,700	0,606	0,751	0,557	
0,600	1,113	0,531	0,680	1,074	1,766	0,591	0,726	0,563	
0,050	1,333	0,550	0,645	1,002	1,567	0,640	0,816	0,541	
0,100	1,302	0,550	0,650	1,014	1,603	0,640	0,816	0,544	
0,200	1,250	0,549	0,661	1,039	1,674	0,638	0,811	0,551	
0,300	1,210	0,546	0,671	1,063	1,746	0,632	0,800	0,558	0,4
0,400	1,177	0,540	0,681	1,086	1,817	0,621	0,779	0,564	
0,500	1,151	0,532	0,691	1,108	1,888	0,603	0,747	0,570	
0,050	1,337	0,549	0,667	1,062	1,757	0,661	0,857	0,555	
0,100	1,308	0,548	0,673	1,075	1,795	0,659	0,853	0,558	
0,200	1,260	0,546	0,683	1,099	1,873	0,652	0,838	0,565	0,5
0,300	1,222	0,541	0,693	1,122	1,949	0,639	0,812	0,571	
0,400	1,191	0,534	0,703	1,144	2,025	0,617	0,772	0,577	
0,050	1,340	0,548	0,690	1,125	1,975	0,681	0,897	0,568	
0,100	1,313	0,547	0,695	1,137	2,017	0,676	0,886	0,572	
0,200	1,268	0,543	0,705	1,160	2,100	0,660	0,854	0,578	0,6
0,300	1,232	0,537	0,715	1,182	2,181	0,634	0,802	0,584	
0,050	1,342	0,548	0,712	1,188	2,227	0,699	0,934	0,582	
0,100	1,318	0,546	0,717	1,199	2,271	0,689	0,911	0,585	0,7
0,200	1,276	0,541	0,727	1,221	2,359	0,656	0,844	0,590	
0,050	1,344	0,547	0,734	1,252	2,518	0,713	0,961	0,595	
0,100	1,322	0,545	0,739	1,262	2,565	0,689	0,910	0,597	0,8
0,050	1,346	0,547	0,756	1,315	2,855	0,703	0,939	0,607	0,9

Index: F = Fläche; J = Trägheitsmoment; M = Einwirkung M = const; N = Einwirkung N = const in $\mathfrak{S}_{vo}$;
S = Einwirkung Schwinden; X_M = Zwängung infolge M und Verkürzung aus N, S (Tab. C, S. 83);

$$\varphi = 2{,}0 \qquad \alpha = 0{,}4$$

γ	ψ_{FN}	ψ_{FS}	$\psi_{JN}\ \psi_{JS}$ ψ_{JX_N}	ψ_{FM}	ψ_{JM}	ψ_{FX_M}	ψ_{JX_M}	ψ_{FX_N}	β
0,050	1,450	0,569	0,582	0,842	1,070	0,580	0,678	0,514	
0,100	1,384	0,573	0,587	0,853	1,089	0,582	0,682	0,517	
0,200	1,285	0,580	0,597	0,874	1,127	0,586	0,688	0,524	
0,300	1,213	0,587	0,606	0,894	1,166	0,589	0,692	0,531	
0,400	1,160	0,592	0,615	0,915	1,205	0,591	0,694	0,537	0,05
0,500	1,120	0,596	0,624	0,935	1,243	0,591	0,695	0,543	
0,600	1,088	0,598	0,633	0,954	1,282	0,590	0,693	0,550	
0,700	1,063	0,595	0,642	0,974	1,321	0,587	0,688	0,556	
0,800	1,043	0,584	0,651	0,992	1,359	0,582	0,681	0,562	
0,900	1,027	0,549	0,659	1,011	1,397	0,575	0,670	0,567	
0,050	1,454	0,569	0,594	0,872	1,126	0,592	0,697	0,522	
0,100	1,392	0,572	0,599	0,883	1,146	0,594	0,700	0,526	
0,200	1,295	0,577	0,609	0,904	1,186	0,597	0,705	0,532	
0,300	1,226	0,581	0,618	0,924	1,226	0,599	0,708	0,539	
0,400	1,174	0,583	0,627	0,945	1,266	0,600	0,708	0,545	0,1
0,500	1,134	0,583	0,636	0,965	1,306	0,599	0,707	0,552	
0,600	1,102	0,580	0,645	0,985	1,346	0,596	0,703	0,558	
0,700	1,077	0,570	0,654	1,004	1,386	0,592	0,695	0,564	
0,800	1,057	0,550	0,662	1,022	1,425	0,585	0,685	0,569	
0,040	1,462	0,567	0,619	0,934	1,251	0,616	0,734	0,539	
0,100	1,405	0,569	0,624	0,945	1,272	0,617	0,736	0,543	
0,200	1,315	0,570	0,633	0,966	1,315	0,619	0,738	0,549	
0,300	1,249	0,570	0,642	0,987	1,358	0,618	0,738	0,555	0,2
0,400	1,199	0,568	0,651	1,008	1,401	0,616	0,735	0,562	
0,500	1,160	0,563	0,660	1,027	1,444	0,612	0,728	0,568	
0,600	1,129	0,554	0,669	1,047	1,486	0,606	0,718	0,573	
0,700	1,104	0,538	0,677	1,066	1,527	0,597	0,704	0,579	
0,050	1,469	0,566	0,644	1,000	1,393	0,640	0,773	0,556	
0,100	1,416	0,566	0,649	1,011	1,416	0,640	0,774	0,559	
0,200	1,333	0,565	0,658	1,032	1,463	0,639	0,772	0,566	
0,300	1,271	0,563	0,667	1,053	1,509	0,636	0,766	0,572	0,3
0,400	1,223	0,558	0,676	1,073	1,554	0,630	0,757	0,578	
0,500	1,185	0,550	0,684	1,093	1,599	0,622	0,743	0,583	
0,600	1,155	0,537	0,693	1,111	1,643	0,610	0,725	0,589	
0,050	1,475	0,565	0,669	1,069	1,557	0,664	0,813	0,573	
0,100	1,427	0,564	0,674	1,080	1,581	0,662	0,811	0,576	
0,200	1,349	0,562	0,683	1,101	1,631	0,658	0,803	0,582	0,4
0,300	1,291	0,557	0,691	1,121	1,680	0,651	0,790	0,588	
0,400	1,245	0,550	0,700	1,141	1,727	0,640	0,772	0,593	
0,500	1,208	0,540	0,708	1,160	1,774	0,625	0,748	0,599	
0,050	1,480	0,564	0,694	1,142	1,745	0,687	0,854	0,589	
0,100	1,436	0,563	0,699	1,152	1,771	0,684	0,848	0,592	
0,200	1,364	0,558	0,707	1,173	1,823	0,674	0,831	0,598	0,5
0,300	1,309	0,552	0,716	1,192	1,874	0,660	0,806	0,604	
0,400	1,265	0,544	0,724	1,211	1,923	0,641	0,774	0,609	
0,050	1,485	0,564	0,719	1,217	1,961	0,710	0,894	0,605	
0,100	1,444	0,561	0,724	1,227	1,989	0,703	0,881	0,608	0,6
0,200	1,377	0,556	0,732	1,247	2,043	0,685	0,849	0,614	
0,300	1,325	0,549	0,740	1,265	2,095	0,660	0,806	0,619	
0,050	1,489	0,563	0,745	1,295	2,211	0,730	0,931	0,621	
0,100	1,452	0,560	0,749	1,305	2,239	0,717	0,907	0,624	0,7
0,200	1,389	0,554	0,757	1,323	2,294	0,684	0,847	0,629	
0,050	1,493	0,563	0,769	1,375	2,499	0,745	0,959	0,637	0,8
0,100	1,458	0,560	0,773	1,384	2,527	0,719	0,910	0,639	
0,050	1,496	0,562	0,794	1,456	2,833	0,737	0,942	0,652	0,9

$$X_N = \text{Zwängung infolge Verdrehung aus } N,\ S\ (\text{Tab. C, S. 83}); \quad \alpha = \frac{K_{ST}}{K_{vo}}, \quad \beta = \frac{S_{ST}}{S_{vo}}, \quad \gamma = \frac{a^2 K_o}{S_{vo}}$$

$\varphi=2,0$ $\alpha=0,5$	γ	ψ_{FN}	ψ_{FS}	$\psi_{JN}\ \psi_{JS}$ ψ_{JX_N}	ψ_{FM}	ψ_{JM}	ψ_{FX_M}	ψ_{JX_M}	ψ_{FX_N}	β
	0,050	1,598	0,585	0,598	0,878	1,065	0,596	0,677	0,538	
	0,100	1,503	0,587	0,602	0,887	1,079	0,598	0,679	0,541	
	0,200	1,366	0,593	0,610	0,904	1,106	0,600	0,682	0,547	
	0,300	1,271	0,598	0,618	0,921	1,134	0,602	0,684	0,553	
	0,400	1,202	0,601	0,625	0,938	1,161	0,602	0,685	0,559	
	0,500	1,151	0,604	0,633	0,954	1,188	0,602	0,685	0,564	0,05
	0,600	1,111	0,604	0,640	0,971	1,215	0,601	0,683	0,570	
	0,700	1,079	0,600	0,648	0,987	1,242	0,599	0,680	0,575	
	0,800	1,054	0,587	0,655	1,002	1,269	0,595	0,675	0,580	
	0,900	1,034	0,550	0,662	1,017	1,295	0,591	0,669	0,585	
	0,050	1,604	0,584	0,612	0,912	1,121	0,609	0,695	0,548	
	0,100	1,514	0,586	0,616	0,921	1,135	0,610	0,697	0,551	
	0,200	1,381	0,589	0,623	0,938	1,164	0,612	0,699	0,557	
	0,300	1,288	0,591	0,631	0,955	1,192	0,613	0,700	0,563	
	0,400	1,220	0,592	0,639	0,972	1,220	0,613	0,700	0,568	0,1
	0,500	1,169	0,591	0,646	0,988	1,248	0,611	0,698	0,574	
	0,600	1,129	0,586	0,653	1,005	1,276	0,609	0,695	0,579	
	0,700	1,097	0,575	0,660	1,021	1,303	0,606	0,690	0,584	
	0,800	1,072	0,553	0,667	1,036	1,330	0,601	0,683	0,589	
	0,050	1,615	0,582	0,638	0,983	1,244	0,635	0,733	0,568	
	0,100	1,533	0,583	0,642	0,992	1,260	0,636	0,733	0,571	
	0,200	1,409	0,583	0,650	1,009	1,290	0,636	0,733	0,576	
	0,300	1,320	0,581	0,658	1,026	1,320	0,634	0,731	0,582	0,2
	0,400	1,254	0,578	0,665	1,043	1,350	0,632	0,728	0,587	
	0,500	1,204	0,571	0,672	1,060	1,379	0,628	0,722	0,592	
	0,600	1,164	0,560	0,679	1,076	1,408	0,623	0,715	0,598	
	0,700	1,132	0,543	0,686	1,091	1,436	0,616	0,705	0,603	
	0,050	1,626	0,581	0,666	1,059	1,386	0,662	0,772	0,587	
	0,100	1,550	0,580	0,670	1,068	1,402	0,661	0,771	0,590	
	0,200	1,434	0,578	0,677	1,085	1,434	0,659	0,767	0,596	
	0,300	1,350	0,574	0,684	1,102	1,466	0,655	0,761	0,601	0,3
	0,400	1,286	0,567	0,692	1,119	1,497	0,649	0,753	0,606	
	0,500	1,237	0,557	0,699	1,135	1,527	0,642	0,742	0,611	
	0,600	1,198	0,544	0,706	1,151	1,557	0,633	0,729	0,616	
	0,050	1,635	0,580	0,693	1,140	1,549	0,688	0,812	0,607	
	0,100	1,566	0,579	0,697	1,149	1,566	0,686	0,809	0,610	
	0,200	1,458	0,574	0,704	1,166	1,599	0,680	0,800	0,615	
	0,300	1,378	0,568	0,712	1,183	1,632	0,672	0,788	0,620	0,4
	0,400	1,316	0,559	0,719	1,199	1,663	0,662	0,773	0,625	
	0,500	1,268	0,548	0,725	1,214	1,694	0,650	0,754	0,630	
	0,050	1,643	0,579	0,721	1,226	1,736	0,714	0,853	0,626	
	0,100	1,579	0,577	0,725	1,235	1,753	0,710	0,846	0,629	
	0,200	1,479	0,571	0,732	1,251	1,787	0,699	0,829	0,634	0,5
	0,300	1,403	0,563	0,739	1,267	1,820	0,686	0,808	0,639	
	0,400	1,344	0,553	0,746	1,282	1,852	0,669	0,783	0,644	
	0,050	1,650	0,579	0,750	1,318	1,951	0,739	0,893	0,646	
	0,100	1,592	0,576	0,753	1,326	1,969	0,732	0,880	0,648	0,6
	0,200	1,498	0,569	0,760	1,341	2,003	0,713	0,851	0,653	
	0,300	1,426	0,560	0,766	1,356	2,035	0,691	0,815	0,657	
	0,050	1,656	0,578	0,778	1,413	2,199	0,763	0,931	0,665	
	0,100	1,603	0,575	0,781	1,420	2,216	0,749	0,909	0,667	0,7
	0,200	1,516	0,567	0,787	1,434	2,249	0,717	0,857	0,671	
	0,050	1,662	0,578	0,806	1,513	2,486	0,781	0,960	0,683	0,8
	0,100	1,613	0,574	0,809	1,519	2,502	0,755	0,918	0,686	
	0,050	1,666	0,578	0,834	1,616	2,818	0,776	0,952	0,702	0,9

Index: F = Fläche; J = Trägheitsmoment; M = Einwirkung M = const; N = Einwirkung N = const in $\mathfrak{S}_{vo}$;
S = Einwirkung Schwinden; X_M = Zwängung infolge M und Verkürzung aus N, S (Tab. C, S. 83);

γ	ψ_{FN}	ψ_{FS}	$\psi_{JN}\ \psi_{JS}$ ψ_{JX_N}	ψ_{FM}	ψ_{JM}	ψ_{FX_M}	ψ_{JX_M}	ψ_{FX_N}	β	$\varphi=2{,}0$ $\alpha^2=0{,}6$
0,050	1,762	0,599	0,614	0,914	1,061	0,612	0,676	0,564		
0,100	1,632	0,601	0,617	0,921	1,071	0,613	0,677	0,566		
0,200	1,451	0,605	0,624	0,935	1,090	0,614	0,678	0,571		
0,300	1,330	0,608	0,630	0,948	1,109	0,615	0,679	0,576		
0,400	1,245	0,610	0,636	0,961	1,128	0,615	0,679	0,581	0,05	
0,500	1,182	0,611	0,641	0,974	1,147	0,615	0,679	0,585		
0,600	1,133	0,610	0,647	0,987	1,165	0,614	0,678	0,590		
0,700	1,095	0,604	0,653	1,000	1,184	0,612	0,676	0,595		
0,800	1,065	0,590	0,659	1,012	1,202	0,610	0,673	0,599		
0,900	1,041	0,552	0,664	1,024	1,220	0,607	0,669	0,603		
0,050	1,771	0,599	0,629	0,952	1,117	0,626	0,694	0,575		
0,100	1,647	0,600	0,632	0,959	1,126	0,627	0,695	0,577		
0,200	1,471	0,601	0,638	0,972	1,146	0,627	0,695	0,582		
0,300	1,352	0,602	0,644	0,986	1,166	0,627	0,696	0,587		
0,400	1,268	0,601	0,650	0,999	1,185	0,627	0,695	0,592	0,1	
0,500	1,205	0,598	0,656	1,012	1,205	0,626	0,693	0,596		
0,600	1,156	0,592	0,661	1,025	1,223	0,624	0,691	0,601		
0,700	1,118	0,579	0,667	1,038	1,242	0,621	0,688	0,605		
0,800	1,087	0,556	0,673	1,050	1,260	0,618	0,683	0,610		
0,050	1,788	0,597	0,658	1,032	1,240	0,655	0,732	0,598		
0,100	1,674	0,597	0,661	1,039	1,250	0,654	0,732	0,600		
0,200	1,509	0,595	0,667	1,053	1,271	0,654	0,730	0,605		
0,300	1,395	0,592	0,673	1,066	1,291	0,652	0,728	0,609		
0,400	1,312	0,587	0,678	1,080	1,312	0,649	0,725	0,614	0,2	
0,500	1,249	0,579	0,684	1,093	1,331	0,646	0,720	0,618		
0,600	1,200	0,566	0,690	1,105	1,351	0,642	0,715	0,623		
0,700	1,161	0,548	0,695	1,118	1,370	0,637	0,708	0,627		
0,050	1,802	0,596	0,688	1,119	1,381	0,684	0,771	0,621		
0,100	1,699	0,595	0,691	1,126	1,392	0,682	0,769	0,623		
0,200	1,544	0,590	0,696	1,140	1,413	0,679	0,765	0,627		
0,300	1,434	0,585	0,702	1,153	1,434	0,675	0,760	0,632	0,3	
0,400	1,353	0,576	0,708	1,166	1,455	0,670	0,753	0,636		
0,500	1,291	0,565	0,713	1,179	1,475	0,664	0,745	0,641		
0,600	1,242	0,550	0,719	1,191	1,495	0,657	0,735	0,645		
0,050	1,816	0,595	0,718	1,214	1,544	0,713	0,812	0,644		
0,100	1,720	0,593	0,721	1,221	1,554	0,710	0,808	0,646		
0,200	1,576	0,587	0,726	1,234	1 576	0,704	0,799	0,650	0,4	
0,300	1,471	0,579	0,732	1,247	1,597	0,697	0,789	0,654		
0,400	1,393	0,569	0,737	1,259	1,618	0,688	0,777	0,659		
0,500	1,332	0,556	0,743	1,271	1,637	0,678	0,764	0,663		
0,050	1,827	0,594	0,749	1,316	1,729	0,742	0,853	0,667		
0,100	1,740	0,591	0,752	1,322	1,740	0,737	0,846	0,669		
0,200	1,605	0,584	0,757	1,335	1,762	0,727	0,831	0,673	0,5	
0,300	1,506	0,574	0,762	1,347	1,782	0,715	0,814	0,677		
0,400	1,430	0,563	0,767	1,359	1,802	0,701	0,795	0,681		
0,050	1,838	0,594	0,780	1,425	1,944	0,770	0,894	0,689		
0,100	1,758	0,590	0,783	1,431	1,954	0,763	0,882	0,691	0,6	
0,200	1,632	0,581	0,788	1,443	1,975	0,745	0,858	0,695		
0,300	1,537	0,571	0,793	1,454	1,994	0,726	0,829	0,699		
0,050	1,847	0,593	0,811	1,542	2,191	0,797	0,933	0,712		
0,100	1,773	0,589	0,814	1,547	2,201	0,784	0,914	0,714	0,7	
0,200	1,656	0,580	0,819	1,557	2,218	0,755	0,871	0,718		
0,050	1,855	0,593	0,843	1,666	2,478	0,819	0,965	0,735	0,8	
0,100	1,788	0,588	0,845	1,671	2,485	0,795	0,929	0,736		
0,050	1,862	0,593	0,874	1,797	2,809	0,820	0,967	0,757	0,9	

$X_N =$ Zwängung infolge Verdrehung aus $N,\ S$ (Tab. C, S. 83); $\quad \alpha = \dfrac{K_{ST}}{K_{vo}}, \quad \beta = \dfrac{S_{ST}}{S_{vo}}, \quad \gamma = \dfrac{a^2 K_o}{S_{vo}}$

$\varphi = 3{,}0$ / $\alpha = 0{,}05$ γ	ψ_{FN}	ψ_{FS}	$\psi_{JN}\,\psi_{JS}$ / ψ_{JX_N}	ψ_{FM}	ψ_{JM}	ψ_{FX_M}	ψ_{JX_M}	ψ_{FX_N}	β
0,050	1,067	0,522	0,537	0,689	1,152	0,537	0,784	0,426	
0,100	1,058	0,532	0,549	0,710	1,232	0,547	0,815	0,432	
0,200	1,043	0,551	0,572	0,750	1,410	0,568	0,877	0,444	
0,300	1,032	0,569	0,595	0,790	1,615	0,587	0,937	0,455	
0,400	1,024	0,584	0,617	0,828	1,851	0,603	0,993	0,465	0,05
0,500	1,017	0,596	0,638	0,865	2,118	0,616	1,039	0,475	
0,600	1,013	0,603	0,658	0,900	2,418	0,625	1,066	0,485	
0,700	1,009	0,603	0,677	0,932	2,748	0,625	1,063	0,493	
0,800	1,006	0,591	0,695	0,963	3,107	0,611	1,005	0,502	
0,900	1,004	0,549	0,712	0,990	3,489	0,565	0,854	0,509	
0,050	1,068	0,521	0,551	0,713	1,247	0,550	0,823	0,433	
0,100	1,059	0,529	0,562	0,734	1,334	0,560	0,854	0,439	
0,200	1,045	0,545	0,585	0,774	1,530	0,581	0,917	0,450	
0,300	1,034	0,558	0,608	0,813	1,756	0,599	0,978	0,461	
0,400	1,026	0,568	0,629	0,851	2,014	0,614	1,031	0,471	0,1
0,500	1,020	0,574	0,650	0,887	2,305	0,625	1,071	0,481	
0,600	1,016	0,574	0,669	0,920	2,629	0,630	1,086	0,490	
0,700	1,012	0,566	0,688	0,952	2,985	0,625	1,059	0,498	
0,800	1,009	0,545	0,706	0,981	3,367	0,598	0,959	0,506	
0,050	1,069	0,518	0,577	0,761	1,468	0,576	0,905	0,446	
0,100	1,061	0,524	0,589	0,781	1,574	0,586	0,938	0,452	
0,200	1,049	0,534	0,611	0,821	1,811	0,605	1,002	0,463	
0,300	1,039	0,541	0,633	0,859	2,082	0,621	1,059	0,473	0,2
0,400	1,032	0,545	0,653	0,894	2,390	0,633	1,103	0,482	
0,500	1,026	0,544	0,673	0,928	2,734	0,639	1,122	0,491	
0,600	1,021	0,538	0,692	0,959	3,112	0,634	1,096	0,500	
0,700	1,018	0,525	0,709	0,988	3,520	0,607	0,990	0,507	
0,050	1,070	0,517	0,604	0,809	1,741	0,602	0,994	0,459	
0,100	1,063	0,521	0,615	0,828	1,870	0,612	1,028	0,464	
0,200	1,052	0,527	0,636	0,866	2,156	0,628	1,090	0,474	
0,300	1,043	0,530	0,657	0,902	2,482	0,641	1,139	0,484	0,3
0,400	1,036	0,530	0,677	0,936	2,847	0,648	1,162	0,493	
0,500	1,030	0,526	0,695	0,967	3,251	0,644	1,139	0,501	
0,600	1,026	0,517	0,713	0,996	3,687	0,618	1,027	0,509	
0,050	1,071	0,515	0,629	0,855	2,079	0,627	1,091	0,471	
0,100	1,065	0,518	0,640	0,874	2,235	0,636	1,123	0,476	
0,200	1,055	0,521	0,661	0,910	2,581	0,649	1,178	0,485	
0,300	1,046	0,522	0,680	0,944	2,970	0,657	1,208	0,494	0,4
0,400	1,040	0,520	0,699	0,975	3,402	0,655	1,189	0,503	
0,500	1,034	0,514	0,716	1,004	3,870	0,629	1,072	0,510	
0,050	1,072	0,514	0,654	0,901	2,498	0,652	1,193	0,482	
0,100	1,066	0,516	0,664	0,918	2,688	0,658	1,222	0,487	
0,200	1,057	0,517	0,684	0,952	3,105	0,668	1,260	0,496	0,5
0,300	1,049	0,516	0,702	0,983	3,568	0,667	1,248	0,504	
0,400	1,043	0,512	0,720	1,012	4,072	0,643	1,128	0,512	
0,050	1,073	0,513	0,678	0,944	3,021	0,674	1,300	0,493	
0,100	1,068	0,514	0,688	0,960	3,251	0,679	1,320	0,497	0,6
0,200	1,059	0,514	0,706	0,992	3,750	0,681	1,319	0,505	
0,300	1,052	0,512	0,723	1,020	4,296	0,659	1,201	0,513	
0,050	1,073	0,513	0,701	0,985	3,675	0,695	1,408	0,503	
0,100	1,069	0,513	0,710	1,000	3,952	0,696	1,406	0,507	0,7
0,200	1,061	0,511	0,727	1,028	4,545	0,679	1,298	0,514	
0,050	1,074	0,512	0,722	1,023	4,493	0,712	1,503	0,512	0,8
0,100	1,069	0,512	0,731	1,036	4,825	0,703	1,436	0,516	
0,050	1,074	0,512	0,743	1,058	5,521	0,714	1,496	0,521	0,9

Index: F = Fläche; J = Trägheitsmoment; M = Einwirkung M = const; N = Einwirkung N = const in $\mathfrak{S}_{vo}$; S = Einwirkung Schwinden; X_M = Zwängung infolge M und Verkürzung aus N, S (Tab. C, S. 83);

γ	ψ_{FN}	ψ_{FS}	$\psi_{JN}\,\psi_{JS}$ ψ_{JX_N}	ψ_{FM}	ψ_{JM}	ψ_{FX_M}	ψ_{JX_M}	ψ_{FX_N}	β	$\varphi=3{,}0$ $\alpha=0{,}1$
0,050	1,141	0,534	0,550	0,712	1,141	0,549	0,778	0,440		
0,100	1,120	0,543	0,561	0,731	1,207	0,558	0,803	0,446		
0,200	1,088	0,561	0,583	0,770	1,349	0,575	0,849	0,458		
0,300	1,065	0,577	0,604	0,807	1,505	0,590	0,890	0,469		
0,400	1,048	0,590	0,625	0,843	1,675	0,602	0,923	0,479	0,05	
0,500	1,035	0,601	0,644	0,877	1,856	0,610	0,945	0,489		
0,600	1,026	0,607	0,663	0,910	2,047	0,612	0,949	0,498		
0,700	1,019	0,607	0,681	0,940	2,244	0,607	0,930	0,507		
0,800	1,013	0,593	0,698	0,969	2,444	0,590	0,880	0,515		
0,900	1,009	0,550	0,714	0,995	2,643	0,555	0,788	0,522		
0,050	1,142	0,533	0,565	0,738	1,234	0,563	0,816	0,448		
0,100	1,123	0,540	0,576	0,758	1,306	0,572	0,841	0,454		
0,200	1,092	0,554	0,597	0,796	1,461	0,589	0,886	0,465		
0,300	1,070	0,566	0,618	0,833	1,630	0,602	0,925	0,476		
0,400	1,054	0,575	0,638	0,868	1,813	0,612	0,955	0,486	0,1	
0,500	1,041	0,579	0,658	0,902	2,006	0,618	0,969	0,495		
0,600	1,032	0,578	0,676	0,933	2,209	0,617	0,962	0,504		
0,700	1,025	0,569	0,694	0,963	2,416	0,606	0,926	0,512		
0,800	1,019	0,547	0,710	0,990	2,623	0,580	0,852	0,520		
0,050	1,145	0,530	0,594	0,792	1,451	0,591	0,897	0,463		
0,100	1,128	0,535	0,604	0,811	1,537	0,600	0,921	0,468		
0,200	1,101	0,544	0,625	0,848	1,720	0,614	0,964	0,479		
0,300	1,080	0,550	0,646	0,884	1,918	0,625	0,996	0,489		
0,400	1,065	0,552	0,665	0,918	2,128	0,630	1,011	0,498	0,2	
0,500	1,053	0,550	0,683	0,949	2,348	0,629	1,004	0,507		
0,600	1,043	0,542	0,701	0,978	2,573	0,618	0,964	0,515		
0,700	1,036	0,528	0,717	1,005	2,798	0,590	0,879	0,523		
0,050	1,148	0,528	0,622	0,845	1,719	0,619	0,984	0,477		
0,100	1,132	0,532	0,633	0,864	1,820	0,627	1,007	0,482		
0,200	1,107	0,536	0,653	0,900	2,036	0,638	1,042	0,492		
0,300	1,088	0,538	0,672	0,934	2,266	0,644	1,060	0,501	0,3	
0,400	1,074	0,537	0,691	0,965	2,506	0,643	1,053	0,510		
0,500	1,062	0,532	0,708	0,995	2,751	0,632	1,008	0,518		
0,600	1,053	0,522	0,724	1,021	2,996	0,601	0,911	0,526		
0,050	1,150	0,527	0,650	0,899	2,049	0,647	1,078	0,491		
0,100	1,136	0,529	0,660	0,917	2,169	0,652	1,097	0,495		
0,200	1,113	0,531	0,680	0,951	2,421	0,659	1,118	0,505	0,4	
0,300	1,096	0,530	0,698	0,982	2,685	0,659	1,111	0,513		
0,400	1,082	0,527	0,715	1,011	2,955	0,647	1,062	0,521		
0,500	1,071	0,520	0,732	1,038	3,223	0,614	0,950	0,529		
0,050	1,151	0,526	0,678	0,951	2,458	0,673	1,177	0,503		
0,100	1,139	0,527	0,687	0,968	2,599	0,676	1,187	0,508		
0,200	1,118	0,527	0,706	0,999	2,891	0,677	1,183	0,517	0,5	
0,300	1,102	0,524	0,723	1,028	3,190	0,665	1,130	0,525		
0,400	1,089	0,520	0,739	1,055	3,486	0,630	1,001	0,532		
0,050	1,153	0,525	0,704	1,001	2,966	0,697	1,278	0,516		
0,100	1,142	0,525	0,713	1,017	3,131	0,697	1,273	0,520	0,6	
0,200	1,123	0,524	0,730	1,046	3,464	0,687	1,218	0,528		
0,300	1,107	0,520	0,746	1,072	3,794	0,650	1,070	0,535		
0,050	1,154	0,524	0,730	1,049	3,599	0,719	1,376	0,527		
0,100	1,144	0,524	0,738	1,063	3,787	0,713	1,339	0,531	0,7	
0,200	1,126	0,521	0,754	1,089	4,159	0,676	1,169	0,538		
0,050	1,155	0,524	0,754	1,095	4,389	0,735	1,451	0,537	0,8	
0,100	1,146	0,523	0,761	1,107	4,599	0,713	1,331	0,541		
0,050	1,156	0,523	0,777	1,137	5,376	0,726	1,389	0,547	0,9	

X_N = Zwängung infolge Verdrehung aus N, S (Tab. C, S. 83); $\alpha = \dfrac{K_{ST}}{K_{vo}}$, $\beta = \dfrac{S_{ST}}{S_{vo}}$, $\gamma = \dfrac{a^2 K_o}{S_{vo}}$

$\varphi=3{,}0$ $\alpha=0{,}2$	γ	ψ_{FN}	ψ_{FS}	$\psi_{JN}\ \psi_{JS}\ \psi_{JX_N}$	ψ_{FM}	ψ_{JM}	ψ_{FX_M}	ψ_{JX_M}	ψ_{FX_N}	β
	0,050	1,306	0,557	0,576	0,758	1,123	0,573	0,770	0,470	
	0,100	1,255	0,565	0,585	0,775	1,168	0,580	0,784	0,476	
	0,200	1,182	0,580	0,604	0,808	1,262	0,592	0,811	0,487	
	0,300	1,132	0,593	0,623	0,841	1,359	0,601	0,831	0,497	
	0,400	1,097	0,604	0,640	0,872	1,457	0,608	0,845	0,507	0,05
	0,500	1,071	0,612	0,658	0,902	1,555	0,610	0,849	0,516	
	0,600	1,052	0,616	0,674	0,930	1,652	0,608	0,844	0,525	
	0,700	1,038	0,613	0,690	0,956	1,747	0,601	0,827	0,533	
	0,800	1,027	0,597	0,705	0,981	1,838	0,588	0,797	0,541	
	0,900	1,018	0,552	0,719	1,004	1,924	0,567	0,753	0,549	
	0,050	1,310	0,556	0,592	0,790	1,214	0,590	0,807	0,480	
	0,100	1,263	0,562	0,602	0,807	1,263	0,596	0,821	0,485	
	0,200	1,193	0,573	0,621	0,840	1,363	0,607	0,845	0,496	
	0,300	1,144	0,582	0,639	0,872	1,465	0,615	0,862	0,506	
	0,400	1,110	0,588	0,656	0,903	1,569	0,619	0,871	0,515	0,1
	0,500	1,084	0,590	0,673	0,932	1,671	0,619	0,870	0,524	
	0,600	1,065	0,587	0,689	0,959	1,771	0,614	0,857	0,533	
	0,700	1,050	0,576	0,704	0,985	1,867	0,603	0,830	0,541	
	0,800	1,039	0,552	0,719	1,008	1,959	0,584	0,789	0,549	
	0,050	1,318	0,553	0,626	0,855	1,425	0,622	0,885	0,498	
	0,100	1,275	0,557	0,635	0,872	1,481	0,627	0,898	0,503	
	0,200	1,212	0,563	0,654	0,905	1,595	0,635	0,915	0,513	
	0,300	1,166	0,566	0,671	0,936	1,709	0,639	0,923	0,523	0,2
	0,400	1,133	0,565	0,688	0,965	1,822	0,638	0,919	0,532	
	0,500	1,108	0,561	0,704	0,992	1,931	0,632	0,901	0,540	
	0,600	1,089	0,551	0,719	1,017	2,035	0,618	0,868	0,548	
	0,700	1,074	0,535	0,733	1,041	2,133	0,596	0,817	0,555	
	0,050	1,324	0,552	0,660	0,923	1,685	0,655	0,971	0,516	
	0,100	1,286	0,554	0,669	0,939	1,749	0,658	0,979	0,521	
	0,200	1,228	0,555	0,686	0,970	1,876	0,662	0,986	0,530	
	0,300	1,186	0,555	0,703	1,000	2,001	0,660	0,978	0,539	0,3
	0,400	1,154	0,551	0,719	1,027	2,120	0,652	0,955	0,547	
	0,500	1,130	0,543	0,734	1,052	2,233	0,636	0,912	0,555	
	0,600	1,110	0,531	0,748	1,074	2,338	0,610	0,848	0,562	
	0,050	1,329	0,550	0,693	0,992	2,005	0,687	1,061	0,533	
	0,100	1,296	0,551	0,702	1,007	2,076	0,688	1,062	0,538	
	0,200	1,242	0,550	0,719	1,036	2,215	0,686	1,051	0,546	
	0,300	1,203	0,547	0,734	1,063	2,347	0,676	1,020	0,554	0,4
	0,400	1,172	0,541	0,749	1,087	2,470	0,657	0,966	0,562	
	0,500	1,149	0,532	0,763	1,110	2,582	0,625	0,885	0,569	
	0,050	1,334	0,549	0,727	1,061	2,400	0,718	1,156	0,550	
	0,100	1,304	0,549	0,735	1,075	2,477	0,715	1,145	0,554	
	0,200	1,255	0,546	0,750	1,101	2,624	0,704	1,105	0,562	0,5
	0,300	1,218	0,541	0,765	1,125	2,759	0,682	1,035	0,569	
	0,400	1,189	0,534	0,779	1,146	2,879	0,644	0,932	0,576	
	0,050	1,338	0,548	0,759	1,129	2,889	0,746	1,251	0,565	
	0,100	1,310	0,547	0,767	1,141	2,970	0,739	1,220	0,569	0,6
	0,200	1,266	0,543	0,781	1,164	3,117	0,713	1,130	0,576	
	0,300	1,231	0,537	0,794	1,185	3,245	0,667	0,994	0,583	
	0,050	1,341	0,548	0,790	1,195	3,496	0,771	1,339	0,580	
	0,100	1,316	0,546	0,797	1,205	3,574	0,754	1,271	0,583	0,7
	0,200	1,275	0,541	0,810	1,225	3,708	0,699	1,085	0,590	
	0,050	1,344	0,547	0,821	1,258	4,250	0,788	1,397	0,594	0,8
	0,100	1,321	0,545	0,827	1,267	4,315	0,749	1,246	0,597	
	0,050	1,346	0,547	0,849	1,319	5,187	0,766	1,308	0,607	0,9

Index: F = Fläche; J = Trägheitsmoment; M = Einwirkung M = const; N = Einwirkung N = const in $\mathfrak{S}_{vo}$;
S = Einwirkung Schwinden; X_M = Zwängung infolge M und Verkürzung aus N, S (Tab. C, S. 83);

γ	ψ_{FN}	ψ_{FS}	$\psi_{JN}\ \psi_{JS}$ ψ_{JX_N}	ψ_{FM}	ψ_{JM}	ψ_{FX_M}	ψ_{JX_M}	ψ_{FX_N}	β	$\varphi=3{,}0$ $\alpha=0{,}3$
0,050	1,498	0,580	0,601	0,803	1,110	0,598	0,764	0,502		
0,100	1,406	0,587	0,609	0,818	1,142	0,602	0,773	0,507		
0,200	1,281	0,598	0,625	0,846	1,205	0,610	0,787	0,517		
0,300	1,200	0,609	0,641	0,874	1,268	0,616	0,798	0,526		
0,400	1,146	0,617	0,656	0,900	1,330	0,619	0,804	0,536	0,05	
0,500	1,107	0,622	0,671	0,926	1,390	0,620	0,804	0,544		
0,600	1,078	0,624	0,685	0,950	1,448	0,617	0,798	0,553		
0,700	1,057	0,619	0,698	0,972	1,503	0,611	0,786	0,561		
0,800	1,040	0,601	0,711	0,993	1,556	0,601	0,768	0,568		
0,900	1,028	0,554	0,723	1,013	1,605	0,588	0,744	0,576		
0,050	1,506	0,579	0,620	0,841	1,199	0,616	0,800	0,513		
0,100	1,420	0,584	0,628	0,856	1,233	0,620	0,808	0,518		
0,200	1,299	0,592	0,644	0,884	1,299	0,627	0,821	0,528		
0,300	1,221	0,598	0,659	0,912	1,365	0,631	0,828	0,537		
0,400	1,166	0,601	0,674	0,937	1,429	0,632	0,830	0,546	0,1	
0,500	1,127	0,601	0,689	0,962	1,490	0,630	0,825	0,555		
0,600	1,098	0,595	0,702	0,985	1,549	0,625	0,814	0,563		
0,700	1,076	0,582	0,715	1,007	1,604	0,616	0,796	0,571		
0,800	1,059	0,556	0,728	1,027	1,656	0,603	0,772	0,578		
0,050	1,521	0,576	0,659	0,921	1,407	0,654	0,878	0,536		
0,100	1,444	0,579	0,667	0,935	1,444	0,657	0,883	0,541		
0,200	1,333	0,581	0,682	0,963	1,517	0,660	0,889	0,550		
0,300	1,258	0,582	0,697	0,989	1,587	0,660	0,887	0,559		
0,400	1,205	0,579	0,711	1,013	1,653	0,656	0,878	0,567	0,2	
0,500	1,166	0,572	0,725	1,036	1,715	0,648	0,861	0,575		
0,600	1,136	0,560	0,738	1,057	1,773	0,636	0,836	0,582		
0,700	1,113	0,542	0,750	1,077	1,827	0,619	0,803	0,589		
0,050	1,534	0,574	0,698	1,005	1,662	0,692	0,962	0,558		
0,100	1,465	0,575	0,706	1,018	1,702	0,692	0,963	0,563		
0,200	1,363	0,574	0,721	1,045	1,779	0,691	0,957	0,571		
0,300	1,292	0,571	0,735	1,069	1,850	0,685	0,942	0,579	0,3	
0,400	1,240	0,564	0,748	1,091	1,916	0,674	0,917	0,587		
0,500	1,201	0,555	0,761	1,112	1,977	0,658	0,882	0,594		
0,600	1,171	0,541	0,773	1,130	2,031	0,636	0,838	0,601		
0,050	1,545	0,573	0,738	1,092	1,976	0,729	1,052	0,580		
0,100	1,483	0,572	0,745	1,105	2,017	0,727	1,044	0,584		
0,200	1,389	0,569	0,759	1,129	2,094	0,718	1,021	0,592	0,4	
0,300	1,322	0,563	0,772	1,150	2,164	0,704	0,986	0,600		
0,400	1,272	0,555	0,784	1,170	2,225	0,684	0,938	0,607		
0,500	1,233	0,544	0,796	1,187	2,278	0,656	0,878	0,613		
0,050	1,554	0,572	0,778	1,182	2,363	0,766	1,145	0,601		
0,100	1,498	0,570	0,784	1,193	2,403	0,759	1,125	0,605		
0,200	1,412	0,565	0,797	1,214	2,474	0,741	1,075	0,612	0,5	
0,300	1,348	0,558	0,809	1,232	2,534	0,714	1,008	0,619		
0,400	1,300	0,549	0,820	1,248	2,584	0,678	0,927	0,625		
0,050	1,561	0,571	0,817	1,273	2,842	0,800	1,238	0,621		
0,100	1,511	0,569	0,823	1,282	2,875	0,787	1,198	0,625	0,6	
0,200	1,431	0,562	0,834	1,299	2,930	0,753	1,104	0,631		
0,300	1,372	0,554	0,845	1,313	2,972	0,706	0,989	0,637		
0,050	1,568	0,571	0,855	1,363	3,435	0,829	1,324	0,641		
0,100	1,522	0,568	0,861	1,370	3,454	0,805	1,249	0,644	0,7	
0,200	1,449	0,560	0,871	1,382	3,477	0,743	1,077	0,649		
0,050	1,573	0,570	0,892	1,452	4,171	0,849	1,380	0,659		
0,100	1,532	0,567	0,897	1,457	4,162	0,801	1,232	0,661	0,8	
0,050	1,578	0,570	0,929	1,538	5,085	0,824	1,299	0,676	0,9	

$X_N =$ Zwängung infolge Verdrehung aus N, S (Tab. C, S. 83); $\quad \alpha = \dfrac{K_{ST}}{K_{vo}}, \quad \beta = \dfrac{S_{ST}}{S_{vo}}, \quad \gamma = \dfrac{a^2 K_o}{S_{vo}}$

$\varphi=3{,}0$ / $\alpha=0{,}4$ γ	ψ_{FN}	ψ_{FS}	$\psi_{JN}\,\psi_{JS}$ ψ_{JX_N}	ψ_{FM}	ψ_{JM}	ψ_{FX_M}	ψ_{JX_M}	ψ_{FX_N}	β
0,050	1,720	0,602	0,625	0,848	1,101	0,622	0,760	0,535	
0,100	1,573	0,607	0,632	0,860	1,122	0,625	0,765	0,539	
0,200	1,384	0,616	0,646	0,884	1,166	0,630	0,773	0,548	
0,300	1,270	0,624	0,659	0,907	1,208	0,633	0,778	0,557	
0,400	1,194	0,630	0,671	0,928	1,249	0,635	0,780	0,565	0,05
0,500	1,142	0,633	0,683	0,949	1,288	0,634	0,779	0,573	
0,600	1,104	0,632	0,695	0,969	1,325	0,632	0,775	0,581	
0,700	1,075	0,625	0,706	0,988	1,361	0,627	0,767	0,588	
0,800	1,054	0,605	0,717	1,005	1,394	0,620	0,756	0,596	
0,900	1,037	0,556	0,728	1,022	1,426	0,611	0,741	0,602	
0,050	1,735	0,601	0,647	0,893	1,189	0,643	0,796	0,549	
0,100	1,595	0,604	0,654	0,905	1,212	0,645	0,800	0,553	
0,200	1,412	0,610	0,667	0,928	1,256	0,649	0,806	0,562	
0,300	1,299	0,613	0,680	0,951	1,299	0,651	0,808	0,570	
0,400	1,224	0,614	0,692	0,972	1,341	0,650	0,807	0,579	0,1
0,500	1,171	0,611	0,704	0,992	1,380	0,648	0,802	0,586	
0,600	1,132	0,603	0,715	1,011	1,417	0,643	0,794	0,594	
0,700	1,102	0,588	0,726	1,029	1,452	0,636	0,782	0,601	
0,800	1,080	0,560	0,737	1,046	1,485	0,626	0,766	0,608	
0,050	1,761	0,599	0,691	0,988	1,394	0,686	0,874	0,577	
0,100	1,636	0,599	0,698	0,999	1,419	0,687	0,875	0,581	
0,200	1,465	0,600	0,711	1,022	1,465	0,687	0,874	0,589	
0,300	1,356	0,597	0,723	1,043	1,509	0,684	0,868	0,597	0,2
0,400	1,280	0,592	0,734	1,063	1,550	0,679	0,859	0,605	
0,500	1,226	0,583	0,746	1,081	1,588	0,671	0,845	0,612	
0,600	1,185	0,569	0,756	1,099	1,623	0,661	0,826	0,619	
0,700	1,154	0,549	0,767	1,115	1,656	0,648	0,803	0,625	
0,050	1,784	0,597	0,737	1,090	1,647	0,730	0,958	0,605	
0,100	1,671	0,596	0,743	1,101	1,671	0,728	0,954	0,608	
0,200	1,512	0,592	0,755	1,122	1,717	0,723	0,943	0,616	
0,300	1,407	0,587	0,767	1,141	1,759	0,715	0,926	0,623	0,3
0,400	1,332	0,578	0,777	1,159	1,797	0,703	0,904	0,630	
0,500	1,278	0,566	0,788	1,175	1,831	0,689	0,876	0,637	
0,600	1,236	0,550	0,798	1,190	1,861	0,671	0,844	0,643	
0,050	1,803	0,595	0,783	1,200	1,957	0,773	1,047	0,632	
0,100	1,701	0,593	0,789	1,210	1,979	0,769	1,036	0,636	
0,200	1,554	0,587	0,800	1,228	2,020	0,756	1,009	0,642	0,4
0,300	1,453	0,579	0,811	1,244	2,056	0,740	0,975	0,649	
0,400	1,380	0,569	0,821	1,258	2,087	0,720	0,935	0,655	
0,500	1,326	0,556	0,830	1,271	2,112	0,696	0,890	0,661	
0,050	1,819	0,594	0,830	1,316	2,340	0,817	1,140	0,659	
0,100	1,727	0,591	0,835	1,323	2,357	0,807	1,118	0,662	
0,200	1,591	0,584	0,845	1,337	2,387	0,784	1,067	0,668	0,5
0,300	1,495	0,574	0,855	1,350	2,409	0,757	1,008	0,674	
0,400	1,424	0,563	0,863	1,360	2,426	0,724	0,943	0,679	
0,050	1,832	0,594	0,877	1,436	2,814	0,857	1,234	0,685	
0,100	1,750	0,590	0,882	1,441	2,820	0,841	1,193	0,688	
0,200	1,624	0,581	0,890	1,450	2,828	0,803	1,105	0,693	0,6
0,300	1,533	0,571	0,898	1,458	2,828	0,757	1,009	0,698	
0,050	1,843	0,593	0,924	1,558	3,401	0,894	1,321	0,710	
0,100	1,769	0,589	0,928	1,561	3,388	0,865	1,249	0,712	0,7
0,200	1,653	0,579	0,935	1,564	3,357	0,800	1.098	0,717	
0,050	1,853	0,593	0,969	1,682	4,130	0,918	1,382	0,734	0,8
0,100	1,786	0,588	0,973	1,681	4,084	0,865	1,247	0,736	
0,050	1,861	0,593	1,014	1,805	5,036	0,896	1,322	0,757	0,9

Index: F = Fläche; J = Trägheitsmoment; M = Einwirkung M = const; N = Einwirkung N = const in $\mathfrak{S}_{vo}$;
S = Einwirkung Schwinden; X_M = Zwängung infolge M und Verkürzung aus N, S (Tab. C, S. 83);

γ	ψ_{FN}	ψ_{FS}	$\psi_{JN}\ \psi_{JS}$ ψ_{JX_N}	ψ_{FM}	ψ_{JM}	ψ_{FX_M}	ψ_{JX_M}	ψ_{FX_N}	β	$\varphi = 3{,}0$ $\alpha = 0{,}5$
0,050	1,975	0,624	0,649	0,892	1,094	0,646	0,757	0,569		
0,100	1,754	0,628	0,655	0,901	1,109	0,648	0,760	0,573		
0,200	1,490	0,634	0,665	0,920	1,138	0,651	0,764	0,581		
0,300	1,339	0,639	0,676	0,938	1,166	0,652	0,766	0,589		
0,400	1,243	0,642	0,686	0,956	1,193	0,653	0,767	0,596	0,05	
0,500	1,177	0,643	0,696	0,972	1,220	0,652	0,765	0,603		
0,600	1,129	0,640	0,705	0,988	1,245	0,650	0,762	0,610		
0,700	1,094	0,630	0,714	1,003	1,268	0,646	0,757	0,616		
0,800	1,067	0,609	0,723	1,018	1,291	0,641	0,750	0,623		
0,900	1,047	0,558	0,732	1,031	1,312	0,635	0,741	0,629		
0,050	2,000	0,622	0,673	0,943	1,181	0,669	0,794	0,586		
0,100	1,789	0,624	0,679	0,953	1,197	0,671	0,795	0,590		
0,200	1,531	0,627	0,689	0,971	1,226	0,672	0,797	0,598		
0,300	1,380	0,628	0,700	0,989	1,255	0,672	0,797	0,605		
0,400	1,282	0,627	0,709	1,006	1,282	0,671	0,795	0,612	0,1	
0,500	1,214	0,621	0,719	1,022	1,308	0,668	0,791	0,619		
0,600	1,165	0,612	0,728	1,037	1,332	0,664	0,785	0,625		
0,700	1,129	0,594	0,737	1,052	1,355	0,659	0,776	0,632		
0,800	1,100	0,565	0,746	1,065	1,377	0,652	0,766	0,638		
0,050	2,043	0,620	0,723	1,055	1,386	0,718	0,871	0,620		
0,100	1,852	0,620	0,729	1,064	1,401	0,718	0,870	0,624		
0,200	1,607	0,617	0,739	1,081	1,430	0,715	0,866	0,631		
0,300	1,458	0,612	0,748	1,098	1,458	0,712	0,860	0,638		
0,400	1,358	0,605	0,758	1,113	1,484	0,706	0,851	0,644	0,2	
0,500	1,288	0,593	0,767	1,128	1,508	0,699	0,839	0,651		
0,600	1,236	0,578	0,775	1,141	1,530	0,690	0,826	0,657		
0,700	1,197	0,555	0,783	1,154	1,550	0,680	0,810	0,662		
0,050	2,080	0,618	0,776	1,179	1,636	0,768	0,955	0,655		
0,100	1,908	0,616	0,780	1,187	1,650	0,765	0,950	0,658		
0,200	1,677	0,610	0,790	1,202	1,677	0,758	0,937	0,664		
0,300	1,531	0,602	0,799	1,216	1,701	0,749	0,921	0,671	0,3	
0,400	1,431	0,591	0,807	1,229	1,723	0,738	0,902	0,677		
0,500	1,359	0,577	0,815	1,241	1,742	0,725	0,881	0,682		
0,600	1,304	0,559	0,823	1,252	1,759	0,710	0,857	0,688		
0,050	2,112	0,617	0,829	1,314	1,945	0,819	1,045	0,689		
0,100	1,956	0,614	0,834	1,321	1,956	0,813	1,033	0,692		
0,200	1,740	0,605	0,842	1,333	1,976	0,799	1,007	0,698		
0,300	1,599	0,595	0,850	1,344	1,992	0,782	0,978	0,703	0,4	
0,400	1,499	0,582	0,858	1,353	2,006	0,763	0,945	0,709		
0,500	1,426	0,567	0,865	1,362	2,017	0,742	0,910	0,713		
0,050	2,138	0,616	0,884	1,461	2,326	0,870	1,139	0,723		
0,100	1,998	0,612	0,888	1,465	2,331	0,859	1,118	0,726		
0,200	1,797	0,602	0,895	1,473	2,337	0,835	1,071	0,731	0,5	
0,300	1,661	0,590	0,902	1,479	2,340	0,807	1,022	0,735		
0,400	1,563	0,577	0,909	1,485	2,340	0,777	0,969	0,740		
0,050	2,161	0,615	0,940	1,618	2,798	0,919	1,235	0,757		
0,100	2,034	0,610	0,943	1,619	2,791	0,901	1,198	0,759	0,6	
0,200	1,848	0,600	0,949	1,621	2,774	0,861	1,120	0,763		
0,300	1,718	0,587	0,955	1,621	2,754	0,818	1,041	0,767		
0,050	2,180	0,615	0,996	1,783	3,385	0,964	1,326	0,789		
0,100	2,066	0,610	0,998	1,780	3,357	0,933	1,262	0,791	0,7	
0,200	1,893	0,598	1,003	1,775	3,301	0,868	1,133	0,794		
0,050	2,196	0,615	1,051	1,954	4,113	0,997	1,396	0,821	0,8	
0,100	2,093	0,609	1,053	1,947	4,053	0,942	1,278	0,822		
0,050	2,209	0,614	1,106	2,128	5,021	0,982	1,363	0,852	0,9	

X_N = Zwängung infolge Verdrehung aus N, S (Tab. C, S. 83); $\alpha = \dfrac{K_{ST}}{K_{vo}}$, $\beta = \dfrac{S_{ST}}{S_{vo}}$, $\gamma = \dfrac{a^2 K_o}{S_{vo}}$

$\varphi=3,0$ $\alpha=0,6$	γ	ψ_{FN}	ψ_{FS}	$\psi_{JN}\,\psi_{JS}$ ψ_{JX_N}	ψ_{FM}	ψ_{JM}	ψ_{FX_M}	ψ_{JX_M}	ψ_{FX_N}	β
	0,050	2,266	0,645	0,672	0,934	1,088	0,669	0,756	0,605	
	0,100	1,950	0,647	0,676	0,941	1,098	0,670	0,757	0,608	
	0,200	1,598	0,651	0,685	0,955	1,118	0,671	0,758	0,615	
	0,300	1,408	0,653	0,693	0,969	1,136	0,672	0,759	0,621	
	0,400	1,290	0,654	0,700	0,982	1,155	0,672	0,759	0,627	0,05
	0,500	1,211	0,653	0,708	0,995	1,172	0,671	0,758	0,633	
	0,600	1,154	0,648	0,715	1,007	1,189	0,669	0,755	0,639	
	0,700	1,113	0,636	0,723	1,019	1,205	0,667	0,752	0,644	
	0,800	1,081	0,613	0,730	1,030	1,220	0,664	0,748	0,650	
	0,900	1,056	0,560	0,736	1,041	1,235	0,660	0,743	0,655	
	0,050	2,304	0,643	0,699	0,992	1,176	0,695	0,792	0,625	
	0,100	2,001	0,644	0,703	1,000	1,186	0,696	0,792	0,628	
	0,200	1,653	0,644	0,711	1,013	1,205	0,696	0,792	0,635	
	0,300	1,461	0,643	0,719	1,027	1,224	0,695	0,791	0,641	
	0,400	1,340	0,639	0,727	1,039	1,241	0,693	0,789	0,647	0,1
	0,500	1,258	0,631	0,734	1,052	1,258	0,691	0,785	0,652	
	0,600	1,199	0,620	0,741	1,063	1,274	0,688	0,781	0,658	
	0,700	1,155	0,600	0,748	1,074	1,290	0,684	0,775	0,663	
	0,800	1,122	0,569	0,755	1,085	1,304	0,679	0,769	0,668	
	0,050	2,372	0,641	0,755	1,122	1,379	0,750	0,870	0,666	
	0,100	2,094	0,639	0,759	1,129	1,389	0,749	0,868	0,669	
	0,200	1,759	0,634	0,767	1,141	1,407	0,746	0,863	0,675	
	0,300	1,565	0,627	0,774	1,153	1,424	0,741	0,857	0,681	0,2
	0,400	1,440	0,617	0,781	1,164	1,440	0,736	0,849	0,686	
	0,500	1,352	0,604	0,788	1,175	1,454	0,730	0,840	0,691	
	0,600	1,289	0,586	0,794	1,185	1,468	0,723	0,830	0,696	
	0,700	1,241	0,562	0,801	1,194	1,481	0,715	0,819	0,701	
	0,050	2,431	0,639	0,814	1,269	1,629	0,807	0,955	0,709	
	0,100	2,178	0,636	0,818	1,274	1,637	0,804	0,949	0,711	
	0,200	1,858	0,627	0,824	1,285	1,652	0,796	0,937	0,716	
	0.300	1,665	0,617	0,831	1,294	1,665	0,787	0,923	0,721	0,3
	0,400	1,536	0,604	0,837	1,303	1,676	0,776	0,908	0,726	
	0,500	1,445	0,588	0,844	1,311	1,687	0,765	0,892	0,731	
	0,600	1,377	0,569	0,849	1,319	1,696	0,753	0,874	0,735	
	0,050	2,481	0,638	0,876	1,434	1,938	0,866	1,045	0,751	
	0,100	2,252	0,633	0,879	1,437	1,942	0,859	1,035	0,754	
	0,200	1,949	0,623	0,885	1,444	1,949	0,845	1,012	0,758	
	0,300	1,759	0,610	0,890	1,450	1,955	0,829	0,987	0,763	0,4
	0,400	1,629	0,596	0,896	1,455	1,959	0,812	0,961	0,767	
	0,500	1,535	0,579	0,901	1,460	1,962	0,794	0,934	0,771	
	0,050	2,524	0,637	0,939	1,617	2,319	0,925	1,141	0,795	
	0,100	2,317	0,631	0,942	1,619	2,317	0,914	1,122	0,796	
	0,200	2,032	0,620	0,947	1,620	2,311	0,890	1,083	0,800	0,5
	0,300	1,847	0,606	0,951	1,621	2,304	0,865	1,043	0,804	
	0,400	1,717	0,591	0,956	1,622	2,296	0,838	1,002	0,807	
	0,050	2,560	0,636	1,004	1,819	2,792	0,984	1,240	0,838	
	0,100	2,373	0,630	1,006	1,817	2,778	0,966	1,208	0,839	
	0,200	2,108	0,618	1,010	1,812	2,751	0,928	1,144	0,842	0,6
	0,300	1,929	0,603	1,013	1,806	2,723	0,888	1,080	0,845	
	0,050	2,590	0,636	1,071	2,039	3,380	1,040	1,336	0,880	
	0,100	2,422	0,630	1,072	2,032	3,348	1,009	1,282	0,881	0,7
	0,200	2,176	0,616	1,074	2,018	3,286	0,948	1,177	0,883	
	0,050	2,616	0,636	1,138	2,274	4,112	1,084	1,416	0,922	0,8
	0,100	2,465	0,629	1,138	2,261	4,051	1,030	1,319	0,922	
	0,050	2,638	0,636	1,204	2,521	5,027	1,083	1,413	0,963	0,9

Index: F = Fläche; J = Trägheitsmoment; M = Einwirkung M = const; N = Einwirkung N = const in $\mathfrak{S}_{vo}$;
S = Einwirkung Schwinden; X_M = Zwängung infolge M und Verkürzung aus N, S (Tab. C, S. 83);

$\varphi = 4,0$
$\alpha = 0,05$

γ	ψ_{FN}	ψ_{FS}	$\psi_{JN}\ \psi_{JS}$ ψ_{JX_N}	ψ_{FM}	ψ_{JM}	ψ_{FX_M}	ψ_{JX_M}	ψ_{FX_N}	β
0,050	1,088	0,529	0,550	0,678	1,205	0,549	0,873	0,421	
0,100	1,074	0,542	0,566	0,702	1,314	0,563	0,923	0,429	
0,200	1,052	0,566	0,596	0,749	1,561	0,590	1,023	0,443	
0,300	1,037	0,587	0,625	0,794	1,851	0,614	1,121	0,456	
0,400	1,027	0,604	0,653	0,836	2,183	0,633	1,206	0,468	0,05
0,500	1,019	0,616	0,678	0,875	2,552	0,647	1,268	0,479	
0,600	1,014	0,622	0,702	0,910	2,951	0,653	1,290	0,489	
0,700	1,010	0,618	0,724	0,941	3,364	0,649	1,253	0,498	
0,800	1,007	0,599	0,744	0,969	3,775	0,627	1,138	0,506	
0,900	1,005	0,550	0,762	0,993	4,168	0,571	0,922	0,514	
0,050	1,090	0,527	0,569	0,707	1,341	0,567	0,938	0,430	
0,100	1,076	0,538	0,584	0,731	1,464	0,581	0,990	0,437	
0,200	1,056	0,556	0,614	0,777	1,742	0,607	1,094	0,451	
0,300	1,042	0,571	0,642	0,821	2,066	0,629	1,191	0,463	
0,400	1,032	0,581	0,669	0,861	2,433	0,646	1,270	0,474	0,1
0,500	1,024	0,585	0,694	0,898	2,837	0,657	1,317	0,485	
0,600	1,019	0,583	0,716	0,931	3,264	0,659	1,313	0,494	
0,700	1,015	0,571	0,737	0,961	3,699	0,647	1,236	0,503	
0,800	1,012	0,547	0,756	0,987	4,121	0,611	1,064	0,511	
0,050	1,092	0,524	0,605	0,765	1,676	0,603	1,083	0,446	
0,100	1,081	0,531	0,620	0,788	1,833	0,616	1,140	0,453	
0,200	1,063	0,542	0,648	0,832	2,185	0,639	1,246	0,465	
0,300	1,049	0,548	0,675	0,873	2,587	0,657	1,335	0,477	
0,400	1,040	0,551	0,700	0,909	3,032	0,668	1,389	0,487	0,2
0,500	1,033	0,548	0,722	0,942	3,504	0,671	1,387	0,496	
0,600	1,027	0,540	0,743	0,972	3,983	0,660	1,304	0,505	
0,700	1,023	0,526	0,762	0,997	4,448	0,622	1,111	0,513	
0,050	1,094	0,521	0,640	0,822	2,118	0,638	1,251	0,462	
0,100	1,084	0,526	0,654	0,843	2,319	0,649	1,309	0,468	
0,200	1,068	0,532	0,681	0,884	2,762	0,668	1,409	0,479	
0,300	1,056	0,534	0,706	0,921	3,255	0,681	1,473	0,489	0,3
0,400	1,047	0,533	0,728	0,954	3,780	0,684	1,476	0,499	
0,500	1,040	0,528	0,749	0,983	4,314	0,674	1,387	0,507	
0,600	1,034	0,519	0,768	1,008	4,831	0,635	1,169	0,515	
0,050	1,096	0,520	0,674	0,876	2,708	0,671	1,441	0,476	
0,100	1,087	0,522	0,687	0,896	2,963	0,680	1,495	0,481	
0,200	1,072	0,525	0,712	0,932	3,513	0,694	1,573	0,491	0,4
0,300	1,061	0,525	0,734	0,965	4,103	0,699	1,583	0,501	
0,400	1,053	0,522	0,755	0,994	4,705	0,689	1,489	0,509	
0,500	1,046	0,516	0,774	1,019	5,284	0,650	1,243	0,517	
0,050	1,097	0,518	0,706	0,926	3,497	0,702	1,652	0,489	
0,100	1,089	0,520	0,718	0,944	3,816	0,708	1,693	0,494	
0,200	1,076	0,520	0,740	0,977	4,487	0,715	1,717	0,503	0,5
0,300	1,066	0,519	0,761	1,005	5,172	0,707	1,620	0,511	
0,400	1,058	0,514	0,779	1,030	5,829	0,668	1,340	0,519	
0,050	1,098	0,517	0,736	0,973	4,557	0,730	1,879	0,500	
0,100	1,091	0,518	0,747	0,989	4,949	0,733	1,889	0,505	
0,200	1,079	0,517	0,767	1,017	5,741	0,727	1,796	0,513	0,6
0,300	1,070	0,514	0,785	1,041	6,499	0,690	1,476	0,521	
0,050	1,099	0,516	0,763	1,015	5,983	0,754	2,107	0,511	
0,100	1,093	0,516	0,773	1,028	6,448	0,751	2,043	0,515	0,7
0,200	1,082	0,515	0,791	1,052	7,339	0,718	1,680	0,522	
0,050	1,100	0,516	0,788	1,053	7,903	0,773	2,289	0,521	
0,100	1,094	0,515	0,797	1,064	8,427	0,754	2,025	0,524	0,8
0,050	1,101	0,515	0,812	1,086	10,48	0,766	2,146	0,530	0,9

$X_N = $ Zwängung infolge Verdrehung aus N, S (Tab. C, S. 83); $\alpha = \dfrac{K_{ST}}{K_{vo}}$, $\beta = \dfrac{S_{ST}}{S_{vo}}$, $\gamma = \dfrac{a^2 K_o}{S_{vo}}$

$\varphi=4{,}0$ $\alpha=0{,}1$ γ	ψ_{FN}	ψ_{FS}	$\psi_{JN}\ \psi_{JS}$ ψ_{JX_N}	ψ_{FM}	ψ_{JM}	ψ_{FX_M}	ψ_{JX_M}	ψ_{FX_N}	β
0,050	1,187	0,545	0,568	0,706	1,187	0,566	0,862	0,439	
0,100	1,153	0,557	0,582	0,729	1,271	0,578	0,899	0,447	
0,200	1,106	0,578	0,611	0,773	1,454	0,600	0,968	0,460	
0,300	1,075	0,597	0,638	0,814	1,650	0,618	1,027	0,473	
0,400	1,054	0,612	0,663	0,853	1,857	0,631	1,070	0,485	0,05
0,500	1,039	0,623	0,687	0,889	2,066	0,638	1,090	0,496	
0,600	1,029	0,627	0,709	0,921	2,272	0,637	1,081	0,506	
0,700	1,021	0,622	0,730	0,950	2,466	0,628	1,039	0,515	
0,800	1,015	0,602	0,749	0,976	2,645	0,605	0,961	0,524	
0,900	1,011	0,551	0,766	0,999	2,802	0,565	0,845	0,531	
0,050	1,190	0,543	0,588	0,739	1,319	0,586	0,926	0,449	
0,100	1,159	0,552	0,602	0,761	1,413	0,597	0,963	0,456	
0,200	1,115	0,568	0,630	0,805	1,614	0,618	1,031	0,469	
0,300	1,085	0,581	0,657	0,845	1,829	0,634	1,086	0,482	
0,400	1,064	0,589	0,681	0,883	2,050	0,644	1,119	0,493	0,1
0,500	1,049	0,592	0,704	0,917	2,270	0,647	1,124	0,504	
0,600	1,038	0,588	0,726	0,947	2,482	0,642	1,096	0,513	
0,700	1,030	0,575	0,745	0,975	2,677	0,626	1,031	0,522	
0,800	1,024	0,549	0,763	0,999	2,851	0,593	0,925	0,530	
0,050	1,196	0,539	0,628	0,806	1,643	0,625	1,067	0,468	
0,100	1,169	0,545	0,642	0,827	1,759	0,635	1,104	0,475	
0,200	1,129	0,554	0,669	0,868	2,002	0,652	1,164	0,487	
0,300	1,102	0,559	0,694	0,906	2,253	0,663	1,201	0,498	0,2
0,400	1,082	0,560	0,717	0,940	2,501	0,666	1,205	0,508	
0,500	1,067	0,556	0,738	0,970	2,736	0,660	1,170	0,518	
0,600	1,056	0,546	0,757	0,997	2,951	0,642	1,090	0,526	
0,700	1,047	0,530	0,775	1,020	3,138	0,605	0,963	0,534	
0,050	1,201	0,537	0,668	0,872	2,071	0,664	1,228	0,486	
0,100	1,177	0,540	0,681	0,892	2,212	0,672	1,260	0,492	
0,200	1,141	0,544	0,706	0,930	2,499	0,683	1,302	0,503	
0,300	1,116	0,545	0,729	0,963	2,782	0,687	1,305	0,513	0,3
0,400	1,097	0,542	0,750	0,993	3,047	0,680	1,261	0,522	
0,500	1,082	0,535	0,769	1,019	3,284	0,660	1,164	0,530	
0,600	1,071	0,525	0,786	1,042	3,486	0,619	1,010	0,538	
0,050	1,205	0,535	0,707	0,937	2,637	0,701	1,410	0,502	
0,100	1,184	0,537	0,719	0,955	2,805	0,706	1,430	0,508	
0,200	1,152	0,538	0,742	0,988	3,132	0,710	1,433	0,518	0,4
0,300	1,128	0,536	0,762	1,017	3,435	0,703	1,379	0,527	
0,400	1,109	0,531	0,781	1,043	3,700	0,681	1,258	0,535	
0,500	1,095	0,524	0,798	1,065	3,918	0,636	1,069	0,542	
0,050	1,208	0,534	0,744	0,998	3,390	0,736	1,608	0,518	
0,100	1,189	0,534	0,755	1,014	3,580	0,737	1,603	0,522	
0,200	1,160	0,533	0,775	1,043	3,932	0,730	1,537	0,531	0,5
0,300	1,138	0,530	0,794	1,067	4,231	0,707	1,386	0,539	
0,400	1,120	0,524	0,810	1,088	4,466	0,657	1,147	0,546	
0,050	1,210	0,533	0,778	1,055	4,393	0,767	1,816	0,532	
0,100	1,194	0,532	0,788	1,069	4,594	0,762	1,763	0,536	0,6
0,200	1,167	0,530	0,806	1,092	4,935	0,739	1,570	0,544	
0,300	1,146	0,526	0,823	1,113	5,186	0,683	1,259	0,551	
0,050	1,212	0,532	0,811	1,107	5,729	0,793	2,012	0,544	
0,100	1,197	0,531	0,819	1,118	5,910	0,779	1,864	0,548	0,7
0,200	1,173	0,528	0,835	1,138	6,172	0,719	1,437	0,555	
0,050	1,214	0,532	0,841	1,155	7,506	0,810	2,136	0,556	0,8
0,100	1,201	0,530	0,848	1,163	7,608	0,772	1,777	0,559	
0,050	1,215	0,531	0,868	1,197	9,861	0,787	1,887	0,566	0,9

Index: $F =$ Fläche; $J =$ Trägheitsmoment; $M =$ Einwirkung $M =$ const; $N =$ Einwirkung $N =$ const in $\mathfrak{S}_{vo}$;
$S =$ Einwirkung Schwinden; $X_M =$ Zwängung infolge M und Verkürzung aus N, S (Tab. C, S. 83);

γ	ψ_{FN}	ψ_{FS}	$\psi_{JN}\,\psi_{JS}$ ψ_{JX_N}	ψ_{FM}	ψ_{JM}	ψ_{FX_M}	ψ_{JX_M}	ψ_{FX_N}	β	$\varphi=4{,}0$ $\alpha=0{,}2$
0,050	1,413	0,576	0,602	0,761	1,159	0,599	0,847	0,478		
0,100	1,329	0,585	0,615	0,781	1,213	0,608	0,868	0,484		
0,200	1,218	0,603	0,639	0,819	1,320	0,622	0,902	0,497		
0,300	1,151	0,618	0,662	0,854	1,425	0,633	0,927	0,510		
0,400	1,108	0,629	0,684	0,887	1,526	0,639	0,940	0,521	0,05	
0,500	1,078	0,636	0,704	0,917	1,621	0,640	0,940	0,532		
0,600	1,057	0,637	0,723	0,944	1,708	0,636	0,927	0,542		
0,700	1,042	0,629	0,741	0,969	1,786	0,626	0,900	0,551		
0,800	1,031	0,607	0,757	0,991	1,854	0,609	0,861	0,559		
0,900	1,023	0,554	0,772	1,011	1,913	0,585	0,809	0,567		
0,050	1,423	0,573	0,627	0,803	1,286	0,623	0,909	0,490		
0,100	1,344	0,581	0,639	0,823	1,344	0,631	0,928	0,497		
0,200	1,239	0,593	0,663	0,859	1,458	0,643	0,958	0,509		
0,300	1,173	0,601	0,686	0,894	1,568	0,651	0,977	0,521		
0,400	1,130	0,606	0,707	0,925	1,672	0,654	0,981	0,532	0,1	
0,500	1,099	0,606	0,726	0,954	1,767	0,652	0,971	0,542		
0,600	1,078	0,599	0,744	0,979	1,851	0,643	0,946	0,551		
0,700	1,062	0,583	0,761	1,002	1,925	0,628	0,907	0,560		
0,800	1,050	0,555	0,776	1,023	1,989	0,606	0,855	0,568		
0,050	1,440	0,570	0,677	0,890	1,598	0,671	1,045	0,515		
0,100	1,371	0,574	0,688	0,908	1,664	0,677	1,059	0,521		
0,200	1,275	0,578	0,711	0,943	1,789	0,684	1,075	0,533		
0,300	1,212	0,580	0,732	0,974	1,904	0,685	1,074	0,543	0,2	
0,400	1,169	0,577	0,751	1,002	2,007	0,680	1,055	0,553		
0,500	1,138	0,570	0,769	1,026	2,096	0,669	1,018	0,562		
0,600	1,115	0,557	0,785	1,048	2,170	0,650	0,964	0,570		
0,700	1,098	0,539	0,800	1,067	2,231	0,622	0,895	0,578		
0,050	1,453	0,567	0,726	0,979	2,007	0,719	1,200	0,539		
0,100	1,393	0,569	0,737	0,996	2,077	0,721	1,204	0,545		
0,200	1,305	0,569	0,758	1,027	2,206	0,721	1,194	0,555		
0,300	1,246	0,566	0,777	1,053	2,317	0,714	1,162	0,564	0,3	
0,400	1,203	0,560	0,794	1,077	2,407	0,698	1,108	0,573		
0,500	1,172	0,550	0,810	1,097	2,479	0,675	1,034	0,581		
0,600	1,148	0,537	0,824	1,115	2,532	0,640	0,942	0,588		
0,050	1,464	0,566	0,776	1,070	2,546	0,765	1,373	0,562		
0,100	1,411	0,565	0,786	1,084	2,614	0,763	1,358	0,567		
0,200	1,331	0,563	0,804	1,109	2,730	0,753	1,305	0,576	0,4	
0,300	1,275	0,557	0,821	1,131	2,818	0,734	1,225	0,584		
0,400	1,234	0,550	0,836	1,149	2,879	0,704	1,122	0,591		
0,500	1,202	0,539	0,850	1,165	2,918	0,661	0,999	0,598		
0,050	1,473	0,564	0,824	1,158	3,257	0,809	1,559	0,583		
0,100	1,426	0,563	0,833	1,169	3,309	0,801	1,512	0,587		
0,200	1,353	0,558	0,849	1,189	3,382	0,777	1,391	0,595	0,5	
0,300	1,300	0,552	0,863	1,205	3,419	0,739	1,241	0,602		
0,400	1,260	0,543	0,876	1,218	3,427	0,687	1,071	0,608		
0,050	1,480	0,564	0,870	1,243	4,198	0,849	1,750	0,602		
0,100	1,438	0,561	0,878	1,251	4,205	0,832	1,647	0,606	0,6	
0,200	1,371	0,556	0,891	1,265	4,185	0,785	1,418	0,613		
0,300	1,321	0,548	0,903	1,275	4,129	0,718	1,170	0,619		
0,050	1,486	0,563	0,914	1,324	5,440	0,882	1,922	0,621		
0,100	1,448	0,560	0,920	1,328	5,354	0,850	1,723	0,624	0,7	
0,200	1,387	0,554	0,931	1,335	5,158	0,763	1,324	0,629		
0,050	1,491	0,563	0,956	1,398	7,077	0,900	2,010	0,637	0,8	
0,100	1,457	0,559	0,960	1,399	6,810	0,835	1,632	0,640		
0,050	1,495	0,562	0,994	1,466	9,218	0,859	1,747	0,652	0,9	

$$X_N = \text{Zwängung infolge Verdrehung aus } N,\ S \text{ (Tab. C, S. 83);} \quad \alpha = \frac{K_{ST}}{K_{vo}}, \quad \beta = \frac{S_{ST}}{S_{vo}}, \quad \gamma = \frac{a^2 K_o}{S_{vo}}$$

$\varphi=4{,}0$ $\alpha=0{,}3$ — γ	ψ_{FN}	ψ_{FS}	$\psi_{JN}\ \psi_{JS}$ ψ_{JX_N}	ψ_{FM}	ψ_{JM}	ψ_{FX_M}	ψ_{JX_M}	ψ_{FX_N}	β
0,050	1,684	0,605	0,636	0,816	1,141	0,632	0,838	0,518	
0,100	1,524	0,613	0,647	0,832	1,176	0,638	0,849	0,524	
0,200	1,334	0,626	0,667	0,863	1,242	0,647	0,867	0,536	
0,300	1,227	0,637	0,686	0,892	1,305	0,653	0,878	0,548	
0,400	1,161	0,645	0,704	0,919	1,363	0,656	0,882	0,558	0,05
0,500	1,117	0,649	0,721	0,944	1,417	0,655	0,879	0,568	
0,600	1,086	0,647	0,737	0,966	1,465	0,650	0,869	0,578	
0,700	1,064	0,636	0,752	0,987	1,508	0,642	0,852	0,586	
0,800	1,047	0,611	0,766	1,006	1,546	0,630	0,829	0,595	
0,900	1,035	0,556	0,779	1,022	1,579	0,615	0,801	0,602	
0,050	1,705	0,603	0,665	0,867	1,266	0,660	0,898	0,534	
0,100	1,554	0,608	0,676	0,883	1,302	0,665	0,908	0,541	
0,200	1,370	0,616	0,695	0,914	1,370	0,672	0,921	0,552	
0,300	1,263	0,621	0,714	0,941	1,433	0,675	0,926	0,563	
0,400	1,196	0,622	0,731	0,967	1,491	0,675	0,923	0,573	0,1
0,500	1,150	0,619	0,748	0,990	1,542	0,670	0,912	0,583	
0,600	1,117	0,609	0,763	1,011	1,587	0,662	0,894	0,591	
0,700	1,093	0,591	0,777	1,030	1,627	0,650	0,869	0,600	
0,800	1,076	0,560	0,790	1,047	1,660	0,634	0,838	0,607	
0,050	1,741	0,599	0,725	0,977	1,570	0,718	1,033	0,567	
0,100	1,607	0,601	0,735	0,992	1,607	0,720	1,035	0,573	
0,200	1,435	0,602	0,753	1,019	1,675	0,721	1,033	0,583	
0,300	1,330	0,600	0,770	1,044	1,734	0,717	1,021	0,593	0,2
0,400	1,261	0,594	0,786	1,066	1,785	0,709	1,000	0,602	
0,500	1,213	0,583	0,801	1,085	1,827	0,696	0,969	0,610	
0,600	1,177	0,569	0,814	1,102	1,861	0,679	0,931	0,618	
0,700	1,150	0,548	0,826	1,117	1,889	0,657	0,887	0,625	
0,050	1,770	0,597	0,787	1,095	1,970	0,777	1,185	0,599	
0,100	1,652	0,596	0,795	1,107	2,003	0,775	1,177	0,604	
0,200	1,492	0,593	0,812	1,130	2,060	0,767	1,150	0,613	
0,300	1,390	0,587	0,827	1,150	2,104	0,753	1,111	0,621	0,3
0,400	1,320	0,577	0,841	1,166	2,138	0,735	1,063	0,629	
0,500	1,270	0,565	0,853	1,181	2,161	0,712	1,006	0,636	
0,600	1,232	0,549	0,864	1,193	2,176	0,683	0,943	0,643	
0,050	1,794	0,595	0,849	1,218	2,495	0,835	1,356	0,629	
0,100	1,689	0,593	0,856	1,227	2,515	0,827	1,327	0,634	
0,200	1,541	0,587	0,870	1,243	2,543	0,807	1,261	0,642	0,4
0,300	1,443	0,579	0,883	1,257	2,555	0,781	1,184	0,649	
0,400	1,374	0,568	0,894	1,268	2,556	0,749	1,098	0,655	
0,500	1,322	0,555	0,904	1,276	2,548	0,711	1,008	0,661	
0,050	1,813	0,594	0,911	1,343	3,188	0,890	1,540	0,659	
0,100	1,720	0,591	0,917	1,349	3,178	0,875	1,479	0,662	
0,200	1,584	0,583	0,928	1,357	3,144	0,839	1,352	0,669	0,5
0,300	1,490	0,574	0,938	1,363	3,099	0,795	1,220	0,675	
0,400	1,422	0,562	0,947	1,367	3,047	0,744	1,087	0,680	
0,050	1,829	0,594	0,971	1,468	4,105	0,942	1,728	0,686	
0,100	1,746	0,590	0,976	1,469	4,032	0,915	1,615	0,689	
0,200	1,620	0,581	0,984	1,469	3,887	0,855	1,397	0,694	0,6
0,300	1,531	0,570	0,991	1,467	3,746	0,784	1,190	0,699	
0,050	1,842	0,593	1,030	1,590	5,314	0,985	1,899	0,712	
0,100	1,767	0,589	1,033	1,586	5,127	0,939	1,699	0,714	0,7
0,200	1,652	0,579	1,038	1,576	4,791	0,838	1,344	0,718	
0,050	1,852	0,593	1,086	1,706	6,907	1,009	1,992	0,736	
0,100	1,785	0,588	1,087	1,697	6,518	0,926	1,639	0,737	0,8
0,050	1,861	0,593	1,139	1,814	8,991	0,961	1,771	0,758	0,9

Index: F = Fläche; J = Trägheitsmoment; M = Einwirkung M = const; N = Einwirkung N = const in $\mathfrak{S}_{vo}$;
S = Einwirkung Schwinden; X_M = Zwängung infolge M und Verkürzung aus N, S (Tab. C, S. 83);

γ	ψ_{FN}	ψ_{FS}	$\psi_{JN}\,\psi_{JS}$ ψ_{JX_N}	ψ_{FM}	ψ_{JM}	ψ_{FX_M}	ψ_{JX_M}	ψ_{FX_N}	β	$\varphi=4,0$ $\alpha=0,4$
0,050	2,002	0,633	0,669	0,868	1,129	0,664	0,832	0,561		
0,100	1,738	0,639	0,677	0,881	1,152	0,668	0,838	0,566		
0,200	1,451	0,649	0,694	0,906	1,194	0,673	0,847	0,577		
0,300	1,302	0,656	0,709	0,929	1,233	0,676	0,851	0,587		
0,400	1,212	0,660	0,724	0,950	1,270	0,677	0,852	0,597	0,05	
0,500	1,154	0,661	0,738	0,970	1,303	0,676	0,848	0,606		
0,600	1,113	0,656	0,751	0,988	1,333	0,672	0,841	0,614		
0,700	1,085	0,643	0,763	1,005	1,360	0,665	0,831	0,622		
0,800	1,063	0,616	0,775	1,020	1,385	0,657	0,817	0,630		
0,900	1,047	0,559	0,785	1,034	1,406	0,646	0,800	0,637		
0,050	2,042	0,631	0,703	0,930	1,252	0,697	0,892	0,581		
0,100	1,789	0,634	0,711	0,943	1,275	0,700	0,896	0,587		
0,200	1,506	0,639	0,727	0,966	1,317	0,703	0,900	0,597		
0,300	1,355	0,640	0,742	0,988	1,355	0,703	0,900	0,607		
0,400	1,262	0,638	0,756	1,008	1,389	0,701	0,895	0,616	0,1	
0,500	1,200	0,631	0,769	1,026	1,420	0,696	0,885	0,624		
0,600	1,157	0,619	0,781	1,043	1,447	0,689	0,872	0,632		
0,700	1,126	0,598	0,793	1,058	1,471	0,679	0,856	0,640		
0,800	1,102	0,566	0,803	1,072	1,492	0,667	0,836	0,647		
0,050	2,110	0,628	0,773	1,066	1,553	0,766	1,026	0,623		
0,100	1,882	0,627	0,781	1,077	1,574	0,765	1,023	0,628		
0,200	1,610	0,625	0,795	1,097	1,610	0,761	1,014	0,637		
0,300	1,456	0,619	0,809	1,115	1,641	0,754	0,999	0,646	0,2	
0,400	1,358	0,610	0,821	1,131	1,667	0,745	0,979	0,654		
0,500	1,291	0,597	0,833	1,145	1,688	0,733	0,954	0,661		
0,600	1,242	0,580	0,843	1,158	1,706	0,718	0,927	0,668		
0,700	1,206	0,556	0,853	1,168	1,719	0,700	0,895	0,674		
0,050	2,166	0,625	0,848	1,216	1,948	0,836	1,179	0,665		
0,100	1,961	0,623	0,854	1,225	1,961	0,831	1,165	0,670		
0,200	1,704	0,616	0,866	1,239	1,982	0,818	1,133	0,677		
0,300	1,550	0,606	0,878	1,251	1,996	0,802	1,096	0,685	0,3	
0,400	1,448	0,594	0,888	1,262	2,004	0,783	1,055	0,691		
0,500	1,376	0,579	0,897	1,270	2,008	0,760	1,010	0,697		
0,600	1,323	0,561	0,906	1,277	2,008	0,735	0,963	0,703		
0,050	2,212	0,624	0,924	1,380	2,468	0,908	1,349	0,707		
0,100	2,029	0,620	0,930	1,384	2,464	0,897	1,318	0,710		
0,200	1,787	0,610	0,939	1,391	2,451	0,871	1,251	0,716	0,4	
0,300	1,635	0,599	0,948	1,395	2,433	0,842	1,182	0,722		
0,400	1,532	0,586	0,956	1,398	2,410	0,809	1,111	0,727		
0,500	1,457	0,570	0,962	1,400	2,385	0,774	1,040	0,732		
0,050	2,249	0,623	1,002	1,553	3,156	0,979	1,535	0,747		
0,100	2,086	0,618	1,006	1,552	3,118	0,958	1,475	0,749		
0,200	1,860	0,607	1,013	1,548	3,041	0,915	1,356	0,754	0,5	
0,300	1,713	0,595	1,018	1,544	2,966	0,868	1,241	0,758		
0,400	1,609	0,581	1,023	1,538	2.893	0,818	1,132	0,762		
0,050	2,280	0,622	1,080	1,733	4,067	1,045	1,728	0,785		
0,100	2,134	0,617	1,082	1,725	3,965	1,012	1,621	0,787	0,6	
0,200	1,924	0,605	1,085	1,710	3,776	0,942	1,424	0,790		
0,300	1,782	0,592	1,088	1,694	3,609	0,870	1,248	0,793		
0,050	2,305	0,622	1,158	1,915	5,274	1,103	1,909	0,822		
0,100	2,174	0,616	1,158	1,900	5,057	1,048	1,724	0,822	0,7	
0,200	1,980	0,604	1,157	1,871	4,684	0,937	1,411	0,824		
0,050	2,325	0,622	1,233	2,094	6,869	1,138	2,022	0,856	0,8	
0,100	2,208	0,616	1,231	2,071	6,456	1,043	1,705	0,856		
0,050	2,342	0,622	1,305	2,267	8,970	1,094	1,860	0,888	0,9	

$X_N = $ Zwängung infolge Verdrehung aus N, S (Tab. C, S. 83); $\alpha = \dfrac{K_{ST}}{K_{vo}}$, $\beta = \dfrac{S_{ST}}{S_{vo}}$, $\gamma = \dfrac{a^2 K_o}{S_{vo}}$

$\varphi=4,0$ $\alpha=0,5$	γ	ψ_{FN}	ψ_{FS}	$\psi_{JN}\ \psi_{JS}$ ψ_{JX_N}	ψ_{FM}	ψ_{JM}	ψ_{FX_M}	ψ_{JX_M}	ψ_{FX_N}	β
	0,050	2,370	0,660	0,700	0,918	1,121	0,695	0,829	0,605	
	0,100	1,964	0,664	0,706	0,927	1,135	0,697	0,831	0,609	
	0,200	1,567	0,670	0,719	0,946	1,163	0,700	0,835	0,619	
	0,300	1,374	0,674	0,731	0,964	1,188	0,701	0,836	0,627	
	0,400	1,262	0,675	0,743	0,980	1,211	0,701	0,836	0,636	
	0,500	1,190	0,673	0,754	0,995	1,233	0,699	0,833	0,644	0,05
	0,600	1,141	0,666	0,764	1,009	1,252	0,696	0,828	0,651	
	0,700	1,105	0,650	0,774	1,022	1,270	0,691	0,821	0,658	
	0,800	1,079	0,621	0,783	1,035	1,287	0,686	0,812	0,665	
	0,900	1,059	0,562	0,792	1,046	1,302	0,678	0,802	0,671	
	0,050	2,437	0,658	0,738	0,990	1,243	0,733	0,889	0,631	
	0,100	2,045	0,659	0,745	1,000	1,257	0,734	0,890	0,635	
	0,200	1,646	0,660	0,757	1,017	1,283	0,734	0,889	0,644	
	0,300	1,446	0,658	0,769	1,033	1,306	0,733	0,886	0,652	
	0,400	1,327	0,653	0,779	1,048	1,327	0,730	0,881	0,660	0,1
	0,500	1,250	0,644	0,790	1,062	1,347	0,725	0,874	0,667	
	0,600	1,197	0,629	0,799	1,075	1,364	0,719	0,864	0,674	
	0,700	1,158	0,606	0,809	1,086	1,379	0,712	0,853	0,681	
	0,800	1,129	0,571	0,817	1,097	1,393	0,703	0,840	0,687	
	0,050	2,557	0,654	0,821	1,154	1,543	0,813	1,023	0,684	
	0,100	2,194	0,652	0,826	1,161	1,553	0,810	1,018	0,688	
	0,200	1,798	0,646	0,837	1,175	1,572	0,804	1,006	0,696	
	0,300	1,587	0,637	0,847	1,187	1,587	0,796	0,991	0,703	
	0,400	1,458	0,626	0,856	1,198	1,600	0,786	0,974	0,709	0,2
	0,500	1,372	0,610	0,865	1,207	1,611	0,775	0,955	0,716	
	0,600	1,310	0,590	0,873	1,215	1,619	0,762	0,934	0,721	
	0,700	1,264	0,565	0,880	1,223	1,626	0,747	0,911	0,727	
	0,050	2,657	0,652	0,909	1,341	1,936	0,897	1,177	0,739	
	0,100	2,326	0,648	0,913	1,346	1,938	0,890	1,162	0,742	
	0,200	1,941	0,638	0,922	1,353	1,941	0,874	1,131	0,748	
	0,300	1,724	0,626	0,930	1,358	1,940	0,857	1,098	0,754	0,3
	0,400	1,586	0,611	0,937	1,363	1,937	0,838	1,064	0,759	
	0,500	1,491	0,594	0,943	1,366	1,931	0,817	1,028	0,764	
	0,600	1,422	0,573	0,949	1,368	1,925	0,795	0,991	0,768	
	0,050	2,740	0,651	1,002	1,553	2,456	0,985	1,350	0,794	
	0,100	2,441	0,645	1,005	1,553	2,441	0,971	1,320	0,796	
	0,200	2,072	0,633	1,010	1,550	2,410	0,942	1,259	0,801	
	0,300	1,853	0,619	1,016	1,446	2,379	0,912	1,200	0,805	0,4
	0,400	1,709	0,603	1,020	1,542	2,348	0,880	1,141	0,808	
	0,500	1,607	0,585	1,024	1,537	2,317	0,848	1,083	0,812	
	0,050	2,808	0,650	1,098	1,788	3,145	1,073	1,540	0,848	
	0,100	2,540	0,644	1,100	1,780	3,097	1,050	1,485	0,850	
	0,200	2,190	0,630	1,102	1,764	3,007	1,002	1,380	0,852	0,5
	0,300	1,973	0,615	1,104	1,748	2,924	0,954	1,283	0,855	
	0,400	1,825	0,599	1,105	1,733	2,847	0,907	1,191	0,857	
	0,050	2,864	0,649	1,197	2,041	4,061	1,159	1,740	0,902	
	0,100	2,624	0,643	1,197	2,025	3,954	1,121	1,646	0,902	
	0,200	2,296	0,628	1,195	1,992	3,762	1,047	1,474	0,903	0,6
	0,300	2,083	0,613	1,193	1,962	3,594	0,974	1,324	0,904	
	0,050	2,910	0,649	1,297	2,308	5,280	1,237	1,935	0,953	
	0,100	2,695	0,642	1,294	2,281	5,070	1,176	1,774	0,953	0,7
	0,200	2,389	0,628	1,288	2,229	4,707	1,060	1,502	0,952	
	0,050	2,948	0,649	1,396	2,583	6,903	1,291	2,077	1,003	0,8
	0,100	2,755	0,642	1,390	2,543	6,515	1,187	1,800	1,001	
	0,050	2,979	0,649	1,493	2,857	9,057	1,258	1,982	1,050	0,9

Index: F = Fläche; J = Trägheitsmoment; M = Einwirkung M = const; N = Einwirkung N = const in $\mathfrak{S}_{vo}$;
S = Einwirkung Schwinden; X_M = Zwängung infolge M und Verkürzung aus N, S (Tab. C, S. 83);

γ	ψ_{FN}	ψ_{FS}	$\psi_{JN}\,\psi_{JS}$ ψ_{JX_N}	ψ_{FM}	ψ_{JM}	ψ_{FX_M}	ψ_{JX_M}	ψ_{FX_N}	β	$\varphi = 4,0$ $\alpha = 0,6$
0,050	2,782	0,685	0,729	0,963	1,116	0,725	0,827	0,650		
0,100	2,199	0,687	0,734	0,970	1,125	0,726	0,828	0,654		
0,200	1,679	0,690	0,743	0,984	1,142	0,727	0,829	0,661		
0,300	1,443	0,691	0,752	0,996	1,158	0,727	0,828	0,668		
0,400	1,309	0,689	0,761	1,008	1,173	0,726	0,827	0,675	0,05	
0,500	1,225	0,684	0,769	1,019	1,187	0,724	0,825	0,681		
0,600	1,167	0,675	0,777	1,030	1,200	0,722	0,821	0,687		
0,700	1,126	0,657	0,784	1,040	1,212	0,719	0,817	0,693		
0,800	1,095	0,625	0,792	1,049	1,223	0,715	0,811	0,699		
0,900	1,072	0,564	0,799	1,058	1,233	0,710	0,805	0,705		
0,050	2,891	0,683	0,773	1,047	1,238	0,768	0,887	0,682		
0,100	2,317	0,682	0,777	1,053	1,246	0,768	0,886	0,685		
0,200	1,785	0,680	0,786	1,066	1,261	0,766	0,884	0,692		
0,300	1,535	0,675	0,794	1,077	1,275	0,764	0,881	0,699		
0,400	1,392	0,667	0,802	1,087	1,288	0,761	0,876	0,705	0,1	
0,500	1,300	0,655	0,810	1,097	1,300	0,757	0,870	0,711		
0,600	1,237	0,638	0,817	1,106	1,311	0,752	0,863	0,717		
0,700	1,191	0,613	0,824	1,115	1,321	0,746	0,855	0,722		
0,800	1,156	0,576	0,831	1,122	1,330	0,740	0,847	0,728		
0,050	3,089	0,679	0,866	1,239	1,537	0,859	1,022	0,749		
0,100	2,543	0,676	0,870	1,243	1,541	0,856	1,017	0,752		
0,200	1,996	0,667	0,878	1,251	1,550	0,849	1,005	0,758		
0,300	1,724	0,655	0,885	1,258	1,557	0,840	0,992	0,763		
0,400	1,562	0,641	0,891	1,265	1,562	0,831	0,978	0,768	0,2	
0,500	1,456	0,623	0,897	1,270	1,567	0,821	0,963	0,773		
0,600	1,381	0,601	0,903	1,275	1,570	0,810	0,947	0,778		
0,700	1,325	0,574	0,908	1,279	1,573	0,798	0,931	0,782		
0,050	3,260	0,677	0,969	1,468	1,930	0,959	1,177	0,819		
0,100	2,750	0,672	0,972	1,468	1,927	0,951	1,164	0,821		
0,200	2,202	0,659	0,977	1,469	1,921	0,934	1,137	0,825		
0,300	1,913	0,644	0,982	1,469	1,913	0,917	1,110	0,829	0,3	
0,400	1,735	0,627	0,986	1,469	1,905	0,899	1,082	0,833		
0,500	1,615	0,607	0,990	1,467	1,896	0,881	1,054	0,837		
0,600	1,529	0,585	0,994	1,466	1,887	0,862	1,026	0,840		
0,050	3,404	0,676	1,080	1,736	2,452	1,064	1,354	0,891		
0,100	2,936	0,669	1,081	1,731	2,434	1,049	1,328	0,893		
0,200	2,399	0,654	1,083	1,720	2,399	1,020	1,277	0,895	0,4	
0,300	2,099	0,638	1,085	1,710	2,365	0,991	1,228	0,897		
0,400	1,908	0,620	1,087	1,699	2,332	0,961	1,180	0,899		
0,500	1,775	0,600	1,088	1,689	2,300	0,932	1,134	0,901		
0,050	3,524	0,675	1,197	2,045	3,146	1,173	1,549	0,965		
0,100	3,100	0,668	1,197	2,031	3,100	1,149	1,503	0,965		
0,200	2,582	0,652	1,196	2,005	3,013	1,101	1,416	0,966	0,5	
0,300	2,277	0,635	1,194	1,980	2,934	1,055	1,336	0,966		
0,400	2,076	0,617	1,192	1,956	2,860	1,010	1,261	0,966		
0,050	3,623	0,675	1,320	2,394	4,073	1,283	1,759	1,039		
0,100	3,241	0,667	1,317	2,369	3,976	1,244	1,680	1,038		
0,200	2,748	0,651	1,312	2,321	3,801	1,169	1,538	1,036	0,6	
0,300	2,444	0,633	1,306	2,277	3,647	1,099	1,413	1,034		
0,050	3,704	0,675	1,447	2,780	5,313	1,386	1,969	1,112		
0,100	3,362	0,667	1,440	2,740	5,129	1,323	1,837	1,110	0,7	
0,200	2,898	0,650	1,431	2,666	4,807	1,207	1,609	1,106		
0,050	3,771	0,675	1,575	3,194	6,975	1,467	2,143	1,183		
0,100	3,464	0,667	1,567	3,137	6,641	1,361	1,912	1,180	0,8	
0,050	3,825	0,675	1,703	3,628	9,200	1,459	2,123	1,252	0,9	

$X_N =$ Zwängung infolge Verdrehung aus $N,\ S$ (Tab. C, S. 83); $\alpha = \dfrac{K_{ST}}{K_{vo}}$, $\beta = \dfrac{S_{ST}}{S_{vo}}$, $\gamma = \dfrac{a^2 K_o}{S_{vo}}$

Schrifttumsverzeichnis

[1] BLASZKOWIAK, ST.: Einfluß des Kriechens beim Stahl-Vollwand-Verbundträger, erfaßt durch $n_{(\varphi)} = \dfrac{E_e}{E_{B\varphi}}$. Bautechn. 35 (1958) 96.

[2] BUSEMANN, R.: Kriechberechnung von Verbundträgern unter Benutzung von zwei Kriechfasern. Bauingenieur 25 (1950) 418.

[3] DISCHINGER, FR.: Untersuchungen über die Knicksicherheit, die elastische Verformung und das Kriechen des Betons bei Bogenbrücken. Bauingenieur 18 (1937) 487.

[4] FRITZ, B.: Vereinfachtes Berechnungsverfahren für Stahlträger mit einer Betondruckplatte bei Berücksichtigung des Kriechens und Schwindens. Bautechn. 27 (1950) 37.

[5] FRITZ, B.: Verbundträger. Berechnungsverfahren für die Brückenbaupraxis, Berlin/Göttingen/Heidelberg: Springer 1961.

[6] HABEL, A.: Berechnung von Querschnitten mit mehrlagiger Spannbewehrung nach dem Verfahren von Busemann. Beton- und Stahlbetonbau 49 (1954) 25.

[7] HABEL, A.: Zwängungsspannungen nicht vorgespannter, statisch unbestimmter Beton- und Stahlbetontragwerke. Bautechn. 38 (1961) 186.

[8] HOISCHEN, A.: Beitrag zur Berechnung zusammengesetzter Vollwandträger mit elastischer Verbindung der Einzelquerschnitte, Diss., TH Karlsruhe 1952.

[9] HUMMEL, A.: Das Beton-ABC, 12. Aufl., Berlin: Ernst & Sohn 1959.

[10] KUNERT, K.: Beitrag zur Berechnung von Verbundkonstruktionen, Diss., TU Berlin 1954.

[11] MÜLLER, E.: Beiträge zur Ermittlung der kriechabhängigen Spannungen von Verbundträgern, Diss., TH Karlsruhe 1954; Bautechn. 32 (1955) 145.

[12] NEUNERT, B.: Der Einfluß des Kriechens und Schwindens auf vorgespannte Stahlbetonbauteile, Diss., TU Berlin 1953.

[13] PASCHEN: Beitrag zur Frage der Kriechumlagerungen in statisch unbestimmten Betontragwerken, Diss., TH München 1954.

[14] RÜSCH, H.: Versuche zur Festigkeit der Biegedruckzone. Deutscher Ausschuß für Stahlbeton, H. 120, Berlin: Ernst & Sohn 1955.

[15] SATTLER, K.: Theorie der Verbundkonstruktionen, 2. Aufl., Berlin: Ernst & Sohn 1959.

[16] UTESCHER, G.: Bemessungsverfahren für Verbundträger, Berlin/Göttingen/Heidelberg: Springer 1956.

[17] WAGNER, O.: Das Kriechen unbewehrten Betons. Deutscher Ausschuß für Stahlbeton, H. 131, Berlin: Ernst & Sohn 1958.

[18] WAGNITZ, W.: Das behinderte Kriechen beim Spannbeton mit nachträglichem Verbund, Diss., TU Berlin 1956.

[19] WIPPEL, H.: Der Einfluß des Kriechens auf Formänderung, Spannungsverteilung und Bruchlast des Stahlbetonbalkens im Stadium II, Öst. Ing.-Z. (April-Heft 1963).

[20] ZACHER, W.: Der Einfluß des Kriechens auf die Vorspannung in Querschnitten mit mehrlagiger Spannbewehrung und zusätzlicher schlaffer Bewehrung. Beton- und Stahlbetonbau 49 (1954) 58.